数值分析

Numerical Analysis

主　编：钱　江

副主编：杨永富　史仁坤　杨凤莲　徐红梅

　　　　姜　楠　徐小明　沈一颖

河海大學出版社

HOHAI UNIVERSITY PRESS

·南京·

内容简介

本书详细介绍了数值计算引论、非线性方程根的求解、线性方程组的数值解法、多项式插值、离散与连续形式的最佳逼近、数值微分与数值积分、矩阵特征值计算、常微分方程数值解法等内容,在相关章节中提供典型的 Matlab 程序设计,于每章后附有一定量的习题。全书叙述严谨,层次分明,深入浅出,便于教学和学生自学。

本书可作为理工科大学各专业本科生、研究生学习计算方法、数值分析、数值逼近等相关课程的参考书,还可供从事数值计算、数值逼近等相关领域的科技工作者参考。

图书在版编目(ＣＩＰ)数据

数值分析 / 钱江主编;杨永富等副主编. -- 南京:河海大学出版社,2022.8(2023.8 重印)
ISBN 978-7-5630-7636-9

Ⅰ. ①数… Ⅱ. ①钱… ②杨… Ⅲ. ①数值分析
Ⅳ. ①O241

中国版本图书馆 CIP 数据核字(2022)第 157683 号

书　　名	**数值分析**
书　　号	**ISBN 978-7-5630-7636-9**
责任编辑	龚　俊
特约编辑	梁顺弟　卞月眉
特约校对	丁寿萍　许金凤
封面设计	徐娟娟
出版发行	河海大学出版社
地　　址	南京市西康路 1 号(邮编:210098)
网　　址	http://www.hhup.com
电　　话	(025)83737852(总编室)
	(025)83722833(营销部)
经　　销	江苏省新华发行集团有限公司
排　　版	南京布克文化发展有限公司
印　　刷	广东虎彩云印刷有限公司
开　　本	787 毫米×1092 毫米　1/16
印　　张	15.5
字　　数	395 千字
版　　次	2022 年 8 月第 1 版
印　　次	2023 年 8 月第 2 次印刷
定　　价	80.00 元

前　言

　　本书是在河海大学多年"数值分析"课程教学改革实践与校重点教材立项建设的基础上,根据国家对当代高等教育的新要求与教育部高等学校大学数学课程教学的基本要求编写而成的。

　　本书旨在介绍数值逼近、数值线性代数、常微分方程数值解等基础理论知识与 Matlab 相关编程技术,从而架起数值计算原理与计算机编程之间的桥梁,便于读者学习,因此编者认为出版这样一部将数值分析原理与 Matlab 编程相结合的教材十分必要。

　　本书共分为八章,内容包括数值计算引论、非线性方程根的求解、线性方程组的数值解法、多项式插值、离散与连续形式的最佳逼近、数值微分与数值积分、矩阵特征值计算、常微分方程数值解法,每章后附有一定量的习题,相关章节附有典型的 Matlab 程序设计。

　　全书力求内容叙述语言简练、通俗易懂,注重基本概念、基本方法及基本思想的逻辑关系与启发讲述,注重培养学生分析问题、解决问题等应用能力。本书适合高等学校理工科各专业本科生、研究生学习使用。

　　参加本书编写的教师有河海大学理学院钱江、杨永富、史仁坤、杨凤莲、徐红梅、姜楠、徐小明、沈一颖,全书由钱江定稿。

　　感谢大连理工大学朱春钢教授,河海大学理学院朱永忠教授、郑苏娟教授及朱露、姚健康、张学莹、顾华、万中美、张晋、鲁然、张晓岭、曹海涛、李宝军等老师对本书的细致审阅和宝贵建议。感谢研究生齐梓萱、刘雯星、王永杰、张鼎、陈雨青的辛勤付出。编者感谢河海大学教务处与理学院对教材出版的资助。鉴于编者水平有限,出版时间仓促,本教材中难免有不足之处,恳请专家、同行及广大读者批评指正。

编　者

2021 年 12 月于南京

目　录

第一章

数值计算引论

1.1 微积分基础

微积分中有一些重要的概念和结论,对于后续章节非常重要.本节将对微积分中的一些基本事实作简单的回顾.

首先是极限的概念.

定义 1 设 $\{x_n\}$ 是个数列,x 是个常数.若对任意的 $\varepsilon > 0$,存在正整数 $N(\varepsilon) > 0$,使得当 $n > N(\varepsilon)$ 时,恒有 $|x_n - x| < \varepsilon$ 成立,则称数列 $\{x_n\}$ 收敛于 x,并称 x 是 $\{x_n\}$ 的**极限**,记作

$$\lim_{n \to \infty} x_n = x \text{ 或 } x_n \to x(n \to \infty).$$

定义 2 设函数 $f(x)$ 在点 x_0 的某去心邻域内有定义,A 是常数.若对任意的 $\varepsilon > 0$,存在正数 $\delta > 0$,使得当 $0 < |x - x_0| < \delta$ 时,恒有 $|f(x) - A| < \varepsilon$ 成立,则称 A 是 $f(x)$ 当 $x \to x_0$ 时的**极限**,记作

$$\lim_{x \to x_0} f(x) = A \text{ 或 } f(x) \to A(x \to x_0).$$

定理 1 以下两个命题等价:

(i) $\lim_{x \to x_0} f(x) = A$;

(ii) 对任意收敛于 x_0 的数列 $\{x_n\}$,恒有 $\lim_{n \to \infty} f(x_n) = A$.

下面是函数连续的概念.

定义 3 (1) 若 $\lim_{x \to x_0} f(x) = f(x_0)$,则称函数 $f(x)$ 在 x_0 处**连续**.

(2) 若 $f(x)$ 在区间 I 上每一点处都连续(若 I 包含端点,则在左端点处指的是右连续,右端点处指的是左连续),则称 $f(x)$ 在区间 I 上连续.区间 I 上的连续函数全体所组成的集合记为 $C(I)$.

有界闭区间上的连续函数有很多重要的性质.

定理 2(最值定理) 设函数 $f(x) \in C[a, b]$,则存在 $c_1, c_2 \in [a, b]$,使得

$$f(c_1) \leqslant f(x) \leqslant f(c_2), \forall x \in [a, b]$$

定理 3(介值定理) 设 $f(x) \in C[a, b]$ 且 $f(a) \neq f(b)$,则对介于 $f(a)$ 与 $f(b)$ 之间的任何实数 K,都存在 $c \in (a, b)$,使得 $f(c) = K$.

由介值定理知,有界闭区间上的连续函数可取到介于该区间上最大值与最小值之间的一切值.

下面回顾下导数的一些基础知识.

定义 4 (1) 设函数 $f(x)$ 在点 x_0 的某邻域内有定义. 若

$$f'(x_0) = \lim_{x \to x_0} \frac{f(x) - f(x_0)}{x - x_0}$$

存在,则称 $f(x)$ 在点 x_0 处可导,并称 $f'(x_0)$ 是 $f(x)$ 在 x_0 处的**导数**.

(2) 若函数 $f(x)$ 在区间 I 的每一点都可导,则称 $f(x)$ 在区间 I 上可导.

定理 4 若函数 $f(x)$ 在 x_0 处可导,则 $f(x)$ 在 x_0 处连续.

区间 I 上具有 n 阶连续导数的函数全体所构成的集合记为 $C^n(I)$,具有任意阶连续导数的函数全体构成的集合记为 $C^\infty(I)$. 例如,多项式函数、有理函数、三角函数、指数函数和对数函数在其定义域上具有任意阶连续导数.

关于导数,有以下几个重要的定理.

定理 5(Rolle 定理) 设函数 $f(x) \in C[a,b]$ 且 $f(x)$ 在 $[a,b]$ 内可导. 若 $f(a) = f(b)$,则存在 $c \in (a,b)$,使得 $f'(c) = 0$.

定理 6(微分中值定理) 设函数 $f(x) \in C[a,b]$ 且 $f(x)$ 在 (a,b) 内可导. 则存在 $c \in (a,b)$,使得

$$f'(c) = \frac{f(b) - f(a)}{b - a}.$$

定理 7(Taylor 定理) 设函数 f 在区间 $[a,b]$ 上 $n+1$ 阶可导,$x_0 \in [a,b]$. 则对任意 $x \in [a,b]$,在 x_0 与 x 之间至少存在一点 ξ,使得 $f(x) = P_n(x) + R_n(x)$,其中

$$P_n(x) = f(x_0) + f'(x_0)(x - x_0) + \frac{f''(x_0)}{2!}(x - x_0)^2 + \cdots + \frac{f^{(n)}(x_0)}{n!}(x - x_0)^n,$$

$$R_n(x) = \frac{f^{(n+1)}(\xi)}{(n+1)!}(x - x_0)^{n+1}.$$

定理 7 中 $P_n(x)$ 称为 $f(x)$ 在 x_0 的 n 次 Taylor 多项式,$R_n(x)$ 称为 Taylor 余项. ξ 是介于 x_0 与 x 之间的某个实数,一般而言,我们是不能确定其具体值的. 当 Taylor 余项足够小时,Taylor 定理告诉我们,可以用 Taylor 多项式近似 $f(x)$ 的值. 这对于计算机求解问题是非常方便的. 可以说,Taylor 定理是我们即将学习的许多计算技术的理论基础.

例 1 分别求函数 $f(x) = \cos x$ 在 $x_0 = 0$ 的 2 阶与 3 阶 Taylor 多项式,并计算 $\cos(0.01)$ 的近似值.

解 显然 $f \in C^\infty(\mathbf{R})$,故可以对任意 $n \geqslant 0$ 应用 Taylor 定理. 由于

$$f'(x) = -\sin x, \quad f''(x) = -\cos x, \quad f'''(x) = \sin x, \quad f^{(4)}(x) = \cos x,$$

故

$$f(0) = 1, \quad f'(0) = 0, \quad f''(0) = -1, \quad f'''(0) = 0.$$

从而 $f(x) = \cos x$ 在 $x_0 = 0$ 的 2 阶与 3 阶泰勒公式分别为

$$\cos x = f(0) + f'(0)x + \frac{f''(0)}{2!}x^2 + \frac{f'''(\xi)}{3!}x^3$$

$$= 1 - \frac{1}{2}x^2 + \frac{\sin \xi_1}{6}x^3$$

与

$$\cos x = f(0) + f'(0)x + \frac{f''(0)}{2!}x^2 + \frac{f'''(0)}{3!}x^3 + \frac{f^{(4)}(\xi)}{4!}x^4$$

$$= 1 - \frac{1}{2}x^2 + \frac{\cos \xi_2}{24}x^4,$$

其中 ξ_1 和 ξ_2 是介于 0 与 x 之间的某个实数. 可见, $f(x) = \cos x$ 在 $x_0 = 0$ 的 2 阶与 3 阶 Taylor 多项式是一样的,即

$$P_2(x) = P_3(x) = 1 - \frac{1}{2}x^2,$$

从而

$$\cos(0.01) \approx 1 - \frac{1}{2} \times (0.01)^2 = 0.99995.$$

利用 2 阶 Taylor 多项式近似 $\cos(0.01)$ 时,截断误差,即余项为

$$\frac{\sin \xi_1}{6}(0.01)^3 = 0.1\bar{6} \times 10^{-6}\sin \xi_1.$$

尽管这里无法确定 ξ_1 的值,但是

$$\left| \frac{\sin \xi_1}{6}(0.01)^3 \right| = | 0.1\bar{6} \times 10^{-6}\sin \xi_1 | \leqslant 0.1\bar{6} \times 10^{-6},$$

从而有误差估计

$$| \cos(0.01) - 0.99995 | \leqslant 0.1\bar{6} \times 10^{-6}.$$

同理,利用 3 阶 Taylor 多项式近似 $\cos(0.01)$ 时,有误差估计

$$| \cos(0.01) - 0.99995 | = \left| \frac{\cos \xi_2}{24}(0.01)^4 \right| \leqslant \frac{1}{24} \times 10^{-8} \leqslant 4.2 \times 10^{-10}.$$

由此可见,后者给出的最大可能误差更小,近似效果更好.

关于黎曼积分,需要知道以下基本内容.

定义 5 函数 f 在区间 $[a, b]$ 上的**黎曼积分**是下述极限(若存在的话):

$$\int_a^b f(x)\mathrm{d}x = \lim_{\lambda \to 0^+} \sum_{i=1}^n f(\xi_i)\Delta x_i,$$

其中 $a = x_0 \leqslant x_1 \leqslant \cdots \leqslant x_n = b$ $\xi_i \in [x_{i-1}, x_i]$ 任意,

$$\Delta x_i = x_i - x_{i-1}(i = 1, 2, \cdots, n), \lambda = \max_{1 \leqslant i \leqslant n}\Delta x_i.$$

闭区间 $[a, b]$ 上的连续函数一定是黎曼可积的. 因此,对 $[a, b]$ 上的连续函数 $f(x)$,我们可以通过对 $[a, b]$ 进行 n 等分得到分点 $x_i(i = 1, 2, \cdots, n)$,并可取 $\xi_i = x_i$,即有

$$\int_a^b f(x)\mathrm{d}x = \lim_{n \to \infty}\left[\frac{b-a}{n}\sum_{i=1}^n f(x_i) \right],$$

其中 $x_i = a + i(b-a)/n$.

定理 8（积分中值定理） 设函数 $f(x) \in C[a, b]$，函数 $g(x)$ 在 $[a, b]$ 上黎曼可积，且 $g(x)$ 在 $[a, b]$ 上不变号，则存在常数 $c \in (a, b)$，使得

$$\int_a^b f(x)g(x)\mathrm{d}x = f(c)\int_a^b g(x)\mathrm{d}x.$$

当 $g(x) \equiv 1$ 时，上述定理记为通常的积分中值定理. 函数 $f(x)$ 在 $[a, b]$ 上的积分中值为

$$f(c) = \frac{1}{b-a}\int_a^b f(x)\mathrm{d}x.$$

1.2 误差分析

1.2.1 误差的来源与分类

在科学与工程计算中，估计计算结果的精确度是十分重要的，而影响精确度的是不同类型的误差. 误差按其来源可分为模型误差、观测误差、截断误差及舍入误差.

（1）模型误差：对实际工程技术问题建立数学模型时所引起的误差.

（2）观测误差：测量工具的限制或在数据的获取时随机因素所引起的物理量的误差.

（3）截断误差：用数值方法求解数学模型时得到的正确解与模型准确解之间的误差，通常是用有限过程替代无限过程引起的.

例如，利用泰勒公式可得

$$e^x = 1 + x + \frac{x^2}{2!} + \cdots + \frac{x^n}{n!} + \frac{e^{\theta x}}{(n+1)!}x^{n+1}, \theta \in (0, 1).$$

对给定的 x，计算相应的函数值 e^x 时，可采用近似公式

$$e^x \approx 1 + x + \frac{x^2}{2!} + \cdots + \frac{x^n}{n!},$$

其截断误差为 $R = \frac{e^{\theta x}}{(n+1)!}x^{n+1}$，其中 $\theta \in (0, 1)$ 是某个实数. 由于科学计算经常要把一些数学函数转化为计算机易于处理的形式，这样会产生截断误差，因此截断误差是数值分析主要研究的误差，它主要涉及计算方法的收敛性.

（4）舍入误差：由于计算机所表示的数的位数有限，通常会按舍入原则取近似值，从而引起误差. 如用 3.141 6 作为 π 的近似值所产生的误差就是舍入误差. 少量运算的舍入误差也许微不足道，但经过计算机完成千百万次运算后舍入误差的积累可能是惊人的，因此不可忽视.

根据误差的来源，可以将误差分为两大类：一类是固有误差，包括模型误差和观测误差；另一类是在计算过程中产生的误差，包括截断误差和舍入误差. 在数值分析中我们主要考虑计算误差.

1.2.2 绝对误差与相对误差

定义 1 设 x^* 是某量的准确值，x 是 x^* 的近似值，则称 $x - x^*$ 为近似值 x 的**绝对误**

差,简称**误差**,记作 $e = x - x^*$. 由于精确值 x^* 在实际中往往是未知的,所以误差通常无法确定. 我们只能通过测量或计算来估计误差的取值范围.

定义 2 设存在 $\varepsilon > 0$,使得 $|x - x^*| \leqslant \varepsilon$,则称 ε 是近似值 x 的**绝对误差限**,简称**误差限**.

用绝对误差来刻画一个近似值的准确程度是有局限性的. 例如,某量的精确值为 1 000,近似值为 999,另一个量的精确值为 100,近似值为 99. 这两个量的绝对误差限都是 1,但 999 相对于 1 000 的精确度明显比 99 相对于 100 的精确度高. 因此,除了考虑绝对误差的大小外,还需要考虑该量本身的大小,为此引入相对误差的概念.

定义 3 设 x^* 是某量的准确值,x 是 x^* 的近似值,则称

$$e_r = \frac{x - x^*}{x^*}$$

是近似值 x 的**相对误差**. 由于 x^* 未知,实际应用时常将 x 的相对误差取为

$$e_r = \frac{x - x^*}{x},$$

并称 $|e_r|$ 的上界为近似值 x 的**相对误差限**,记作 ε_r,即 $\varepsilon_r = \varepsilon / |x|$,其中 ε 是近似值 x 的绝对误差限.

事实上,当 $|e_r| = \dfrac{|e|}{|x^*|} \ll 1$ 时,由

$$\frac{e}{x^*} - \frac{e}{x} = \frac{e(x - x^*)}{x^* x} = \frac{e^2}{x(x - e)} = \frac{(e/x)^2}{1 - (e/x)}$$

可知,相对误差可取为 $e_r = e/x$.

例 1 设 $x = 2.18$ 是由准确值 x^* 经四舍五入得到的近似值,求 x 的绝对误差限 ε 和相对误差限 ε_r.

解 根据四舍五入原则,由

$$x - 0.005 \leqslant x^* \leqslant x + 0.005,$$

从而 $|x - x^*| \leqslant 0.005$,故绝对误差限 $\varepsilon = 0.005$,相对误差限

$$\varepsilon_r = \frac{\varepsilon}{|x|} = \frac{0.005}{2.18} \approx 0.002\,3,$$

故由精确值经四舍五入得到的近似值,其绝对误差限等于该近似值末位的半个单位.

例 2 试根据准确值与近似值填表

准确值 x^*	近似值 x	绝对误差 e	相对误差 e_r
3.141 592	3.14		
1 000 000	999 996		
1.2×10^{-5}	9×10^{-6}		

解 分别利用绝对误差与相对误差公式

$$e = x - x^*, \quad e_r = \frac{e}{x^*}$$

计算出相应结果：

准确值 x^*	近似值 x	绝对误差 e	相对误差 e_r
3.141 592	3.14	$-0.001\,592$	-5.07×10^{-4}
1 000 000	999 996	-4	-4×10^{-6}
1.2×10^{-5}	9×10^{-6}	-3×10^{-6}	-0.25

1.2.3 有效数字与截断误差

设数 x 是数 x^* 的近似值,如果 x 的绝对误差限是它的某一数位的半个单位,并且从 x 左起第一个非零数字到该数位共有 n 位,则称这 n 个数字为 x 的有效数字,也称用 x 近似 x^* 时具有 n 位有效数字。

例如,$\pi = 3.141\,592\,6\cdots$,若用 3.14 或 3.141 6 作为 π 的近似值,则

$$|\pi - 3.14| = 0.001\,592\,6\cdots \leqslant \frac{1}{2} \times 10^{-2},$$

$$|\pi - 3.141\,6| = 0.000\,007\,34\cdots \leqslant \frac{1}{2} \times 10^{-4},$$

从而 π 的近似值 3.14 和 3.141 6 分别有 3 位和 5 位有效数字.

为了更具体地描述有效数字的概念,我们将近似值 x 写成规格化形式

$$x = \pm 0.a_1 a_2 \cdots a_n \cdots a_l \times 10^m \tag{1}$$

其中 a_1 是 1 到 9 中的正整数,$a_2, \cdots, a_l$ 是 0 到 9 中的自然数,m 为整数.

定义 4 设(1)式给出的数 x 是准确值 x^* 的近似值. 若 x 的绝对误差限满足

$$|x - x^*| \leqslant \frac{1}{2} \times 10^{m-n}, \quad 1 \leqslant n \leqslant l \tag{2}$$

则称近似值 x 具有 n 位有效数字.

我们也可以利用相对误差限来确定有效数字的位数,即 x 近似 x^* 的具有 n 位有效数字当且仅当

$$|e_r| = \left|\frac{x - x^*}{x^*}\right| < \frac{1}{2} \times 10^{1-n} = 5 \times 10^{-n}.$$

例如,前面讲到的 π 的近似值 3.14 和 3.141 6 的规格化形式分别为 0.314×10^1 与 $0.314\,16 \times 10^1$,满足不等式

$$|\pi - 3.14| \leqslant \frac{1}{2} \times 10^{1-3}, \quad |\pi - 3.141\,6| \leqslant \frac{1}{2} \times 10^{1-5},$$

故它们分别具有 3 位、5 位有效数字.

而在例 2 中,由于相对误差限满足

$$| e_r | = | -5.07 \times 10^{-4} | < 5 \times 10^{-3}, \quad | e_r | = | -4 \times 10^{-6} | < 5 \times 10^{-6},$$

$$| e_r | = | -0.25 | < 5 \times 10^{-1},$$

故它们分别具有 3 位、6 位、1 位有效数字.

设近似值有 n 位有效数字,由定义 4 可知,在 m 相同的情况下,n 越大则 10^{m-n} 越小,即有效数字的位数越多,绝对误差限则越小.关于有效数字与相对误差限之间的关系有下面的定理.

定理 1 若用规格化形式(1)表示的近似值 x 有 n 位有效数字,则其相对误差限为 $\dfrac{1}{2a_1} \times 10^{-n+1}$,即

$$| e_r | \leqslant \frac{1}{2a_1} \times 10^{-n+1}.$$

证 由(1)式知,

$$a_1 \times 10^{m-1} \leqslant | x | \leqslant (a_1 + 1) \times 10^{m-1}.$$

结合(2)式可得

$$| e_r | = \frac{| x - x^* |}{| x |} \leqslant \frac{\frac{1}{2} \times 10^{m-n}}{a_1 \times 10^{m-1}} = \frac{1}{2a_1} \times 10^{-n+1}.$$

由该定理可知,只要知道近似值 x 的有效数字的位数 n 与第一个非零数字 a_1 就能估计出 x 的相对误差限.反之,我们也可以从近似值的相对误差限来估计有效数字的位数.

定理 2 若近似值 x 的相对误差限为

$$| e_r | \leqslant \frac{1}{2(a_1 + 1)} \times 10^{-n+1}$$

则它至少具有 n 位有效数字.

证 由题设易知

$$| x - x^* | = | x | \cdot | e_r | \leqslant \frac{1}{2} \times 10^{m-n},$$

故 x 具有 n 位有效数字.

例 3 要使 $\sqrt{20}$ 的近似值的相对误差限小于 0.001,应取几位有效数字?

解 易知 $\sqrt{20}$ 的首位数字是 4,设近似值 x 有 n 位有效数字.由定理 1.2.5 知,相对误差限 $\varepsilon_r = \dfrac{1}{8} \times 10^{1-n}$.令 $\varepsilon_r = \dfrac{1}{8} \times 10^{1-n} \leqslant 0.001$,解得 $n \geqslant 3.097$,故只需取 4 位有效数字的近似值,其相对误差限就不会超 0.001,此时 $\sqrt{20} \approx 4.472$.

当我们用一个基本表达式替换一个相当复杂的算术表达式时,便引入了截断误差,如熟知的 Taylor 公式及其余项.

例 4 设积分真值

$$\int_0^{\frac{1}{2}} e^{x^2} \, dx = 0.544\,987\,104\,184\cdots \equiv I^*,$$

当用被积函数的 8 次 Taylor 多项式逼近 $f(x)$ 时,确定积分近似值的精度.

解 易知 e^{x^2} 的 8 次 Taylor 多项式为

$$P_8(x) = 1 + x^2 + \frac{x^4}{2!} + \frac{x^6}{3!} + \frac{x^8}{4!},$$

于是近似值为

$$I = \int_0^{\frac{1}{2}} P_8(x) = \int_0^{\frac{1}{2}} \left(1 + x^2 + \frac{x^4}{2!} + \frac{x^6}{3!} + \frac{x^8}{4!} \right) \mathrm{d}x$$

$$= \frac{1}{2} + \frac{1}{24} + \frac{1}{320} + \frac{1}{5\,376} + \frac{1}{110\,592} = \frac{2\,109\,491}{3\,870\,720} \approx 0.544\,986\,720\,817,$$

故由

$$5 \times 10^{-7} < \left| \frac{I - I^*}{I^*} \right| \approx 7.034\,42 \times 10^{-7} < 5 \times 10^{-6}$$

知,I 近似 I^* 具有 6 位有效数字.

当准确值与近似值都是某步长 h 的函数时,其逼近程度往往利用步长 h 来刻画,其中 $0 < h \ll 1$.

定义 5 设函数 $f(h), g(h)$,若存在常数 C, h_0,使得对任意 $h \leqslant h_0$,恒有

$$| f(h) | \leqslant C \cdot | g(h) |, \quad \text{当 } h \leqslant h_0 \text{ 时,}$$

则称 $f(h)$ 为 $g(h)$ 的大 O 函数(big Oh),记为 $f(h) = O(g(h))$.

我们可以用大 O 函数来描述近似函数的逼近程度.

定义 6 设 $p(h)$ 是 $f(h)$ 的近似函数,且存在正数 M,$n \in N^+$,对足够小的步长 $h > 0$,有

$$\frac{| f(h) - p(h) |}{h^n} \leqslant M,$$

则称 $p(h)$ 以逼近阶 $O(h^n)$ 来近似 $f(h)$,记为 $f(h) = p(h) + O(h^n)$.

诚然,我们熟知的带 Peano 型余项的 Taylor 公式就是一个典型例子,即

$$f(x_0 + h) = \sum_{k=0}^{n} \frac{f^{(k)}(x_0)}{k!} h^k + O(h^{n+1}).$$

自然,我们应考虑逼近函数在四则运算意义下的逼近阶的变化特征.

定理 3 设两个准确函数与相应的近似函数满足

$$f(h) = p(h) + O(h^n), \ g(h) = q(h) + O(h^m), \ r = \min\{m, n\},$$

则(1) $f(h) + g(h) = p(h) + q(h) + O(h^r)$;

(2) $f(h)g(h) = p(h)q(h) + O(h^r)$;

(3) $\dfrac{f(h)}{g(h)} = \dfrac{p(h)}{q(h)} + O(h^r), g(h)q(h) \neq 0$.

例 5 设函数 $\dfrac{1}{1-h}$,$\cos h$ 分别采用 3 次、4 次 Maclaurin 公式展开,试确定和函数与乘

积函数的逼近阶.

解　由题设,易算出当 $0 < h \ll 1$ 时,

$$\frac{1}{1-h} = 1 + h + h^2 + h^3 + O(h^4),$$

$$\cos h = 1 - \frac{h^2}{2!} + \frac{h^4}{4!} + O(h^6),$$

故

$$\frac{1}{1-h} + \cos h = 2 + h + \frac{h^2}{2} + h^3 + O(h^4),$$

$$\frac{1}{1-h} \cdot \cos h = 1 + h + \frac{h^2}{2} + \frac{h^3}{2} + O(h^4).$$

特别地,我们引入数列相关的逼近阶概念.

定义 7　设数列 $\{x_n\}$,$\{y_n\}$,若存在常数 C 与正整数 N,使得当 $n \geqslant N$ 时,恒有

$$|x_n| \leqslant C |y_n|,$$

则称 $x_n = O(y_n)$.

定义 8　设数列极限满足

$$\lim_{n \to \infty} x_n = x, \ \lim_{n \to \infty} r_n = 0,$$

若存在正数 K,使得当 n 充分大时,恒有

$$\frac{|x_n - x|}{|r_n|} \leqslant K,$$

则称数列 $\{x_n\}$ 以逼近阶 $O(r_n)$ 收敛于 x,记为 $x_n = x + O(r_n)$.

例如,设数列 $x_n = \dfrac{\cos n}{n^2}$,$r_n = \dfrac{1}{n^2}$,则数列以逼近阶 $O\left(\dfrac{1}{n^2}\right)$ 收敛于 0.

事实上,

$$\lim_{n \to \infty} x_n = 0, \ \left|\frac{\cos n}{n^2} - 0\right| \bigg/ \left|\frac{1}{n^2}\right| = |\cos n| < 1.$$

最后,类似于导数或微分的四则运算,我们不加证明地给出误差限的四则运算结果.

定理 4　设 x_1,x_2 分别是准确值 x_1^*,x_2^* 的近似值,相应的误差限记为 $\varepsilon(x_1)$,$\varepsilon(x_2)$,则有

$$\varepsilon(x_1 \pm x_2) \leqslant \varepsilon(x_1) + \varepsilon(x_2),$$

$$\varepsilon(x_1 \cdot x_2) \leqslant |x_1| \varepsilon(x_2) + |x_2| \varepsilon(x_1),$$

$$\varepsilon\left(\frac{x_1}{x_2}\right) \leqslant \frac{|x_1| \varepsilon(x_2) + |x_2| \varepsilon(x_1)}{x_2^2}.$$

进一步,利用 Taylor 公式展开,我们可以得到近似函数的误差限的估计值.

定理 5　(1) 设 x 是准确值 x^* 的近似值,函数 f 二阶连续可微,且 f'/f'' 不太大,则近似函数 $f(x)$ 的误差限

$$\varepsilon(f(x)) \approx \mid f'(x) \mid \cdot \varepsilon(x).$$

（2）设 $(x_1, \cdots, x_n)$ 是准确值 $(x_1^*, \cdots, x_n^*)$ 的近似值，多元函数 f 具有连续导数，则近似函数 $f(x_1, \cdots, x_n)$ 的绝对误差限与相对误差限分别具有估计值：

$$\varepsilon(f(x_1, \cdots, x_n)) \approx \sum_{k=1}^{n} \left| \left(\frac{\partial f}{\partial x_k^*} \right) \right| \varepsilon(x_k),$$

$$\varepsilon_r(f(x_1, \cdots, x_n)) = \frac{\varepsilon(A)}{\mid A \mid} \approx \sum_{k=1}^{n} \left| \left(\frac{\partial f}{\partial x_k^*} \right) \right| \frac{\varepsilon(x_k)}{\mid A \mid}.$$

事实上，利用一元 Taylor 公式，我们得到

$$f(x^*) - f(x) = f'(x)(x^* - x) + \frac{f''(\xi)}{2}(x^* - x)^2, \xi \in I(x, x^*),$$

这意味着

$$\mid f(x^*) - f(x) \mid \leqslant \mid f'(x) \mid \varepsilon(x) + \frac{\mid f''(\xi) \mid}{2}\varepsilon^2(x),$$

而利用多元 Taylor 公式，我们得到

$$f(x_1^*, \cdots, x_n^*) - f(x_1, \cdots, x_n) \approx \sum_{k=1}^{n} \left(\frac{\partial f}{\partial x_k} \right) \cdot (x_k^* - x_k).$$

例 6 已知矩形地的长 l^* 的近似值为 $d = 110$ m，宽 d^* 的近似值为 $d = 80$ m，且 $\mid l^* - l \mid \leqslant 0.2$ m，$\mid d^* - d \mid \leqslant 0.1$ m，试求面积绝对误差限与相对误差限.

解 由题知面积的准确值与近似值分别为

$$A^* = l^* d^*, A = ld,$$

于是绝对误差限为

$$\varepsilon(A) \approx \left| \left(\frac{\partial A}{\partial l} \right) \right| \varepsilon(l) + \left| \left(\frac{\partial A}{\partial d} \right) \right| \varepsilon(d) = 80 \times 0.2 + 110 \times 0.1 = 27 \text{ m}^2,$$

相对误差限为

$$\varepsilon_r(A) = \frac{\varepsilon(A)}{\mid A \mid} \approx \frac{27}{8\,800} \approx 0.31\%.$$

1.2.4 避免误差危害的原则

在误差定性分析中，人们往往考虑问题的条件数.

定义 9 设函数 $y = f(x)$，x 的近似值为 $x + \Delta x$，扰动为 Δx，则

$$C_p = \left| \frac{xf'(x)}{f(x)} \right| \approx \left| \frac{f(x + \Delta x) - f(x)}{f(x)} \right| / \left| \frac{\Delta x}{x} \right|$$

称为条件数. 若条件数 C_p 很大，则称此问题病态.

如何避免病态问题的出现，在数值计算中，人们往往考虑下列原则，并采取相应的有效措施.

（i）避免两个相近的数相减

在数值计算中,两个相近的数相减会使得有效数字损失严重.例如,$\sqrt{1\,001} \approx 31.64$ 与 $\sqrt{1\,000} \approx 31.62$ 都具有 4 位有效数字,但它们的差

$$\sqrt{1\,001} - \sqrt{1\,000} \approx 31.64 - 31.62 = 0.02$$

至多具有 1 位有效数字,因此误差较大,对计算结果的精度影响严重.我们需要避免这类两个相近的数直接相减的运算.为此将该算式变形为

$$\sqrt{1\,001} - \sqrt{1\,000} = \frac{1}{\sqrt{1\,001} + \sqrt{1\,000}} \approx 0.015\,81.$$

可见在处理相近的两数相减时可以通过改变计算公式来避免或减少有效数字的损失.再如:

（1）当 x_1 和 x_2 相近时,$\ln x_1 - \ln x_2 = \ln \dfrac{x_1}{x_2}$;

（2）当 x 是很大的正数时,$\sqrt{x+1} - \sqrt{x} = 1/(\sqrt{x+1} + \sqrt{x})$;

（3）当 $|x|$ 很小时,$1 - \cos x = 2\sin^2 \dfrac{x}{2}$,$e^x - 1 \approx x + \dfrac{x^2}{2!} + \cdots + \dfrac{x^n}{n!}$.

若有些计算无法改变算式,也可采用增加有效数字位数再进行运算.

（ii）绝对值太小的数不宜作除数

在计算机上计算时,若用绝对值很小的数作除数可能会产生溢出,而且绝对值很小的除数稍有一点误差就会对计算结果造成很大的影响.例如

$$\frac{2.718\,2}{0.001} = 2\,718.2.$$

如果分母变为 0.001 1,此时分母仅产生了 0.000 1 的微小变化,而商

$$\frac{2.718\,2}{0.001\,1} = 2\,471.1$$

却发生了很大的改变.所以在计算过程中不仅要避免两个相近的数相减,也要避免用这种绝对值很小的数作除数.

例 7　设函数 $f(x) = \dfrac{e^x - 1 - x}{x^2}$,其 2 次 Maclaurin 多项式为 $P_2(x)$,试用 6 位有效数字比较 $f(0.01)$,$P_2(0.01)$ 的计算结果.

解　易知函数 $f(x)$ 的 2 次 Maclaurin 多项式为

$$P_2(x) = \frac{1}{2} + \frac{x}{6} + \frac{x^2}{24},$$

则

$$f(0.01) = \frac{e^{0.01} - 1 - 0.01}{(0.01)^2} = \frac{1.010\,050 - 0.01 - 1}{10^{-4}} = 0.500\,000,$$

而 $P_2(0.01) \approx 0.501\,671$，真值为 $0.501\,670\,841\,6\cdots$．

（iii）防止"大数"吃掉"小数"

当参与计算的数相差很大数量级的时候，若不注意采取相应措施，在加减运算中绝对值很小的数往往会被绝对值较大的数"吃掉"，从而造成计算结果失真．这主要是由计算机表示的数位数有限这一客观事实引起的．例如，$a = 10^{13}$，$b = 5$，设想这两个数在具有 12 位浮点计算机系统中相加，相加原则是先对阶再相加，可得

$$a + b = 10^{13} + 5 = 1.000\,000\,000\,00 \times 10^{13} + 0.000\,000\,000\,000\,5 \times 10^{13}.$$

由于计算机系统只保留前 12 位作为有效数字，实际加法操作是

$$a + b = 10^{13} + 5 = 1.000\,000\,000\,00 \times 10^{13} + 0.000\,000\,000\,000 \times 10^{13}.$$

因此，最后 $a+b$ 的计算结果是 $1.000\,000\,000\,00 \times 10^{13}$，即 a 的值作为计算结果赋给了 $a+b$，而 b 则被绝对值较大的数 a 给"吃掉"了．

为了避免这一现象，在处理绝对值相差悬殊的一组数的加法运算时，可以先根据这组数的绝对值大小进行排序，如

$$|x_1| > |x_2| > \cdots > |x_n|,$$

然后再按绝对值由小到大的顺序确定求和的先后次序．

（iv）注意简化过程，减少运算次数

同样一个计算问题，若选用的计算公式简单，则运算次数少，从而能减少舍入误差的传播，节省大量的计算时间，提高计算速度．例如，设 A，B，C 分别为 10×20，20×50 和 50×1 的矩阵．计算 $D = ABC$ 分别采用以下两种算法：

算法 1 $D = (AB)C$，需要做 10 500 次乘法；

算法 2 $D = A(BC)$，需要做 1 200 次乘法．

事实上算法 2 的计算量远小于算法 1 的计算量，因此算法 2 要优于算法 1．

（v）选用数值稳定性好的算法

如果一个数值算法的舍入误差积累是可控制的，就称其为数值稳定的，反之称为数值不稳定的．数值不稳定的算法没有实用价值．

例 8 利用递推式计算定积分 $I_n = \mathrm{e}^{-1} \int_0^1 x^n \mathrm{e}^x \mathrm{d}x$ 的值，其中 $n = 0, 1, 2, \cdots, 20$．

解 由于

$$I_0 = \mathrm{e}^{-1} \int_0^1 \mathrm{e}^x \mathrm{d}x = \mathrm{e}^{-1}(e - 1) = 1 - \mathrm{e}^{-1},$$

$$I_n = \mathrm{e}^{-1} \int_0^1 x^n \mathrm{e}^x \mathrm{d}x = \mathrm{e}^{-1}\left(x^n \mathrm{e}^x \big|_0^1 - n\int_0^1 x^{n-1}\mathrm{e}^x \mathrm{d}x\right) = 1 - nI_{n-1}, \ n = 1, 2, \cdots,$$

故可得带初值的正向递推关系式为

$$\begin{cases} I_0 = 1 - \mathrm{e}^{-1}, \\ I_n = 1 - nI_{n-1}, \ n = 1, 2, \cdots. \end{cases}$$

利用计算机计算可得 $I_0 \approx 0.632\,120\,558\,828\,56$．令 $S_i \approx I_i (i = 1, 2, \cdots, 20)$．利用递

推关系式可得 20 个近似值,如表 1.1 所示:

表 1.1　例 8 中发散的数值结果

S_1	0. 367 879 441 171 44	S_8	0. 100 931 967 445 09	S_{15}	0. 059 033 793 641 90
S_2	0. 264 241 117 657 12	S_9	0. 091 612 292 994 17	S_{16}	0. 055 459 301 729 57
S_3	0. 207 276 647 028 65	S_{10}	0. 083 877 070 058 29	S_{17}	0. 057 191 870 597 31
S_4	0. 170 893 411 885 38	S_{11}	0. 077 352 229 358 78	S_{18}	$-$ 0. 029 453 670 751 54
S_5	0. 145 532 940 573 08	S_{12}	0. 071 773 247 694 64	S_{19}	1. 559 619 744 279 19
S_6	0. 126 802 356 561 52	S_{13}	0. 066 947 779 969 72	S_{20}	$-$ 30. 192 394 885 583 78
S_7	0. 112 383 504 069 36	S_{14}	0. 062 731 080 423 87		

　　因为被积函数非负,对正整数 n,应有 I_n 成立,但上表中的 S_{18} 和 S_{20} 是负数,这显然是不正确的. 事实上,导致这一错误的直接原因是初始数据的误差在计算过程中随着正向递推公式的不断运用增大了.

　　如果考虑另一种算法,由递推公式 $I_n = 1 - nI_{n-1}$,解得

$$I_{n-1} = (1 - I_n)/n,$$

这是逆向递推公式. 对 I_n 作估计,有

$$I_n = \mathrm{e}^{-1} \int_0^1 x^n \mathrm{e}^x \mathrm{d}x \leqslant \mathrm{e}^{-1} \mathrm{e} \int_0^1 x^n \mathrm{d}x = \frac{1}{n+1},$$

粗略地取 $I_{30} \approx S_{30} = 1/31$,利用逆向递推公式

$$S_{n-1} = \frac{1}{n}(1 - S_n), n = 30, 29, \cdots, 2,$$

计算出 $S_{29}, S_{28}, \cdots, S_1$,其中 S_1 至 S_{20} 的计算结果如表 1.2 所示:

表 1.2　例 8 中收敛的数值结果

S_1	0. 367 879 441 171 44	S_8	0. 100 931 967 445 59	S_{15}	0. 059 017 540 879 30
S_2	0. 264 241 117 657 12	S_9	0. 091 612 292 989 66	S_{16}	0. 055 719 345 931 24
S_3	0. 207 276 647 028 65	S_{10}	0. 083 877 070 103 39	S_{17}	0. 052 771 119 168 99
S_4	0. 170 893 411 885 38	S_{11}	0. 077 352 228 862 66	S_{18}	0. 050 119 854 958 09
S_5	0. 145 532 940 573 08	S_{12}	0. 071 773 253 648 03	S_{19}	0. 047 722 755 796 21
S_6	0. 126 802 356 561 53	S_{13}	0. 066 947 702 575 62	S_{20}	0. 045 544 884 075 82
S_7	0. 112 383 504 069 30	S_{14}	0. 062 732 163 941 38		

　　该表中没有出现负数,数据变化显示数列 $\{S_n\}$ 随着 n 的增加而单调递减趋于零,符合积分值数列 $\{I_n\}$ 的变化规律. 由此可见,前一种算法用正向递推关系式,尽管初值的近似值精度很高,但在计算过程中造成了误差的扩散,它是数值不稳定的算法. 而后一种算法用逆向递推关系式,即使初始数据 S_{30} 有明显的误差,但计算结果却更为可靠. 由误差传播规律

$$E_{n-1} = S_{n-1} - I_{n-1} = \frac{1-S_n}{n} - \frac{1-I_n}{n} = -\frac{1}{n}E_n, \quad n = 30, 29, \cdots, 2,$$

可得逆向递推计算过程中初始数据误差 E_{30} 的传播规律为

$$|E_{n-1}| = \frac{1}{n(n+1)\cdots 29 \cdot 30}|E_{30}|, \quad n = 29, 28, \cdots, 2.$$

因此,逆向递推的计算方法使得误差绝对值逐次减小,这是一种数值稳定的算法. 在实际应用中应选用数值稳定的公式,避免使用数值不稳定的公式.

1.3 多项式的秦九韶算法

计算机求解数学问题的最基础的算术运算是加法和乘法. 它们同时也是计算多项式的值所需要的基本运算. 所以多项式的求值运算就成为了计算技术的一个重要基础. 下面我们就以多项式求值为例,看看如何进行运算才能节省计算时间.

给定 n 次多项式

$$p(x) = a_0 x^n + a_1 x^{n-1} + \cdots + a_{n-1}x + a_n,$$

其中 $a_0 \neq 0$.

在计算机中,由于一次加减操作的机时比一次乘除操作的机时要少得多,因而我们应该尽量减少乘除运算次数. 这里,如果直接逐项求和计算 $p(x)$,则需要 $\frac{n(n+1)}{2}$ 次乘法与 n 次加法,而下面将要介绍的秦九韶算法则只需要 n 次乘法与 n 次加法.

秦九韶算法如下. 首先将多项式 $p(x)$ 改写成如下嵌套形式:

$$\begin{aligned}
p(x) &= (a_0 x^{n-1} + a_1 x^{n-2} + \cdots + a_{n-1})x + a_n \\
&= ((a_0 x^{n-2} + a_1 x^{n-3} + \cdots + a_{n-2})x + a_{n-1})x + a_n \\
&= \cdots \\
&= (\cdots((a_0 x + a_1)x + a_2)x + \cdots + a_{n-1})x + a_n.
\end{aligned}$$

在具体计算 $p(x^*)$ 时,按照

$$b_0 = a_0, \quad b_i = b_{i-1}x^* + a_i \, (i = 1, 2, \cdots, n)$$

从内到外逐层计算,最终的 b_n 即为 $p(x^*)$ 的值. 该算法仅需 n 次乘法和 n 次加法运算即可计算出 n 次多项式的值. 相比于直接逐项计算方法,秦九韶算法的乘法次数从 $O(n^2)$ 次降为 $O(n)$ 次,当 n 比较大时,这可以大大节省运算量.

秦久韶算法也称为 **Horner 算法**,为方便使用,人们建立所谓的 Horner 表:

输入	a_n	a_{n-1}	a_{n-2}	$\cdots$	a_k	$\cdots$	a_2	a_1	a_0
C		xb_n	xb_{n-1}	$\cdots$	xb_{k+1}	$\cdots$	xb_3	xb_2	xb_1
	b_n	b_{n-1}	b_{n-2}	$\cdots$	b_k	$\cdots$	b_2	b_1	$b_0 = p(C)$

其算法过程为

$$b(n) = a(n);$$
$$\text{for } k = n-1:-1:0$$
$$\qquad b(k) = a(k) + C * b(k+1);$$
$$\text{end}$$

例1　试用秦久韶算法求 5 次多项式

$$p_5(x) = x^5 - 6x^4 + 8x^3 + 8x^2 + 4x - 40$$

于 3 处的值.

解　由表直接算出

	a_5	a_4	a_3	a_2	a_1	a_0
	1	-6	8	8	4	-40
$C = 3$		3	-9	-3	15	57
	1	-3	-1	5	19	$17 = p_5(3)$
	b_5	b_4	b_3	b_2	b_1	b_0

秦九韶算法还可以求多项式 $p(x)$ 的导函数 $p'(x)$ 在 x^* 处的值. 由递推公式知,

$$
\begin{aligned}
p(x) &= b_0 x^n + (b_1 - b_0 x^*) x^{n-1} + (b_2 - b_1 x^*) x^{n-2} + \cdots + (b_{n-1} - b_{n-2} x^*) x + b_n - b_{n-1} x^* \\
&= b_0 x^{n-1}(x - x^*) + b_1 x^{n-2}(x - x^*) + \cdots + b_{n-1}(x - x^*) + b_n \\
&= (x - x^*)(b_0 x^{n-1} + b_1 x^{n-2} + \cdots + b_{n-1}) + b_n.
\end{aligned}
$$

记

$$q(x) = b_0 x^{n-1} + b_1 x^{n-2} + \cdots + b_{n-1},$$

则

$$p(x) = (x - x^*)q(x) + b_n.$$

从而

$$p'(x) = q(x) + (x - x^*)q'(x).$$

因此, $p'(x^*) = q(x^*)$. 从而可以利用秦九韶算法计算 $p'(x^*)$, 具体为

$$
\begin{cases}
c_0 = b_0 = a_0, \\
b_i = b_{i-1} x^* + a_i, & i = 1, 2, \cdots, n-1, \\
c_i = c_{i-1} x^* + b_i, & i = 1, 2, \cdots, n-1,
\end{cases}
$$

其中 c_{n-1} 即为 $p'(x^*)$.

秦九韶算法是一种计算复杂度小且有效的递推算法,而递推算法在数值计算、微分方程数值解等领域有着广泛的应用,其初始条件往往对最终结果影响甚远,鉴于此,人们给出算法稳定性概念.

若初始条件下的小误差对最终结果产生的影响较小,则称此算法为稳定算法;否则称之为不稳定算法.

设 ε 表示初始误差, $\varepsilon(n)$ 表示计算第 n 步后的误差增长量,若 $|\varepsilon(n)| \approx n|\varepsilon|$, 则称误

差按线性增长. 若 $|\varepsilon(n)| \approx K^n \cdot |\varepsilon|$,则称误差按指数增长. 若 $K > 1$,则当 $n \to \infty$ 时,指数增长无界;若 $0 < K < 1$,则当 $n \to \infty$ 时,指数增长趋于 0.

习题一

1. 证明下列方程在 $(0, 1)$ 内有根:

(1) $x^4 - 3x + 1 = 0$;

(2) $3\sin \pi x - 2 = 0$.

2. 求 $f(x) = \sqrt[3]{x}$ 在 $x = 1$ 处的 2 次泰勒多项式,并用它计算 $\sqrt[3]{1.15}$ 的近似值.

3. (1) 求 $f(x) = \ln(1+x)$ 在 $x = 0$ 处的 4 次泰勒多项式;

(2) 利用(1)的结果近似 $f(-0.1)$ 和 $f(0.1)$;

(3) 利用泰勒余项给出(2)中两个近似值的误差上界估计;

(4) 用计算器计算两个近似值的实际误差,并和(3)中结果进行比较.

4. 正方形的边长大约为 $100\,\mathrm{cm}$,问测量时允许多大的误差,才能使面积误差不超过 $1\,\mathrm{cm}^2$.

5. 已知

$$x_1 = 1.102\,1, \ x_2 = 0.031, \ x_3 = 385.6, \ x_4 = 56.430$$

都是经过四舍五入得到的近似数,即误差限不超过最后一位的半个单位. 求下列各近似值的误差限:

(1) $x_1 + x_2 + x_4$; (2) $x_1 x_2 x_3$; (3) $\dfrac{x_2}{x_4}$.

6. 设 x 的相对误差限为 1%,求 x^n 的相对误差限.

7. 计算圆面积时要使相对误差限为 1%,问度量半径 R 时允许的相对误差限是多少?

8. 计算 $f = (\sqrt{2} - 1)^6$,取 $\sqrt{2} \approx 1.4$,利用下列等式计算,哪一个得到的结果相对最好?

(1) $\dfrac{1}{(\sqrt{2}+1)^6}$; (2) $(3 - 2\sqrt{2})^3$; (3) $\dfrac{1}{(3+2\sqrt{2})^3}$; (4) $99 - 70\sqrt{2}$.

9. 设数列 $\{y_n\}$ 满足递推关系

$$y_n = 10 y_{n-1} - 1, \ n = 1, 2, 3, \cdots$$

若 $y_0 = \sqrt{2} \approx 1.41$(取 3 位有效数字). 问计算到 y_{10} 时误差有多大? 该计算过程稳定吗?

10. 如何尽可能精确地计算方程

$$x^2 + bx - 10^{-12} = 0$$

的两个根,其中 $b > 100$.

第二章

非线性方程根的求解

在分析各种工程问题时,我们常常面临着寻找函数的根的问题.给定一个函数 $f(x)$,函数的根是满足 $f(x)=0$ 的 x 值.经典的例子为 n 次多项式和包含三角函数、指数或对数的超越方程.

引例 在 1224 年,Pisa 的 Leonardo,即著名的 Finonacci,当着皇帝 Frederick 二世的面回答了 Palermo 的 John 提出的一个挑战性问题:找出方程

$$x^3 + 2x^2 + 10x = 20$$

的根.他首先证明该方程没有有理根,也没有 Euclide 无理根,即没有形如 $a \pm \sqrt{b}$,$\sqrt{a} \pm \sqrt{b}$,$\sqrt{a \pm \sqrt{b}}$,$\sqrt{\sqrt{a} \pm \sqrt{b}}$ 的根,其中 a,b 为有理数.然后他近似求出了唯一的实根

$$1 + 22\frac{1}{60} + 7\left(\frac{1}{60}\right)^2 + 42\left(\frac{1}{60}\right)^3 + 33\left(\frac{1}{60}\right)^4 + 4\left(\frac{1}{60}\right)^5 + 40\left(\frac{1}{60}\right)^6.$$

他的近似解的精确性如何?

本章主要介绍求解非线性方程根的常用数值解法,比如二分法、不动点迭代、牛顿法等方法,还包括关于 MATLAB 的 fzero 函数、roots 函数等求根编程命令.

2.1 二分法

2.1.1 二分法原理

定义 1 若函数满足 $f(x_0)=0$,则称 $f(x)$ 有零点 $x=x_0$.

求解方程的根的第一步是验证根的存在性,一种方法是:寻找闭区间 $[a,b]$,使得区间端点处的函数值 $f(a)$ 与 $f(b)$ 的符号互异,于是由零点定理可知,存在开区间 (a,b) 内的点 x_0,使得 $f(x_0)=0$.

二分法(Bisection),也称区间减半法.它是一种定位函数实根 $f(x)=0$ 的算法,其目标是去寻找介于两个实值 x_1,x_2($x_1 < x_2$)之间的 x,这里的 x_1,x_2 须满足 $f(x_1)f(x_2) < 0$,也即

$$\begin{cases} f(x_1) > 0, \\ f(x_2) < 0. \end{cases} \quad \text{或} \quad \begin{cases} f(x_1) < 0, \\ f(x_2) > 0. \end{cases}$$

对于任意 x_1,x_2 须满足 $f(x_1)f(x_2) < 0$,我们可以计算介于 x_1,x_2 之间的中间值 x_m,即

$$x_m = \frac{x_1 + x_2}{2},$$

进而计算 $f(x_m)$，接下来做出以下判断：

（1）若 $f(x_m)$ 与 $f(x_1)$ 同号，则 $f(x_m)f(x_1) > 0$. x_1，x_m 均位于交叉点的左侧，如图 2.1 所示，对于这种情况，我们让 x_m 代替原来的 x_1，即 $x_1 := x_m$；

（2）若 $f(x_m)$ 与 $f(x_1)$ 异号，则 $f(x_m)f(x_1) < 0$. x_m，x_2 均位于交叉点的右侧，如图 2.2 所示，对于这种情况，我们让 x_m 代替原来的 x_2，即 $x_2 := x_m$；

（3）若 $f(x_m)f(x_1) = 0$，则 x_1 或 x_m 就是根.

在进行以上判断替换之后，重复上述过程，直到 $f(x_m)$ 满足指定的容许误差限. 为终止迭代过程，我们可以设定一个合适的二分次数或一个合适的容许误差限.

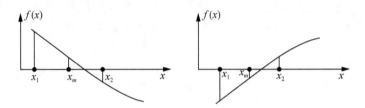

图 2.1 当 $f(x_m)f(x_1) > 0$ 时的二分法过程

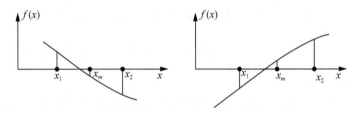

图 2.2 当 $f(x_m)f(x_1) < 0$ 时的二分法过程

我们可以将上述过程概括为如下结论：

定理 1 设 $f(x) \in C[a, b]$，$f(a)f(b) < 0$，$\{c_n\}_{n=0}^{\infty}$ 表示将区间 $[a, b]$ 二分法得到的中点序列，则 $\exists x_0 \in (a, b)$，使得

$$| x_0 - c_n | \leqslant \frac{b-a}{2^{n+1}}, \quad n = 0, 1, \cdots,$$

即

$$\lim_{n \to \infty} c_n = x_0.$$

上述定理称为二分法定理，我们将对此作出说明. 记原来的闭区间 $[a, b] \equiv [a_0, b_0]$，中点 $c_0 = \dfrac{a+b}{2}$，选择 $[a_0, c_0]$ 或 $[c_0, b_0]$，只要相应的首末端点处函数值异号. 如此下去，直到 $[a_n, b_n]$，$c_n = \dfrac{a_n + b_n}{2}$，选择 $[a_n, c_n]$ 或 $[c_n, b_n]$，只要相应的首末端点处函数值异号. 于是我们有

$$b_n - a_n = \frac{b_0 - a_0}{2^n} \Rightarrow | x_0 - c_n | \leqslant \frac{b-a}{2^{n+1}}, \quad n = 0, 1, \cdots.$$

例 1   在无阻尼强迫振荡的研究中会遇到这样的函数 $h(x) = x\sin x$，寻求在 $[0,2]$ 内的值 x，满足 $h(x) = 1$.

解   我们构造辅助函数 $f(x) = x\sin x - 1$，$x \in [0,2]$，于是问题转化为寻求函数 $f(x)$ 于区间 $[0,2]$ 上的零点. 容易算出，$f(0) = -1$，$f(2) = 0.818\,59$，我们记区间 $[a_0, b_0] \equiv [0,2]$，中点序列 $\{c_n\}_{n=0}^{\infty}$，列表如表 2.1 所示.

表 2.1   例 1 中二分法求根过程

k	a_k	c_k	b_k	$f(c_k)$
0	0	1	2	$-0.158\,529$
1	1	1.5	2	$0.496\,242$
2	1	1.25	1.5	$0.186\,231$
3	1	1.125	1.25	$0.015\,051$
4	1	1.062\,5	1.125	$-0.071\,827$
5	1.062\,5	1.093\,75	1.125	$-0.028\,362$
6	1.093\,75	1.109\,375	1.125	$-0.006\,643$
7	1.109\,375	1.117\,187\,5	1.125	$0.004\,208$
8	1.109\,375	1.113\,281\,25	1.117\,187\,5	$-0.001\,216$

于是所求的 $\{c_n\}_{n=0}^{8}$ 即为零点的近似值.

2.1.2   二分法的自适应算法

通过上面的例子可以看出二分法所得到的近似解收敛于真解的速度慢，但它提供了一个对计算结果精度的预先估计. 重复二分法中的数 N 需要保证第 N 个中点 c_n 是零点的近似值，且误差 $\geqslant$ 预定值 δ，于是由定理 1 知，

$$\delta \leqslant \frac{b-a}{2^N} \Rightarrow \ln \delta = \ln(b-a) - N\ln 2 \Rightarrow N \leqslant \frac{\ln(b-a) - \ln \delta}{\ln 2},$$

故取

$$N = \left[\frac{\ln(b-a) - \ln \delta}{\ln 2}\right].$$

例 2   用二分法求下列多项式函数的一个根

$$y = f(x) = 3x^5 - 2x^3 + 6x - 8,$$

并给出下列两种停止准则的迭代结果：

(1) 给定二分次数 $N\_iter = 16$，

(2) 给定容许误差 $Tol = 10^{-5}$.

解   首先，我们画出函数 $f(x)$ 图形，如图 2.3 所示.

接下来我们建立给定多项式函数的 .m 文件
funcbisection01. m 如下：

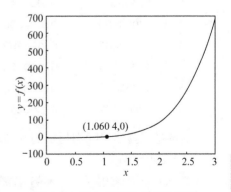

图 2.3   例 2 中函数 $f(x)$ 的图形

```
function y = funcbisection01(x)
y = 3. * x.^5 - 2. * x.^3 + 6. * x - 8;
```

(1) $N\_iter = 16$,

Bisection 算法步骤如下：

---

1. 给定初值 x_1，x_2，$k = 0$.
2. 按取中点 x_m 得到 x_m；$k = k + 1$. 判断 k 是否等于 N_iter，
   →是，停止迭代；
   →不是，转步骤 3.
3. 计算 $f(x_m)f(x_1)$，
   →若 $f(x_m)f(x_1) > 0$，则 $x_1 := x_m$；转步骤 2；
   →若 $f(x_m)f(x_1) < 0$，则 $x_2 := x_m$；转步骤 2；
   →若 $f(x_m)f(x_1) = 0$，则停止迭代，x_m 就是根.

我们建立 MATLAB 程序 Bisectionexa1test1.m，执行此程序时，MATLAB 将显示以下内容：

k	xm	fm
1	1.250000	4.749023
2	0.875000	-2.551117
3	1.062500	0.038318
4	0.968750	-1.446153
5	1.015625	-0.759658
6	1.039063	-0.375737
7	1.050781	-0.172624
8	1.056641	-0.068151
9	1.059570	-0.015168
10	1.061035	0.011511
11	1.060303	-0.001844
12	1.060669	0.004830
13	1.060486	0.001492
14	1.060394	-0.000176
15	1.060440	0.000658
16	1.060417	0.000241

这些值只显示了我们指定的 6 位小数.

(2) $Tol = 10^{-5}$.

Bisection 法求解 $f(x) = 0$，若需要停止，须设定容许误差限 $Tol = \varepsilon$，步骤如下：

---

1. 给定初值 x_1，x_2，$N\_iter = 0$.

2. 按取中点 x_m 得到 x_m；$N\_iter = N\_iter + 1$.

3. 计算 $f(x_m)f(x_1)$，

  →若 $f(x_m)f(x_1) > 0$，则 $x_1 := x_m$；

    若 $|f(x_m)| < \varepsilon$，停止迭代，否则转步骤 2.

  →若 $f(x_m)f(x_1) < 0$，则 $x_2 := x_m$；

    若 $|f(x_m)| < \varepsilon$，停止迭代，否则转步骤 2.

  →若 $f(x_m)f(x_1) = 0$，则停止迭代，x_m 就是根.

我们建立 MATLAB 程序 Bisectionexa1test2.m，执行此程序时，MATLAB 将显示以下内容：

xm	fm	N_iter
1.250000	4.749023	1
0.875000	−2.551117	2
1.062500	0.038318	3
0.968750	−1.446153	4
1.015625	−0.759658	5
1.039063	−0.375737	6
1.050781	−0.172624	7
1.056641	−0.068151	8
1.059570	−0.015168	9
1.061035	0.011511	10
1.060303	−0.001844	11
1.060669	0.004830	12
1.060486	0.001492	13
1.060394	−0.000176	14
1.060440	0.000658	15
1.060417	0.000241	16
1.060406	0.000032	17
1.060400	−0.000072	18
1.060403	−0.000020	19
1.060404	0.000006	20

需要注意的是，停止准则的不同，迭代的次数就会有所不同. 这种先给定误差限，再确定迭代数的方法称为**二分法的自适应算法**. 诚然，二分法用于求解函数的根须知道根所在的范围 (x_1, x_2).

2.2 不动点迭代法及其收敛性

2.2.1 不动点迭代法

定义 1 对于给定的函数 $g(x)$，若存在实数 x^*，满足 $g(x^*) = x^*$，则称 x^* 为函数

$g(x)$ 的**不动点**(fixed point).

换句话说,函数 $g(x)$ 的不动点是 $y = g(x)$ 和 $y = x$ 的交点的横坐标,即函数 $f(x) = g(x) - x = 0$ 的根. 例如,方程

$$x = \cos x$$

的根,即 $g(x) = \cos x$ 的不动点落在 $\left(0, \dfrac{\pi}{2}\right)$ 之间. 如何去寻找这个不动点呢? 为此我们给出下列定义与定理加以阐述.

定义 2 在 $[a, b]$ 根区间中取一点 x_0,迭代

$$x_{k+1} = g(x_k), k = 0, 1, 2, \cdots \tag{1}$$

称为不动点迭代格式,由此生成的数列 x_1, x_2, x_3, $\cdots$ 称为不动点迭代序列,$g(x)$ 称为迭代函数.

迭代序列是否收敛对不动点的存在与否至关重要,这由下列定理可以看出.

定理 1 设迭代函数 $g(x)$ 连续,$\{x_k\}_{k=0}^{\infty}$ 是由不动点迭代法(1)式得到的序列,若 $\lim\limits_{k \to \infty} x_k = x^*$,则 x^* 是 $g(x)$ 的不动点.

事实上,由迭代函数 $g(x)$ 的连续性可知,

$$g(x_k) = g\left(\lim_{k \to \infty} x_k\right) = \lim_{k \to \infty} g(x_k) = \lim_{k \to \infty} x_{k+1} = x^*,$$

这就说明不动点迭代序列的极限(若存在)就是迭代函数 $g(x)$ 的不动点,也即函数 $f(x) = g(x) - x = 0$ 的根,此时也称不动点迭代格式收敛;否则称之发散.

例 1 试建立方程 $x = e^{-x}$ 的不动点迭代格式,并求 $\{x_k\}_{k=1}^{10}$,其中 $x_0 = 0.5$.

解 我们建立该方程相应的不动点迭代格式为

$$x_{k+1} = e^{-x_k}, \quad x_0 = 0.5, \quad k = 1, 2, \cdots.$$

不难算出该方程根的近似值,如表 2.2 所示.

表 2.2 例 1 中不动点迭代结果

k	x_k	k	x_k
0	0.5	6	0.564 862 95
1	0.606 530 66	7	0.568 438 05
2	0.545 239 21	8	0.566 409 45
3	0.579 703 10	9	0.567 559 63
4	0.560 064 63	10	0.566 907 21
5	0.571 172 15		

而真解为 $x_k = 0.567 143 29 \cdots$.

程序:clc

```
x(1) = 0.5;
for i = 1:1 000
    x(i + 1) = exp(-x(i));
```

end

vpa(x)

下面我们寻求方程

$$x = \cos x$$

于 $\left(0, \dfrac{\pi}{2}\right)$ 内的实根,如图 2.4 所示.

事实上,我们构造不动点迭代格式为

$$x_{k+1} = \cos x_k, \quad x_0 = 0.75, \quad k = 1, 2, \cdots.$$

直接编程计算得到根的近似值,如表 2.3 所示.

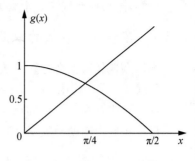

图 2.4 方程 $x = \cos x$ 的根

表 2.3 $g(x) = \cos x$ 的不动点迭代过程

k	x_k	k	x_k
0	0.75	7	0.738 396
1	0.731 689	8	0.739 549
2	0.744 047	9	0.738 772
3	0.735 734	10	0.739 296
4	0.741 339	11	0.738 943
5	0.737 565	12	0.739 181
6	0.740 108		

而真根为 $x^* = 0.739\,085\cdots$.

然而,不动点迭代法并不总是有效的.例如,试求方程

$$x = 1.8\cos x$$

的根,即迭代函数 $g(x) = 1.8\cos x$ 的不动点 x^*,易知 x^*
落在 $\left(0, \dfrac{\pi}{2}\right)$ 之间,如图 2.5 所示.

我们以 $x_0 = 1.0$ 作为此方程解的初始估计值,则由不动点迭代格式

$$x_{k+1} = 1.8\cos x_k, \quad k = 0, 1, 2, \cdots.$$

计算得到如表 2.4 所示.

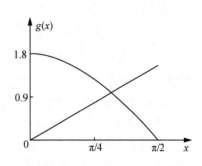

图 2.5 方程 $x = 1.8\cos x$ 的根

表 2.4 $g(x) = 1.8\cos x$ 的不动点迭代过程

k	x_k	k	x_k
0	0.75	7	0.795 021
1	0.972 544	8	1.260 486
2	1.013 758	9	0.549 638
3	0.951 614	10	1.534 885
4	1.044 665	11	0.064 627
5	0.903 944	12	1.796 242
6	1.113 327		

显然,不动点迭代对于求解方程 $x = 1.8\cos x$ 无效.

2.2.2 不动点迭代法的敛散性与收敛阶

不动点迭代法什么时候有效? 为此我们先给出准备工作.

引理 1 设迭代函数 $g(x) = C[a,b]$,且对任意 $x \in [a,b]$, $a \leqslant g(x) \leqslant b$,则 $g(x)$ 在 $[a,b]$ 上至少存在一个不动点 x^*.

证 我们作辅助函数 $f(x) = x - g(x)$, $a \leqslant x \leqslant b$,由题设可知,

$$a - g(a) \leqslant 0, \; b - g(b) \geqslant 0,$$

即 $f(a) \leqslant 0$, $f(b) \geqslant 0$.

故若 $f(a) = 0$,或 $f(b) = 0$,则 $x^* = a$ 或 b.

若 $f(a) < 0$, $f(b) > 0$,则由零点定理知,至少存在 $x^* \in (a,b)$ 使得 $f(x^*) = 0$,即 $x^* = g(x^*)$,证毕.

引理 1 给出了迭代函数不动点存在性的充分条件,以下定理表明,再增加条件,使得迭代函数改变量能被自变量改变量"约束"时,迭代函数的不动点将唯一存在.

定理 2 设函数 $g(x) = C[a,b]$. 且对任意 $x \in [a,b]$, $g(x) \in [a,b]$,若存在常数 $L \in (0,1)$,使得对任意 $x_1, x_2 \in [a,b]$,有

$$|g(x_1) - g(x_2)| \leqslant L |x_1 - x_2|, \tag{2}$$

则 $g(x)$ 在 $[a,b]$ 上存在唯一的不动点 x^*.

事实上,我们利用引理 1 已经证明 $g(x)$ 不动点的存在性,下面只证唯一性.

设 x_1^*, x_2^* 是 $g(x)$ 的两个不同的不动点,则由(2)式,我们得到

$$|x_1^* - x_2^*| = |g(x_1^*) - g(x_2^*)| \leqslant L |x_1^* - x_2^*| < |x_1^* - x_2^*|,$$

矛盾,故不动点唯一性得证.

定理 2 中条件(2)式揭示了迭代函数改变量与自变量改变量的关系,容易想到,当迭代函数连续可导,则结合 Lagrange 中值定理,可以得到

定理 3 设函数 $g(x)$ 于 $[a,b]$ 上连续可微,且对任意 $x \in [a,b]$, $g(x) \in [a,b]$,若存在常数 $K \in (0,1)$,使得对任意 $x \in [a,b]$,有

$$|g'(x)| \leqslant K,$$

则 $g(x)$ 在 $[a,b]$ 上存在唯一的不动点 x^*.

事实上,我们只需证明定理 2 中不动点唯一存在. 假设 x_1^*, x_2^* 是 $g(x)$ 的两个不同的不动点,则由 Lagrange 中值定理知,存在 ξ 位于 x_1^*, x_2^* 之间,使得

$$|g'(\xi)| = \frac{g(x_1^*) - g(x_2^*)}{x_1^* - x_2^*} = \frac{x_1^* - x_2^*}{x_1^* - x_2^*} = 1,$$

这与题设矛盾,故不动点唯一存在.

例如,设迭代函数 $g(x) = \cos x$,其导数于区间 $[0,1]$ 上满足

$$|g'(x)| = |-\sin x| \leqslant \sin 1 < 1,$$

因此 $g(x) = \cos x$ 于 $(0,1)$ 内存在唯一不动点.

进一步,我们综合考虑不动点迭代序列的敛散性,得到

定理 4 设迭代函数 $g(x)$ 于 $[a,b]$ 上连续可微,且对任意 $x \in [a,b]$,$g(x) \in [a,b]$,

（i）若存在常数 $K \in (0,1)$,使得

$$|g'(x)| \leqslant K < 1,$$

则由不动点迭代得到的序列 $\{x_k\}_{k=0}^{\infty}$ 收敛到唯一不动点 $x^* \in [a,b]$,此时 x^* 称为吸引（attractive）不动点；

（ii）若对任意 $x \in [a,b]$,

$$|g'(x)| > 1,$$

则由不动点迭代得到的序列 $\{x_k\}_{k=0}^{\infty}$ 不会收敛到不动点 $x^* \in [a,b]$,此时 x^* 称为排斥（repelling）不动点,且迭代局部发散.

为了更好地说明上述定理中不动点迭代序列的敛散性,我们用图来说明. 我们在相同的轴上绘制 $y = x$ 和 $y = g(x)$,然后进行以下操作:

步骤 1. 设初始估计值是 x_0,从 $y = x$ 的点 x_0 开始,并设置 $i = 0$;

步骤 2. 由点 (x_i, x_i) 垂直移动到曲线 $y = g(x)$:到达点 (x_i, x_{i+1});

步骤 3. (x_i, x_{i+1}) 水平移动到直线 $y = x$:到达点 (x_{i+1}, x_{i+1});

步骤 4. 令 $i = i+1$,转步骤 2.

研究表明,当 $-1 < -K \leqslant g'(x) < 0$,$0 < g'(x) \leqslant K < 1$ 时,不动点迭代格式都收敛,分别如图 2.6 左、右子图所示.

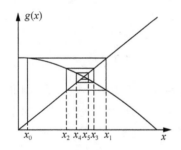 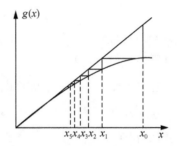

图 2.6 $|g'(x)| \leqslant K < 1$ 时的不动点迭代过程

当 $g'(x) < -1$,$g'(x) > 1$ 时,不动点迭代格式都发散,分别如图 2.7 左、右子图所示.

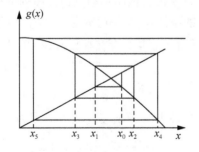 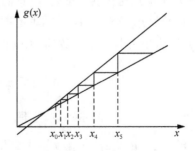

图 2.7 $|g'(x)| > 1$ 时的不动点迭代过程

由于求解方程的不动点迭代格式不唯一,如何选择合适的不动点迭代格式,从而确保得到的序列收敛于真根非常重要,而定理 3 为我们提供了有效的迭代函数的选择依据.

例如,试求方程 $f(x) = x^3 - x - 1 = 0$ 于 $x_0 = 1.5$ 附近的根 x^*. 我们可以建立如下迭代格式:

(1) $x_{k+1} = \sqrt[3]{x_k + 1}$, $x_0 = 1.5$, $k = 0, 1, 2, \cdots$;

(2) $x_{k+1} = x_k^3 - 1$, $x_0 = 1.5$, $k = 0, 1, 2, \cdots$.

易知格式(1)中迭代函数

$$g_1(x) = \sqrt[3]{x+1}, \ x \in [1, 2],$$

计算表明 $g_1(x) \in [\sqrt[3]{2}, \sqrt[3]{3}] \subset [1, 2]$,

$$g_1'(x) = \frac{1}{3}(x+1)^{-\frac{2}{3}} \in \left[\frac{1}{3} \cdot \frac{1}{\sqrt[3]{9}}, \frac{1}{3} \cdot \frac{1}{\sqrt[3]{4}}\right],$$

即

$$|g_1'(x)| \leqslant \frac{1}{3} \cdot \frac{1}{\sqrt[3]{4}} < 1,$$

这表明不动点迭代格式(1)的序列收敛到唯一不动点 x^*.

而格式(2)中迭代函数为

$$g_2(x) = x^3 - 1, \ x \in [1, 2],$$

则

$$g_2'(x) = 3x^2 \geqslant 3,$$

故不动点迭代格式(2)发散.

通过编程计算格式(1)得到

$$x_1 = 1.357\,21, \quad x_2 = 1.330\,86, \quad x_3 = 1.325\,88, \quad x_4 = 1.324\,94,$$
$$x_5 = 1.324\,76, \quad x_6 = 1.324\,73, \quad x_7 = 1.324\,72, \quad x_8 = 1.324\,72.$$

但计算格式(2)得到

$$x_1 = 2.375, \quad x_2 = 12.39,$$

显然发散.

进一步利用不动点迭代的递推公式,我们可以给出收敛的不动点迭代序列的误差估计.

定理 5 设函数 $g(x) \in C[a, b]$ 满足定理 4 的条件,则对任意 $x_0 \in [a, b]$,由不动点迭代 $x_{k+1} = g(x_k)$ 得到的序列 $\{x_k\}$ 收敛到 $g(x)$ 的不动点 x^*,且存在常数 $L \in (0, 1)$,使得

$$|x_k - x^*| \leqslant \frac{L^k}{1-L} |x_1 - x_0|.$$

事实上,设 x^* 是 $g(x)$ 的不动点,定理 2.1 条件表明诸 $x_k \in [a, b]$. 因为

$$|x_k - x^*| = |g(x_{k-1}) - g(x^*)| \leqslant L|x_{k-1} - x^*| \leqslant \cdots \leqslant L^k |x_0 - x^*|,$$

故由 $L \in (0, 1)$ 知

$$\lim_{k \to \infty} x_k = x^*.$$

不难证明

$$| x_{k+1} - x_k | = | g(x_k) - g(x_{k-1}) | \leqslant L | x_k - x_{k-1} | \leqslant \cdots \leqslant L^k | x_1 - x_0 |.$$

从而对任意正整数 p，都有

$$| x_{k+p} - x_k | \leqslant | x_{k+p} - x_{k+p-1} | + | x_{k+p-1} - x_{k+p-2} | + \cdots + | x_{k+1} - x_k |$$
$$\leqslant (L^{k+p-1} + L^{k+p-2} + \cdots + L^k) | x_1 - x_0 | \leqslant \frac{L^k}{1-L} | x_1 - x_0 |,$$

故令 $p \to \infty$，由迭代序列收敛性，上述不等式即证成立.

同理，设迭代函数 $g(x)$ 满足定理 4(i) 条件，则存在 $K \in (0, 1)$，使得

$$| x_k - x^* | \leqslant \frac{K^k}{1-L} | x_1 - x_0 |.$$

由定理 4 的条件可以看出，迭代函数在所选择的区间上的导数性质对不动点迭代格式的收敛性有很大影响. 为了减少计算量，我们可以考虑结合导函数的连续性与局部保号性，通过不动点处迭代函数的导数的界来研究不动点迭代格式的敛散性，于是，局部收敛性的概念应运而生了.

定义 3 设函数 $g(x)$ 有不动点 x^*，若存在 $\delta > 0$，邻域 $U(x^*, \delta)$，对任意 $x_0 \in U(x_0, \delta)$，$x_{k+1} = g(x_k) \in U(x_0, \delta)$，且 $\lim_{k \to \infty} x_k = x^*$，则称不动点迭代法局部收敛.

定理 6 设 x^* 是迭代函数 $\varphi(x)$ 的不动点，$\varphi(x)$ 于 $U(x^*)$ 上连续可微，$| \varphi'(x^*) | < 1$，则不动点迭代法局部收敛.

事实上，由题设，结合局部保号性，存在常数 $L \in (0, 1)$，使得

$$| \varphi'(x) | \leqslant L < 1, \forall x \in U(x^*),$$

故

$$| \varphi(x) - x^* | = | \varphi(x) - \varphi(x^*) | \leqslant L | x - x^* |,$$

即不动点迭代法局部收敛.

由定理 6 可知，当迭代函数连续可微时，我们可以只需求出迭代函数在不动点处的导数值，而不用验证迭代函数在估计区间上的导数信息.

例 2 试用不同方法求解方程 $x^2 - 3 = 0$ 的根 $x^* = \sqrt{3}$.

解 我们将方程 $x^2 - 3 = 0$ 写成等价形式 $x = g(x)$，从而构造如下迭代格式：
（1）

$$x_{k+1} = x_k^2 + x_k - 3, \ g(x) = x^2 + x - 3,$$

则

$$g'(x) = 2x + 1, \ g'(x^*) = g'(\sqrt{3}) = 2\sqrt{3} + 1,$$

故迭代法（1）发散；
（2）

$$x_{k+1} = \frac{3}{x_k}, \ g(x) = \frac{3}{x},$$

则

$$g'(x) = -\frac{3}{x^2}, \ g'(x^*) = g'(\sqrt{3}) = -1,$$

故迭代法(2)发散；

(3)

$$x_{k+1} = x_k - \frac{1}{4}(x_k^2 - 3), g(x) = x - \frac{1}{4}(x^2 - 3),$$

则

$$g'(x) = 1 - \frac{x}{2}, \ 0 < g'(x^*) = g'(\sqrt{3}) = 1 - \frac{\sqrt{3}}{2} < 1,$$

故迭代法(3)收敛；

(4)

$$x_{k+1} = \frac{1}{2}\left(x_k + \frac{3}{x_k}\right), \ g(x) = \frac{1}{2}\left(x + \frac{3}{x}\right),$$

则

$$g'(x) = \frac{1}{2}\left(1 - \frac{3}{x^2}\right), \ g'(x^*) = g'(\sqrt{3}) = 0,$$

故迭代法(4)收敛.

若给定初值 $x_0 = 2$，则可以得到如下迭代结果，如表 2.5 所示.

表 2.5　例 2 中四种不同不动点迭代过程

k	x_k	迭代(1)	迭代(2)	迭代(3)	迭代(4)
0	x_0	2	2	2	2
1	x_1	3	1.5	1.75	1.75
2	x_2	9	2	1.734 75	1.732 143
3	x_3	87	1.5	1.732 361	1.732 051
4	x_4	7 653	2	1.732 092 3	1.732 050 81
⋮	⋮	⋮	⋮	⋮	⋮

而真解为

$$x^* = \sqrt{3} = 1.732\ 050\ 8\cdots.$$

数值结果与理论分析一致，且迭代(4)比迭代(3)收敛更快.

定义 4　设迭代格式 $x_{k+1} = g(x_k)$，收敛于方程 $x = g(x)$ 的根 x^*，记迭代误差 $e_k = x_k - x^*$，若存在非零常数 C，使得当 $k \to \infty$ 时成立下列渐近关系式

$$\frac{e_{k+1}}{e_k^p} \to C,$$

则称该迭代过程是 **p 阶收敛**. 特别地，$p = 1$ 时称**线性收敛**，$p > 1$ 时称**超线性收敛**，$p = 2$

时称**平方收敛**.

当 p 为正整数时,我们结合 Taylor 多项式展开法可以得到不动点迭代是 p 阶收敛的一个充分条件.

定理 7 设不动点迭代格式 $x_{k+1}=g(x_k)$,若 $g(x)$ 于邻域 $U(x^*)$ 内 p 阶连续可微,

$$g'(x^*)=g''(x^*)=\cdots=g^{(p-1)}(x^*)=0,\; g^{(p)}(x^*)\neq 0,$$

则迭代于邻域 $U(x^*)$ 内 p 阶收敛.

事实上,由 $g(x^*)=0$ 不难知,迭代格式于邻域 $U(x^*)$ 内局部收敛. 将 $g(x_k)$ 于 x^* 处按 Taylor 公式展开,则存在 ξ 位于 x_k 与 x^* 之间,使得

$$g(x_k)=g(x^*)+\frac{g^{(p)}(\xi)}{p!}(x_k-x^*)^p,$$

即

$$x_{k+1}-x^*=g(x_k)-g(x^*)=\frac{g^{(p)}(\xi)}{p!}(x_k-x^*)^p,$$

故

$$\lim_{k\to\infty}\frac{e_{k+1}}{e_k^p}=\frac{g^{(p)}(\xi)}{p!}\neq 0,$$

由此迭代格式为 p 阶收敛.

例如,在例 2 中,不难验证对迭代格式(3),$g'(\sqrt{3})\neq 0$,故迭代格式(3)为线性收敛. 而对迭代格式(4),$g'(\sqrt{3})=0$,$g''(\sqrt{3})=1$,表明(4)为平方收敛.

2.3 牛顿(Newton)法

2.3.1 Newton-Raphson 迭代法原理

由于不动点迭代格式不唯一,如何选择适宜的具有较好收敛性的迭代格式对于求根至关重要. 于是,Newton 法或切线法应运而生了,其迭代过程可由下图 2.8 给出.

对于给定的一元函数 $y=f(x)$,假设它的斜率不为 0,也不为无穷大,则它在点 $x=x_1$ 处切线斜率为

$$f'(x_1)=\frac{y-f(x_1)}{x-x_1},$$

即

$$y-f(x_1)=f'(x_1)(x-x_1).$$

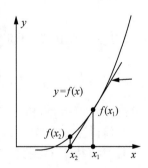

图 2.8 Newton 法求根过程

进一步,记 $f(x)$ 于 $x=x_1$ 处切线与 x 轴的交点为 $(x_2,0)$,故满足切线方程

$$0-f(x_1)=f'(x_1)(x_2-x_1),$$

解得

$$x_2 = x_1 - \frac{f(x_1)}{f'(x_1)}.$$

一般而言,利用 $f(x)$ 于 $x = x_k$ 处切线方程,我们可以求出此切线与 x 轴的交点,即由

$$f(x_k) + f'(x_k)(x - x_k) = 0,$$

解得

$$x = x_k - \frac{f(x_k)}{f'(x_k)} \equiv x_{k+1}, \ k = 0, 1, 2, \cdots.$$

我们将上述分析整理成如下 Newton 法求根定理,相应地,称之为 **Newton-Raphson 迭代法**,或称为 **Newton 法**、**切线法**.

定理 1 设函数 $f(x)$ 于 $[a, b]$ 上二阶连续可微,x^* 是方程 $f(x) = 0$ 的单根,则存在 x^* 的邻域 $U(x^*)$,对任意 $x_0 \in U(x^*)$,按下列迭代法

$$x_{k+1} \equiv x_k - \frac{f(x_k)}{f'(x_k)}, \ k = 0, 1, 2, \cdots$$

得到的序列 $\{x_k\}$ 平方收敛于 x^*.

事实上,由上述分析知,此时迭代函数

$$g(x) = x - \frac{f(x)}{f'(x)},$$

由于 x^* 是 $f(x) = 0$ 的单根,故

$$f(x^*) = 0, \ f'(x^*) \neq 0,$$

从而

$$g(x^*) = x^*, g'(x^*) = \frac{f(x) f''(x)}{(f'(x))^2} \bigg|_{x=x^*} = 0,$$

表明

$$\lim_{k \to \infty} x_k = x^*.$$

进一步,由 2.2 节定理 7 知,

$$\lim_{k \to \infty} \frac{x_{k+1} - x^*}{(x_k - x^*)^2} = \frac{1}{2} g''(x^*) = \frac{f''(x^*)}{2f'(x^*)},$$

这意味着 Newton 法为平方收敛.

值得注意的是,2.2 节例 2 中按平方收敛的不动点迭代格式就是按 Newton 法所得到,于是,我们推广得到更一般的求平方根的 Newton-Raphson 迭代格式.

推论 1 设正数 A,$x_0 > 0$ 为 $\sqrt{A}$ 的初始近似值,建立迭代格式

$$x_{k+1} = \frac{1}{2}\left(x_k + \frac{A}{x_k}\right), \ k = 0, 1, 2, \cdots,$$

则迭代序列 $\{x_k\}$ 平方收敛到 $\sqrt{A}$.

事实上,易知迭代函数为

$$g(x) = \frac{1}{2}\left(x + \frac{A}{x}\right), \, x > 0.$$

设 x^* 是 $g(x)$ 的不动点，$x^* > 0$，则 $x^* = \sqrt{A}$. 易知

$$g'(x^*) = \frac{1}{2}\left(1 - \frac{A}{x^2}\right)\bigg|_{x=x^*} = 0, \, g''(x^*) = \frac{A}{(x^*)^3} \neq 0,$$

表明 $\{x_k\}$ 平方收敛到 $\sqrt{A}$.

例 1　试计算 $\sqrt{5}$ 的近似值.

解　令初值 $x_0 = 2$，利用切线法构造迭代格式

$$x_{k+1} = \frac{1}{2}\left(x_k + \frac{5}{x_k}\right), \, k = 0, 1, 2, \cdots,$$

则得到

$$x_1 = 2.25, \quad x_2 = 2.236\,111, \quad x_3 = 2.236\,068, \quad x_4 = 2.236\,068.$$

定理 1 强调，x^* 是方程 $f(x) = 0$ 的单根，而当 x^* 是方程 $f(x) = 0$ 的重根时，按 Newton-Raphson 迭代格式得到的序列将线性收敛于 x^*.

定理 2　设方程

$$f(x) = (x - x^*)^m \varphi(x) = 0, \, m \geqslant 2, \, m \in Z^+,$$

其中 $\varphi(x^*) \neq 0$，则按迭代格式

$$x_{k+1} = x_k - \frac{f(x_k)}{f'(x_k)}, \, k = 0, 1, 2, \cdots$$

得到的序列 $\{x_k\}$ 线性收敛于 x^*，且

$$\lim_{k \to \infty} \frac{x_{k+1} - x^*}{x_k - x^*} = \frac{m+1}{m}.$$

事实上，由 $f(x)$ 表达式与 $m \geqslant 2$ 不难知，

$$f(x^*) = f'(x^*) = \cdots = f^{(m-1)}(x^*) = 0, \, f^{(m)}(x^*) \neq 0.$$

而由迭代函数

$$g(x) = x - \frac{f(x)}{f'(x)} = x - \frac{x - x^*}{m\varphi(x) + \varphi'(x)(x - x^*)}$$

得到

$$0 < g'(x^*) = \frac{m-1}{m} < 1, \, m \geqslant 2,$$

这意味着迭代格式线性收敛.

又由 Taylor 公式知，存在 ξ 位于 x^*, x_k 之间，使得

$$g(x_k) = g(x^*) + g'(\xi)(x_k - x^*),$$

即

$$x_{k+1} - x^* = g'(\xi)(x_k - x^*),$$

故

$$\lim_{k \to \infty} \frac{x_{k+1} - x^*}{x_k - x^*} = g'(x^*) = \frac{m-1}{m}.$$

由于 Newton-Raphson 迭代函数中含有导数项作分母,计算较复杂,因此有时为简便计算,人们采用所谓的简化 Newton 法,或称平行弦法,其迭代格式为

$$x_{k+1} = x_k - C \cdot f(x_k), k = 0, 1, 2, \cdots.$$

易知其迭代函数为

$$g(x) = x - Cf(x).$$

当不动点 x^* 处导数值

$$g'(x^*) = |1 - Cf'(x^*)| < 1,$$

即 $0 < Cf'(x^*) < 2$ 时,简化 Newton 法局部收敛.

如何选择常数 C 呢? 我们不妨考虑迭代过程,设 $x = x_k$ 处切线方程为

$$y - f(x_k) = f'(x_k)(x - x_k),$$

令 $y = 0$,则得到 $x \equiv x_{k+1}$,即 Newton-Raphson 迭代格式. 若考虑直线

$$y - f(x_k) = \frac{1}{C}(x - x_k),$$

令 $y = 0$,则得到 $x \equiv x_{k+1}$,即简化 Newton 法. 当 $f'(x_0) \neq 0$ 时,我们可以取

$$C = \frac{1}{f'(x_0)}.$$

2.3.2　求根的 MATLAB 函数与程序设计

我们简要介绍下 MATLAB 求根的方法与程序设计.

例 2　用 Newton 法求方程 $f(x) = x^2 - 5 = 0$ 正根,结果精确到小数点后四位有效数字.

解　首先,我们绘出函数 $f(x)$ 图形,如图 2.9 所示.

要应用 Newton 法找根,我们要选择合适的初始值. 通过观察图 2,我们选择初始值落在 $[2, 3]$ 之间,因为 $\sqrt{5} \in [2, 3]$. 不妨给定 $x_0 = 2$.

接下来我们利用 MATLAB 来验证上面的过程,步骤如下:

步骤 1. 输入多项式的系数,记住要加括弧 [　].

步骤 2. 输入初始值 x_0.

步骤 3. 根据 Newton 法输出 x_1.

编制程序 newtonexa1. m,显示结果为

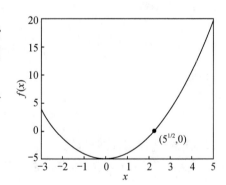

图 2.9　例 2 中函数图形

```
Enter coefficients of p(x) in descending order: [1 0 −5]
Enter starting value: 2
The next approximation is: 2.250000
Rerun the program using this value as your
next approximation
Enter coefficients of p(x) in descending order: [1 0 −5]
Enter starting value: 2.25
The next approximation is: 2.236111
```

我们也可以调用 MATLAB 函数 roots 来获得多项式的根.

```
>> help roots
  roots Find polynomial roots.
    roots(C) computes the roots of the polynomial whose coefficients
    are the elements of the vector C. If C has N+1 components,
    the polynomial is C(1) * X^N + ... + C(N) * X + C(N+1)
```

因此,要找到多项式 $ax^4 + bx^3 + cx^2 + dx + e = 0$ 的根,只需运行 roots([a b c d e])即可,roots 会返回对应多项式的实根和虚根.

运用 roots 求解方程 $x^2 - 5 = 0$ 如下:

```
>> roots([1, 0, −5])
ans =
  2.2361
  −2.2361
```

roots 函数求出来的正根与 Newton 法求出的一致。

例 3　用 Newton 法求方程

$$f(x) = x^2 + 4x + 3 + \sin x - x\cos x = 0$$

的实根,结果精确到小数点后四位.

解　首先我们绘出函数 $f(x)$ 图形,如图 2.10 所示. 接着,我们计算 Newton 法迭代函数的导数.

程序 1 newtonexa2_diff.m
```
syms x
y = x^2+4*x+3+sin(x)−x*cos(x);
dy=diff(y) % Find the derivative of y
dy = 2*x + x*sin(x) + 4
```

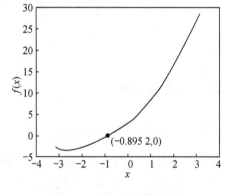

图 2.10　例 3 中函数图形

我们注意到 Newton 法迭代公式含 $f(x)$,$f'(x)$,故分别建立两个 .m 文件 funcnewton02.m、diff_ funcnewton02.m 如下:

程序 funcnewton02.m
```
function y = funcnewton02(x)
```

```
y = x .^ 2 + 4 . * x + 3 + sin(x) − x . * cos(x);
```
程序 Diff_funcnewton02.m
```
function y = diff_funcnewton02(x)
y = 2 . * x + 4 + x . * sin(x);
```

最后,建立一个 Newton 法求解例中主函数,即**程序** newtonexa2.m,显示结果如下

```
Enter starting value: − 1
First approximation is x = − 0.894010
Next approximation? (〈enter〉= no, 1 = yes)1
Next approximation is x = − 0.895225
Next approximation? (〈enter〉= no, 1 = yes)1
Next approximation is x = − 0.895225
Next approximation? (〈enter〉= no, 1 = yes)0
 − 0.895225
```

当然我们也可以调用 MATLAB 函数 fzero(f, x)求函数的根,即

```
X = fzero((@(x) x^2 + 4 * x + 3 + sin(x) − x * cos(x),  − 1)
X = − 0.8952
```

需要指出的是,利用 Newton 法迭代格式求解,初始值的设定须合理.

进一步,Newton 法求解 $f(x) = 0$,若需要停止,须设定容许误差限 $Tol = \varepsilon$,步骤如下:

---

1. 给定初值 x_1, $N\_iter = 0$.
2. 按中点公式得到 x_2; $N\_iter = N\_iter + 1$.
3. 判断是否满足 $|f(x_2)| < \varepsilon$,
    →是, 停止迭代,x_2 就是近似根;
    →不是, 令 $x_1 := x_2$,重复步骤 2.

2.4 搜索方法

2.4.1 搜索方法的策略

在实际复杂问题中,为了更有效地应用二分法或 Newton 法求根,人们往往先考虑搜索(Search)方法,即寻找一个包含实根的小间隔,以此给出实根的大致位置. 特别地,搜索方法对求函数多个实根非常有用. 要确定其根的方程式采用标准形式: $f(x) = 0$.

Search 方法求方程 $f(x) = 0$ 的根的步骤:

step 1:将区域 $[a, b]$ 进行 N 等分,

$$a = x_1 < x_2 < x_3 < \cdots < x_{N+1} = b, \ x_{i+1} = x_i + \Delta x.$$

step 2:计算每一个节点 x_i 的函数值 $f(x_i)$.

step 3：确定 $f(x)$ 改变符号的位置，如图 2.11 所示．当两个连续的 x_i，x_{i+1} 分别对应的函数 $f(x_i)$，$f(x_{i+1})$ 异号，即 $f(x_i)f(x_{i+1}) < 0$．异号传递了实根所在的位置．

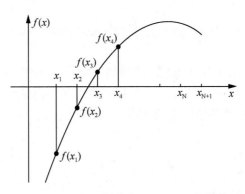

图 2.11 $f(x) = 0$ 根落在 $(x_2，x_3)$ 之间的情形

一旦根所在的小间隔 $(x_i，x_{i+1})$ 被确定，我们就可以使用二分法、Newton 法等来获取实根的更精确的位置．

2.4.2　搜索方法在并联 RLC 电路中的应用

例 1　附录 A 并联 RLC 的电压 $v(t)$ 的控制方程已经给出（图 2.12）．在欠阻尼的情况下，$v(t)$ 的解式（A.13）．给定参数如下：

$$R = 100\Omega，L = 10^{-3}\text{H}，C = 10^{-6}\text{F}，c_1 = 6.0\text{V}，c_2 = -9.0\text{V}，0 \leqslant t \leqslant 0.5\text{msec}.$$

请搜索确定 $v(t) = 0$ 的时间 t 的大致位置．

解　首先对式（A.13）建立 MATLAB 函数 func_RLC.m，再建立 MATLAB 程序 Searchexa1.m，显示结果如下：

```
Find the first 3 zero voltage crossings of the underdamped RLC circuit
roots lie within 1e-05 <= t <= 2e-05 s
roots lie within 0.00011 <= t <= 0.00012 s
roots lie within 0.00022 <= t <= 0.00023 s
```

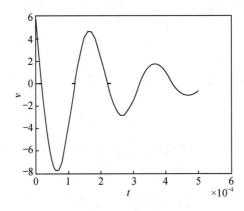

图 2.12 例 1 中求根的搜索方法

附录 A：并联 RLC 电路

电阻（Resistance）、电感（Inductor）、电容（Capacitor）电路是电气工程中的一个基本问题，如图 2.13 所示.

本节将推导描述电路元件电压和电流的控制方程. 在 $t = 0$ 时电源开关被打开，电路由电流源 $I_0(t)$ 驱动. 我们（暂时）不关心 $I_0(t)$ 的定义，它将用于确定电路元件的初始条件. 我们从电阻器、电感器和电容器的电压电流关系开始分析：

电阻（欧姆定律）：
$$v_R = Ri_R, \tag{A.1}$$

电感：
$$v_L = L\frac{\mathrm{d}i_L}{\mathrm{d}t}, \tag{A.2}$$

电容：
$$i_C = C\frac{\mathrm{d}v_C}{\mathrm{d}t}. \tag{A.3}$$

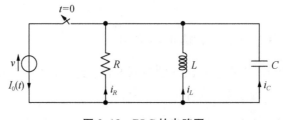

图 2.13　RLC 的电路图

其中 R，L，C 分别为电阻（以欧姆 Ω 为单位）、电感（以亨利 H 为单位）和电容（以法拉 F 为单位）. 当开关打开时，我们假设已知 L 和 C 状态初始值为 $i_L(0)$ 和 $v_C(0)$. 基尔霍夫电流定律（KCL）指出任何电路节点的电流之和为零，即

$$i_R + i_L + i_C = 0. \tag{A.4}$$

同时，此电路为并联结构，因此有

$$v_R = v_L = v_C \equiv v. \tag{A.5}$$

将式子（A.5）代入（A.2）得：

$$\frac{\mathrm{d}i_L}{\mathrm{d}t} = \frac{v}{L}. \tag{A.6}$$

将式子（A.1）和（A.3）代入（A.4）得：

$$\frac{\mathrm{d}v}{\mathrm{d}t} = -\frac{1}{RC}v - \frac{1}{C}i_L. \tag{A.7}$$

式（A.6）和（A.7）是关于两个未知变量 v 和 i_L 的两个一阶微分方程组。我们可以把它们组合成一个二阶微分方程

$$\frac{\mathrm{d}^2v}{\mathrm{d}t^2} = -\frac{1}{RC}\frac{\mathrm{d}v}{\mathrm{d}t} - \frac{1}{C}\frac{\mathrm{d}i_L}{\mathrm{d}t}$$

$$= -\frac{1}{RC}\frac{\mathrm{d}v}{\mathrm{d}t} - \frac{v}{LC}, \tag{A.8}$$

即

$$\frac{\mathrm{d}^2 v}{\mathrm{d}t^2} + \frac{1}{RC}\frac{\mathrm{d}v}{\mathrm{d}t} + \frac{v}{LC} = 0. \tag{A.9}$$

为了求解此二阶微分方程,我们的目标就是要求 $v(t)$. 满足此条件的函数是 $\mathrm{e}^{\alpha t}$,则

$$v'(t) = \frac{\mathrm{d}v}{\mathrm{d}t} = \alpha \mathrm{e}^{\alpha t},$$

且

$$v''(t) = \frac{\mathrm{d}^2 v}{\mathrm{d}t^2} = \alpha^2 \mathrm{e}^{\alpha t}.$$

代入到式(A.9),则

$$\left(\alpha^2 + \frac{1}{RC}\alpha + \frac{1}{LC}\right)\mathrm{e}^{\alpha t} = 0. \tag{A.10}$$

由于 $\mathrm{e}^{\alpha t} \neq 0$,因此转而求解

$$\alpha^2 + \frac{1}{RC}\alpha + \frac{1}{LC} = 0. \tag{A.11}$$

由式(A.11),可得

$$\alpha_1 = -\frac{1}{2RC} + \sqrt{\left(\frac{1}{2RC}\right)^2 - \frac{1}{LC}},$$

$$\alpha_1 = -\frac{1}{2RC} - \sqrt{\left(\frac{1}{2RC}\right)^2 - \frac{1}{LC}}.$$

由此可见,α 有两个解. 那么满足所要求解的微分方程(A.9)的解为

$$v_1(t) = \mathrm{e}^{\alpha_1 t}, \quad v_2(t) = \mathrm{e}^{\alpha_2 t}.$$

则通解为

$$v(t) = k_1 \mathrm{e}^{\alpha_1 t} + k_2 \mathrm{e}^{\alpha_2 t}, \quad k_1, k_2 \text{ 为常数.} \tag{A.12}$$

对于式(A.11)的根有三种不同的情况,取决于 $\left(\frac{1}{2RC}\right)^2 - \frac{1}{LC}$ 的符号,即

<u>过阻尼</u>:若 $\left(\frac{1}{2RC}\right)^2 > \frac{1}{LC}$,则 $v(t)$ 随时间呈指数衰减;

<u>欠阻尼</u>:若 $\left(\frac{1}{2RC}\right)^2 < \frac{1}{LC}$,则 $v(t)$ 随时间呈正弦波衰减;

<u>临界阻尼</u>:若 $\left(\frac{1}{2RC}\right)^2 = \frac{1}{LC}$,则 $v(t)$ 随时间呈 critically damped.

对于 $v(t)$,我们有两个感兴趣的情况:

在欠阻尼情况下,令 $\omega = \sqrt{\dfrac{1}{LC} - \left(\dfrac{1}{2RC}\right)^2}$,我们可以通过应用恒等式

$$e^{ix} = \cos x + i\sin x,$$

$$e^{-ix} = \cos x - i\sin x, \quad \text{其中} \; i = \sqrt{-1}$$

代入到式(A.12)中,微分方程(A.9)的解:

$$
\begin{aligned}
v(t) &= k_1 e^{\frac{1}{2RC}t + i\omega t} + k_2 e^{\frac{1}{2RC}t - i\omega t} \\
&= e^{\frac{1}{2RC}t}(k_1 e^{i\omega t} + k_2 e^{-i\omega t}) \\
&= e^{\frac{1}{2RC}t}[k_1(\cos\omega t + i\sin\omega t) + k_2(\cos\omega t - i\sin\omega t)] \\
&= e^{\frac{1}{2RC}t}(c_1\cos\omega t + c_2\sin\omega t),
\end{aligned}
\tag{A.13}
$$

其中 $c_1 = k_1 + k_2$,$c_2 = k_1 - k_2$ 为常数,可由初始条件确定.

在临界阻尼情况下,微分方程(A.9)的解为[2]

$$v(t) = (c_1' + c_2' t)e^{\frac{1}{2RC}t},$$

其中 c_1',c_2' 为常数,可由初始条件确定.

习 题 二

1. 用 Newton 法求方程

$$f(x) = x^4 - x - 2 = 0$$

在 $x_0 = 1.5$ 附近的实根(保留四位有效数字).

2. 用 Newton 法求方程

$$f(x) = x^3 - 3x - 1 = 0$$

在 $x_0 = 2$ 附近的实根. 根的精确值 $x^* = 1.879\,385\,24\cdots$(保留四位有效数字).

3. 设 a 为常数,建立计算 $\sqrt{a}$ 的牛顿迭代公式,并求 $\sqrt{115}$ 的近似值,要求计算结果保留小数点后 5 位.

4. 研究求 $\sqrt{a}$ 的牛顿公式

$$x_{k+1} = \frac{1}{2}\left(x_k + \frac{a}{x_k}\right), \; x_0 > 0.$$

证明对一切 $k = 1, 2, \cdots$,$x_k \geqslant \sqrt{a}$ 且序列 x_1,x_2,$\cdots$ 是递减的.

5. 应用牛顿迭代法于 $f_1(x) = x^n - a = 0$ 和 $f_2(x) = 1 - \dfrac{a}{x^n} = 0$,分别导出求 $\sqrt[n]{a}$ 的迭代公式,并求

$$\lim_{k \to \infty} \frac{\sqrt[n]{a} - x_{k+1}}{(\sqrt[n]{a} - x_k)^2}.$$

6. 设 $[a, b]$ 为方程 $f(x) = 0$ 的有根区间,且在该区间内方程 $f(x) = 0$ 只有一个根,请给出二分法的误差估计.

7. 用二分法确定方程 $x^3 - 3x + 1 = 0$ 的最小正根所在区间 $[a, b]$,使之满足

$$k = \frac{m_2}{2m_1} < 1, \; \text{其中} \; m_1 = \min_{a \leqslant x \leqslant b}|f'(x)|, m_2 = \max_{a \leqslant x \leqslant b}|f''(x)|.$$

8. 用二分法求方程 $x^2 - x - 1 = 0$ 的正根,要求误差小于 0.05.

9. 设 x^* 是方程 $f(x) = 0$ 的二重根,试证明牛顿法仅为线性收敛.

10. 对于迭代函数

$$\varphi(x) = x + c(x^2 - 3),$$

试讨论:

(1) 当 c 为何值时,$x_{k+1} = \varphi(x_k)$ 产生的序列 $\{x_k\}$ 收敛于 $\sqrt{3}$.

(2) c 为何值时收敛最快?

11. 非线性方程组

$$\begin{cases} 3x_1^2 - x_2^2 = 0, \\ 3x_1 x_2^2 - x_1^3 - 1 = 0, \end{cases}$$

在 $(0.4, 0.7)^T$ 附近有一个解. 构造一个不动点迭代,使得它能收敛到这个解. 要求计算精确到 10^{-5} (按 $\| \cdot \|_\infty$).

第三章

线性方程组的数值解法

引例 基尔霍夫定律表明电路中通过任一节点的电流的代数和以及沿任一闭合回路电压降的代数和都恒等于零. 设电源电压为 V, 各支路电流分别为 i_1, i_2, i_3, i_4 和 i_5 (如图 3.1), 则由基尔霍夫定律知, 下列方程组成立:

$$\begin{cases} 5i_1 + 5i_2 = V, \\ i_3 - i_4 - i_5 = 0, \\ 2i_4 - 3i_5 = 0, \\ i_1 - i_2 - i_3 = 0, \\ 5i_2 - 7i_3 - 2i_4 = 0. \end{cases}$$

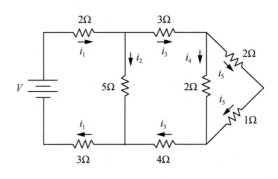

图 3.1

该方程组是线性的, 因为各个方程关于未知量都是一次的, 线性方程组的一般形式为

$$\begin{cases} E_1 : a_{11}x_1 + a_{12}x_2 + \cdots + a_{1n}x_n = b_1, \\ E_2 : a_{21}x_1 + a_{22}x_2 + \cdots + a_{2n}x_n = b_2, \\ \quad\quad\quad\quad\quad\quad\vdots \\ E_n : a_{n1}x_1 + a_{n2}x_2 + \cdots + a_{nn}x_n = b_n, \end{cases} \tag{1}$$

其中 x_1, x_2, $\cdots$, x_n 是未知量, $a_{ij}(i, j = 1, 2, \cdots, n)$ 与 $b_i(i = 1, 2, \cdots, n)$ 都是常数.

线性方程组不仅与许多工程和科学问题有联系, 同时在社会科学以及商业和经济问题的定量研究中也常有涉及. 本章我们将探讨此类方程组的数值解法, 包括直接法和迭代法. 直接法是可以通过有限步运算求出近似解的一种方法(当不考虑舍入误差时), 而迭代法是一种利用极限过程求得近似解的方法.

040

3.1　Gauss 消去法

3.1.1　低阶线性方程组的 Gauss 消去法

我们利用三种操作即初等行变换来简化方程组(1)：

1) 方程 E_i 乘以非零常数 λ，并将所得方程看作新的 E_i，此操作记为 $(\lambda E_i) \to (E_i)$；

2) 方程 E_i 加上 E_j 的 λ 倍，并将所得方程看作新的 E_i，此操作记为 $(E_i + \lambda E_j) \to (E_i)$；

3) 交换方程 E_i 和 E_j 的位置，此操作记为 $(E_i) \to (E_j)$.

通过一系列上述操作，线性方程组(1)可以简化成更便于求解的形式.

定义 1　由 $n \times m$ 个数排成的 n 行 m 列的长方形阵列称为一个 $n \times m$ **矩阵**，这 $n \times m$ 个数称为该矩阵的元. 一个元不仅其值是重要的，而且它在矩阵中的位置也是重要的.

矩阵通常用一个大写字母，如 A，来表示，并用带双下标的小写字母，如 a_{ij}，来表示矩阵 A 的位于第 i 行，第 j 列的元. 因此，一个 $n \times m$ 矩阵可表示为

$$A = (a_{ij}) = \begin{pmatrix} a_{11} & a_{12} & \cdots & a_{1m} \\ a_{21} & a_{22} & \cdots & a_{2m} \\ \vdots & \vdots & \ddots & \vdots \\ a_{n1} & a_{n2} & \cdots & a_{nm} \end{pmatrix}.$$

例如，矩阵

$$A = \begin{pmatrix} 2 & 1 & 0 \\ -3 & 4 & 7 \end{pmatrix}$$

是一个 2×3 矩阵，它的元分别是 $a_{11} = 2$，$a_{12} = -1$，$a_{13} = 0$，$a_{21} = -3$，$a_{22} = 4$，$a_{23} = 7$.

我们称 $1 \times n$ 矩阵

$$A = \begin{pmatrix} a_{11} & a_{12} & \cdots & a_{1n} \end{pmatrix}$$

为一个 n 维**行向量**，称 $n \times 1$ 矩阵

$$A = \begin{pmatrix} a_{11} \\ a_{21} \\ \vdots \\ a_{n1} \end{pmatrix}$$

为一个 n 维**列向量**.

$$x = \begin{pmatrix} x_1 \\ x_2 \\ \vdots \\ x_n \end{pmatrix}$$

表示一个 n 维列向量，而

$$y = (\begin{array}{cccc} y_1 & y_2 & \cdots & y_n \end{array})$$

表示一个 n 维行向量.

现在我们就可以用一个 $n \times (n+1)$ 矩阵表示线性方程组

$$\begin{cases} a_{11}x_1 + a_{12}x_2 + \cdots + a_{1n}x_n = b_1, \\ a_{21}x_1 + a_{22}x_2 + \cdots + a_{2n}x_n = b_2, \\ \qquad\qquad\qquad \vdots \\ a_{n1}x_1 + a_{n2}x_2 + \cdots + a_{nn}x_n = b_n. \end{cases}$$

事实上,该方程组中未知量的系数和" $=$ "右边的值可以分别用

$$A = \begin{bmatrix} a_{11} & a_{12} & \cdots & a_{1n} \\ a_{21} & a_{22} & \cdots & a_{2n} \\ \vdots & \vdots & \ddots & \vdots \\ a_{n1} & a_{n2} & \cdots & a_{nn} \end{bmatrix} \text{和} b = \begin{bmatrix} b_1 \\ b_2 \\ \vdots \\ b_n \end{bmatrix}$$

来表示,从而 A 和 b 组成的**增广矩阵**

$$(A, b) = \begin{bmatrix} a_{11} & a_{12} & \cdots & a_{1n} & \vdots & b_1 \\ a_{21} & a_{22} & \cdots & a_{2n} & \vdots & b_2 \\ \vdots & \vdots & \ddots & \vdots & \vdots & \vdots \\ a_{n1} & a_{n2} & \cdots & a_{nn} & \vdots & b_n \end{bmatrix}$$

就蕴含了方程组的所有必要信息.

3.1.2 高阶线性方程组的消元法

Gauss 消去法也可以求解一般的线性方程组

$$\begin{cases} E_1: & a_{11}x_1 + a_{12}x_2 + \cdots + a_{1n}x_n = b_1, \\ E_2: & a_{21}x_1 + a_{22}x_2 + \cdots + a_{2n}x_n = b_2, \\ & \qquad\qquad\qquad \vdots \\ E_n: & a_{n1}x_1 + a_{n2}x_2 + \cdots + a_{nn}x_n = b_n. \end{cases} \tag{2}$$

首先,给出方程组所对应的增广矩阵 $\widetilde{A}$:

$$\widetilde{A} = (A, b) = \begin{bmatrix} a_{11} & a_{12} & \cdots & a_{1n} & \vdots & a_{1, n+1} \\ a_{21} & a_{22} & \cdots & a_{2n} & \vdots & a_{2, n+1} \\ \vdots & \vdots & \ddots & \vdots & \vdots & \vdots \\ a_{n1} & a_{n2} & \cdots & a_{nn} & \vdots & a_{n, n+1} \end{bmatrix},$$

其中 $a_{i, n+1} = b_i(i = 1, 2, \cdots, n)$.

设 $a_{11} \neq 0$,然后对每一个 $j = 2, 3, \cdots, n$,执行操作 $(E_j - (a_{j1}/a_{11})E_1) \rightarrow (E_j)$,从而可消去第 j 行中 x_1 的系数. 执行完这些操作之后,无论矩阵第 $2, 3, \cdots, n$ 行中的元是否发生改变,为方便,我们仍然记第 i 行第 j 列的元为 a_{ij}. 弄清楚这一点之后,接下来相继对 $i = 2, 3, \cdots, n-1$,执行系列操作 $(E_j - (a_{jj}/a_{ii})E_i) \rightarrow (E_j)$ $(j = i+1, i+2, \cdots, n)$(假设

$a_{ii} \neq 0$）. 如此就将第 i 行以下所有行中 x_i 的系数都变成了零. 最终可得到形如

$$\widetilde{A} = \begin{pmatrix} a_{11} & a_{12} & \cdots & a_{1n} & a_{1,\,n+1} \\ 0 & a_{22} & \cdots & a_{2n} & a_{2,\,n+1} \\ \vdots & \vdots & \ddots & \vdots & \vdots \\ 0 & \cdots & 0 & a_{nn} & a_{n,\,n+1} \end{pmatrix}$$

的矩阵,其中,除第一行之外,其余各行中 a_{ij} 与原矩阵 $\widetilde{A}$ 中的相应元可能不再相同. 以上过程称为**消元过程**. 显然矩阵 $\widetilde{A}$ 所对应的线性方程组与原方程组(2)有相同的解. 由于 $\widetilde{A}$ 所对应的线性方程组

$$\begin{cases} a_{11}x_1 + a_{12}x_2 + \cdots + a_{1n}x_n = a_{1,\,n+1}, \\ \quad\quad a_{22}x_2 + \cdots + a_{2n}x_n = a_{2,\,n+1}, \\ \quad\quad\quad\quad\quad\quad\quad \vdots \\ \quad\quad\quad\quad\quad\quad a_{nn}x_n = a_{n,\,n+1} \end{cases}$$

是上三角形式,因此可以回代求解. 由第 n 个方程可得

$$x_n = \frac{a_{n,\,n+1}}{a_{nn}}.$$

将 x_n 代入第 $n-1$ 个方程,有

$$x_{n-1} = \frac{a_{n-1,\,n+1} - a_{n-1,\,n}x_n}{a_{n-1,\,n-1}}.$$

如此继续,可相继得到

$$x_i = \frac{a_{i,\,n+1} - a_{i,\,n}x_n - a_{i,\,n-1}x_{n-1} - \cdots - a_{i,\,i+1}x_{i+1}}{a_{ii}}$$

$$= \frac{a_{i,\,n+1} - \sum_{j=i+1}^{n} a_{ij}x_j}{a_{ii}}, \quad i = n-1,\, n-2,\, \cdots,\, 2,\, 1.$$

利用数学归纳法,我们可以对 Gauss 消去法的计算复杂性进行分析. Gauss 消去法中消元过程共需 $\dfrac{n(n-1)(n+4)}{6}$ 次乘法、同样次数加减法及 $\dfrac{n(n-1)}{2}$ 次除法;而回代过程共需 $\dfrac{n(n-1)}{2}$ 次乘法、同样次数加减法及 n 次除法. 因此 Gauss 消去法的计算复杂度为 $\dfrac{n^3}{3} + \dfrac{5}{2}n^2 - \dfrac{5}{6}n$,即 $O(n^3)$.

我们也可以将 Gauss 消去法更加精确地表述出来. 首先记(2)所对应的增广矩阵为 $\widetilde{A}^{(1)}$,即 $\widetilde{A}^{(1)} = \widetilde{A}$. 然后通过消元过程相继生成增广矩阵序列 $\widetilde{A}^{(2)},\, \widetilde{A}^{(3)},\, \cdots,\, \widetilde{A}^{(n)}$,其中 $\widetilde{A}^{(k)}\,(k = 2,\, 3,\, \cdots,\, n)$ 的元 $a_{ij}^{(k)}$ 满足

$$a_{ij}^{(k)} = \begin{cases} a_{ij}^{(k-1)}, & \text{当 } i = 1,\, 2,\, \cdots,\, k-1 \text{ 且 } j = 1,\, 2,\, \cdots,\, n+1, \\ 0, & \text{当 } i = k,\, k+1,\, \cdots,\, n \text{ 且 } j = 1,\, 2,\, \cdots,\, k-1, \\ a_{ij}^{(k-1)} - \dfrac{a_{i,\,k-1}^{(k-1)}}{a_{k-1,\,k-1}^{(k-1)}} a_{k-1,\,j}^{(k-1)}, & \text{当 } i = k,\, k+1,\, \cdots,\, n \text{ 且 } j = k,\, k+1,\, \cdots,\, n+1. \end{cases}$$

因此，

$$\widetilde{A}^{(k)} = \begin{pmatrix} a_{11}^{(1)} & a_{12}^{(1)} & \cdots & a_{1,k-1}^{(1)} & a_{1k}^{(1)} & \cdots & a_{1n}^{(1)} & a_{1,n+1}^{(1)} \\ 0 & a_{22}^{(2)} & \cdots & a_{2,k-1}^{(2)} & a_{2k}^{(2)} & \cdots & a_{2n}^{(2)} & a_{2,n+1}^{(2)} \\ \vdots & \vdots & \ddots & \vdots & \vdots & \ddots & \vdots & \vdots \\ 0 & 0 & \cdots & a_{k-1,k-1}^{(k-1)} & a_{k-1,k}^{(k-1)} & \cdots & a_{k-1,n}^{(k-1)} & a_{k-1,n+1}^{(k-1)} \\ 0 & 0 & \cdots & 0 & a_{kk}^{(k)} & \cdots & a_{kn}^{(k)} & a_{k,n+1}^{(k)} \\ \vdots & \vdots & \ddots & \vdots & \vdots & \ddots & \vdots & \vdots \\ 0 & 0 & \cdots & 0 & a_{nk}^{(k)} & \cdots & a_{nn}^{(k)} & a_{n,n+1}^{(k)} \end{pmatrix},$$

该矩阵第 $k-1$ 列的零值意味着未知量 x_{k-1} 已经从方程 E_k，E_{k+1}，$\cdots$，E_n 中消去了.

显然，若 $a_{11}^{(1)}$，$a_{22}^{(2)}$，$\cdots$，$a_{n-1,n-1}^{(n-1)}$，$a_{nn}^{(n)}$ 中有零值，则上述求解过程会失败，因为如此一来，要么操作

$$\left(E_i - \frac{a_{ik}^{(k)}}{a_{kk}^{(k)}} E_k\right) \rightarrow (E_i)$$

无法执行(当 $a_{11}^{(1)}$，$\cdots$，$a_{n-1,n-1}^{(n-1)}$ 中有零值时)，要么回代求解不能实现(当 $a_{nn}^{(n)} = 0$ 时). 当然，即便如此，方程组仍可能有解，但求解过程需要改变. 关于这一点我们将在下面的例子中进行说明.

例 1 利用 Gauss 消去法求解线性方程组

$$\begin{cases} E_1: x_1 - x_2 + 2x_3 - x_4 = -8, \\ E_2: 2x_1 - 2x_2 + 3x_3 - 3x_4 = -20, \\ E_3: x_1 + x_2 + x_3 \qquad = -2, \\ E_4: x_1 - x_2 + 4x_3 + 3x_4 = 4. \end{cases}$$

解 方程组所对应的增广矩阵为

$$\widetilde{A} = \widetilde{A}^{(1)} = \begin{pmatrix} 1 & -1 & 2 & -1 & -8 \\ 2 & -2 & 3 & -3 & -20 \\ 1 & 1 & 1 & 0 & -2 \\ 1 & -1 & 4 & 3 & 4 \end{pmatrix}.$$

执行操作 $(E_2 - 2E_1) \rightarrow (E_2)$，$(E_3 - E_1) \rightarrow (E_3)$ 和 $(E_4 - E_1) \rightarrow (E_4)$ 进行消元，则有

$$\widetilde{A}^{(2)} = \begin{pmatrix} 1 & -1 & 2 & -1 & -8 \\ 0 & 0 & -1 & -1 & -4 \\ 0 & 2 & -1 & 1 & 6 \\ 0 & 0 & 2 & 4 & 12 \end{pmatrix}.$$

由于主元 $a_{22}^{(2)} = 0$，故接下来的消元过程无法继续. 为解决这个问题，我们在第 2 列主元下面的元素中寻找第一个不为零的元素，然后进行行交换. 由于 $a_{32}^{(2)} \neq 0$，故执行行交换 $(E_2) \leftrightarrow (E_3)$，进而得到

$$\widetilde{A}^{(2)'} = \begin{pmatrix} 1 & -1 & 2 & -1 & \vdots & -8 \\ 0 & 2 & -1 & 1 & \vdots & 6 \\ 0 & 0 & -1 & -1 & \vdots & -4 \\ 0 & 0 & 2 & 4 & \vdots & 12 \end{pmatrix}.$$

由于此时新的 E_3 和 E_4 中未知量 x_2 的系数已经变成了零,故 $\widetilde{A}^{(3)} = \widetilde{A}^{(2)'}$. 接下来由于 $a_{33}^{(3)} = -1 \neq 0$,故可执行操作 $(E_4 + 2E_3) \to (E_4)$ 进行再次消元,得到

$$\widetilde{A}^{(4)} = \begin{pmatrix} 1 & -1 & 2 & -1 & \vdots & -8 \\ 0 & 2 & -1 & 1 & \vdots & 6 \\ 0 & 0 & -1 & -1 & \vdots & -4 \\ 0 & 0 & 0 & 2 & \vdots & 4 \end{pmatrix}.$$

最后回代求解,可得

$$\begin{cases} x_4 = \dfrac{4}{2} = 2, \\[2mm] x_3 = \dfrac{-4 - (-1)x_4}{-1} = 2, \\[2mm] x_2 = \dfrac{6 - x_4 - (-1)x_3}{2} = 3, \\[2mm] x_1 = \dfrac{-8 - (-1)x_4 - 2x_3 - (-1)x_2}{1} = -7. \end{cases}$$

例 1 说明了当 $a_{kk}^{(k)} = 0$ $(k=1, 2, \cdots, n-1)$ 时应该如何处理消元过程. 具体来说,搜索矩阵 $\widetilde{A}^{(k-1)}$ 第 k 列中第 k 行到第 n 行的元素,找到第一个不为零的元. 若 $a_{pk}^{(k)} \neq 0$ $(k+1 \leqslant p \leqslant n)$ 则进行行交换 $(E_k) \to (E_p)$,进而得到矩阵 $\widetilde{A}^{(k-1)'}$,然后继续消元得到 $\widetilde{A}^{(k)}$,如此继续下去. 若 $a_{pk}^{(k)} = 0$ 对所有 $p = k, k+1, \cdots, n$ 都成立,则方程组没有唯一解,求解过程停止. 最后,若 $a_{nn}^{(n)} = 0$,则方程组同样没有唯一解,求解过程停止.

3.2 主元策略

3.2.1 部分 Gauss 主元消去法

上节中,我们发现在应用 Gauss 消去法的时候,若有主元 $a_{kk}^{(k)} = 0$,则需要进行行交换 $(E_k) \leftrightarrow (E_p)$,其中 p 是大于 k 且使 $a_{pk}^{(k)} \neq 0$ 的最小整数. 然而,即使主元不为零时,为了减小舍入误差,行交换也常常是必要的.

若 $a_{kk}^{(k)}$ 与 $a_{jk}^{(k)}$ 相比量级很小,则乘子

$$m_{jk} = \frac{a_{jk}^{(k)}}{a_{kk}^{(k)}}$$

的绝对值就会比 1 大得多. 接下来在计算 $a_{jl}^{(k+1)}$ 时,由于

$$a_{jl}^{(k+1)} = a_{jl}^{(k)} - m_{jk} a_{kl}^{(k)},$$

前面计算 $a_{kl}^{(k)}$ 时所造成的舍入误差就会通过乘子 m_{jk} 进一步积累. 此外,在回代求解

$$x_k = \frac{a_{k, n+1}^{(k)} - \sum_{j=k+1}^{n} a_{kj}^{(k)} x_{k+1}}{a_{kk}^{(k)}}$$

的时候,若分母 $a_{kk}^{(k)}$ 的绝对值过小,则出现在分子中的任何误差也会显著增大. 下面我们就通过一个具体例子来说明这一点.

例 1 已知线性方程组

$$\begin{cases} E_1: & 0.003\,000x_1 + 59.14x_2 = 59.17, \\ E_2: & 5.291x_1 - 6.130x_2 = 46.78 \end{cases}$$

的精确解为 $x_1 = 10.00$, $x_2 = 1.000$. 要求按四位舍入运算来执行 Gauss 消去法进行求解.

第一个主元 $a_{11}^{(1)} = 0.003\,000$ 很小,相关乘子

$$m_{21} = \frac{5.291}{0.003\,000} = 1\,763.\overline{66} \approx 1\,764,$$

然后利用 $(E_2 - m_{21}E_1) \to (E_2)$ 进行消元,经舍入后,得到

$$0.003\,000x_1 + 59.14x_2 = 59.17,$$
$$-104\,300x_2 \approx -104\,400,$$

而精确结果应为

$$0.003\,000x_1 + 59.14x_2 = 59.17,$$
$$-104\,309.37\overline{6}x_2 = -104\,309.37\overline{6},$$

可见,由于 $m_{21}a_{13}$ 与 a_{23} 在数量级上的差异,数值已经产生了舍入误差,但该误差尚未扩散出去. 接下来回代求解,可得

$$x_2 \approx 1.001,$$

这与 x_2 的精确值 1.000 很接近. 然而,在接着计算 x_1 时,会发现

$$x_1 \approx \frac{59.17 - (59.14)(1.001)}{0.003\,000} = -10.00,$$

这与 x_1 的精确值 10.00 差别太大,明显不是一个好的近似值. 原因就在于,主元 $a_{11} = 0.003\,000$ 相对太小,使得乘子

$$\frac{59.14}{0.003\,000} \approx 20\,000$$

很大. 如此一来,即便 x_2 的误差 0.001 较小,但与该乘子相乘后误差仍会显著增大. 从而导致结果不可靠.

这个例子清楚地说明了,当主元 $a_{kk}^{(k)}$ 相对于其他元 $a_{ij}^{(k)}$ ($k \leqslant i, j \leqslant n$) 绝对值较小时,麻烦是如何产生的. 为了解决这个问题,我们应该选取矩阵中绝对值更大的元素 $a_{pq}^{(k)}$ 作为主元,并交换第 k 行与第 p 行的元,如有必要,也要交换第 k 列与第 q 列的元. 最简单的策略是在同一列位于对角线及对角线以下的元素中选取绝对值最大的作为主元. 具体而言,选取最小的 $p \geqslant k$,使得

$$|a_{pk}^{(k)}| = \max_{k \leqslant i \leqslant n} |a_{ik}^{(k)}|,$$

并执行行交换 $(E_k) \leftrightarrow (E_p)$，使得 $a_{pk}^{(k)}$ 成为主元. 这种主元策略称为部分主元策略或者列主元策略. 注意,这种情况下是不需要进行列交换的.

例 2 用部分主元 Gauss 消去法求解例 1 中的线性方程组(按四位舍入运算).

解 首先在第一列中选主元. 由于

$$\max\{|a_{11}^{(1)}|, |a_{21}^{(1)}|\} = \max\{|0.003\,000|, |5.291|\} = |5.291| = |a_{21}^{(1)}|,$$

故执行行交换 $(E_1) \leftrightarrow (E_2)$ 得到

$$\begin{cases} E_1: & 5.291x_1 - 6.130x_2 = 46.78, \\ E_2: & 0.003\,000x_1 + 59.14x_2 = 59.17. \end{cases}$$

对于新的方程组,乘子

$$m_{21} = \frac{a_{21}^{(1)}}{a_{11}^{(1)}} \approx 0.000\,567\,0.$$

经操作 $(E_2 - m_{21}E_1) \to (E_2)$ 后可得

$$\begin{cases} E_1: & 5.291x_1 - 6.130x_2 = 46.78, \\ E_2: & 59.14x_2 = 59.14. \end{cases}$$

回代求解,并按四位数舍入运算,所得结果恰好是精确解 $x_1 = 10.00$，$x_2 = 1.000$.

显然,在部分主元 Gauss 消去法中,每一步乘子 m_{jk} 的绝对值都小于等于 1. 这种主元策略尽管对于大多数线性方程组都是适用的,但是仍有例外的情形.

例 3 用部分主元 Gauss 消去法求解线性方程组(按四位舍入运算):

$$\begin{cases} E_1: & 30.00x_1 + 591\,400x_2 = 591\,700, \\ E_2: & 5.291x_1 - 6.130x_2 = 46.78, \end{cases}$$

并与精确解 $x_1 = 10.00$，$x_2 = 1.000$ 进行比较.

解 由于第一列中绝对值最大的元是 30.00，故不需要行交换,乘子

$$m_{21} = \frac{5.291}{30.00} \approx 0.176\,4.$$

执行操作 $(E_2 - m_{21}E_1) \to (E_2)$ 进行消元,可得

$$\begin{cases} E_1: & 30.00x_1 + 591\,400x_2 = 591\,700, \\ E_2: & -104\,300x_2 \approx -104\,400. \end{cases}$$

回代求解,得到 $x_1 \approx -10.00$，$x_2 \approx 1.001$. 然而精确解是 $x_1 = 10.00$，$x_2 = 1.000$. 显然,同例 1 一样,这个计算结果也是不准确的.

3.2.2 行尺度化列主元策略

如何解决例 3 中出现的问题呢? 下面介绍另外一种主元策略——**行尺度化部分主元策略**,也称**行尺度化列主元策略**,该策略的第一步是先计算每一行的尺度因子 s_i：

$$s_i = \max_{1 \leqslant j \leqslant n} |a_{ij}|.$$

若 $s_1, \cdots, s_n$ 中有零值,则方程组无唯一解. 否则,选取最小的整数 p,使得

$$\frac{|a_{pk}|}{s_p} = \max_{k \leqslant j \leqslant n} \frac{|a_{jk}|}{s_j}.$$

若 $p \neq k$,则执行操作 $(E_k) \leftrightarrow (E_p)$,并将相应的行尺度因子互换. 然后利用

$$E_j - m_{jk} E_k (j = k+1, \cdots, n)$$

在第 k 列中产生 0,需要注意的是,行尺度因子仅在一开始时计算一次,后面不会再次计算,只会作相应的交换.

以上就是行尺度化部分主元策略. 下面我们用具有这种策略的 Gauss 消去法再次求解例 3(仍按四位舍入运算). 首先计算行尺度因子:

$$s_1 = \max\{|30.00|, |591\,400|\} = 591\,400,$$

$$s_2 = \max\{|5.291|, |-6.130|\} = 6.130.$$

因为

$$\frac{|a_{11}|}{s_1} = \frac{30.00}{591\,400} \approx 0.507\,3 \times 10^{-4}, \quad \frac{|a_{21}|}{s_2} = \frac{5.291}{6.130} \approx 0.863\,1,$$

故根据行尺度化部分主元策略,需要进行行交换 $(E_1) \leftrightarrow (E_2)$,得到

$$\begin{cases} E_1: & 5.291x_1 - 6.130x_2 = 46.78, \\ E_2: & 30.00x_1 + 591\,400x_2 = 591\,700. \end{cases}$$

应用 Gauss 消去法,并按四位舍入运算,最终可得正确结果 $x_1 = 10.00$,$x_2 = 1.000$.

例 4 用行尺度化部分主元 Gauss 消去法求解线性方程组

$$\begin{cases} 2x_1 + 2x_2 + 4x_3 = 8, \\ 2x_1 - 3x_2 + 2x_3 = 5, \\ -4x_1 + 2x_2 - 6x_3 = 14. \end{cases}$$

解 该方程组的增广矩阵及行尺度因子分别为

$$\begin{pmatrix} 2 & 2 & 4 & \vdots & 8 \\ 2 & -3 & 2 & \vdots & 5 \\ -4 & 2 & -6 & \vdots & 14 \end{pmatrix} \begin{matrix} s_1 = 4 \\ s_2 = 3 \\ s_3 = 6 \end{matrix}$$

由于

$$\frac{|a_{11}|}{s_1} = \frac{2}{4} = \frac{1}{2}, \quad \frac{|a_{21}|}{s_2} = \frac{2}{3}, \quad \frac{|a_{31}|}{s_3} = \frac{4}{6} = \frac{2}{3},$$

最大的比值是 $\frac{2}{3}$,故需要进行行交换 $(E_1) \leftrightarrow (E_2)$,相应地,$s_1$ 与 s_2 也要互换. 从而有

$$\begin{pmatrix} 2 & -3 & 2 & \vdots & 5 \\ 2 & 2 & 4 & \vdots & 8 \\ -4 & 2 & -6 & \vdots & 14 \end{pmatrix}, \begin{array}{l} s_1 = 3 \\ s_2 = 4 \\ s_3 = 6 \end{array}$$

执行操作 $(E_2 - E_1) \rightarrow (E_2)$ 和 $(E_3 + 2E_1) \rightarrow (E_3)$ 进行第一次消元,可得

$$\begin{pmatrix} 2 & -3 & 2 & \vdots & 5 \\ 0 & 5 & 2 & \vdots & 3 \\ 0 & -4 & -2 & \vdots & 24 \end{pmatrix}, \begin{array}{l} s_1 = 3 \\ s_2 = 4 \\ s_3 = 6 \end{array}$$

对于新的矩阵,由于

$$\frac{|a_{22}|}{s_2} = \frac{5}{4}, \quad \frac{|a_{32}|}{s_3} = \frac{4}{6} = \frac{2}{3},$$

最大比值为 $\dfrac{5}{4}$,故不需要行交换,执行操作 $\left(E_3 + \dfrac{4}{5}E_2\right) \rightarrow (E_3)$ 再次消元,可得

$$\begin{pmatrix} 2 & -3 & 2 & \vdots & 5 \\ 0 & 5 & 2 & \vdots & 3 \\ 0 & 0 & -\dfrac{2}{5} & \vdots & \dfrac{132}{5} \end{pmatrix}, \begin{array}{l} s_1 = 3 \\ s_2 = 4 \\ s_3 = 6 \end{array}$$

接下来回代求解,最终可得 $x_3 = -66, x_2 = 27, x_1 = 109$.

3.3 矩阵基础知识

在第 3.1 节,我们引入了矩阵,它在线性方程组的表示及求解方面是一种非常便利的工具. 本节我们将介绍关于矩阵的一些基本概念和性质,进一步的相关材料将在后续各节中根据需要再进行介绍和讨论.

3.3.1 矩阵的运算

定义 1 两个矩阵 A 和 B **相等**当且仅当它们有相同的行数和列数,且对应位置的元全相等.

定义 2 设 $A = (a_{ij}), B = (b_{ij})$ 都是 $n \times m$ 矩阵,则它们的**和**,记为 $A+B$,也是 $n \times m$ 矩阵,且其位于第 i 行第 j 列的元等于 $a_{ij} + b_{ij} (i = 1, 2, \cdots, n, j = 1, 2, \cdots, m)$.

定义 3 设 $A = (a_{ij})$ 是 $n \times m$ 矩阵,λ 是实数,则 A 与 λ 的**标量乘积**,记为 λA,也是 $n \times m$ 矩阵,且其位于第 i 行第 j 列的元等于 $\lambda a_{ij} (i = 1, 2, \cdots, n, j = 1, 2, \cdots, m)$.

称所有元皆为零的矩阵为**零矩阵**,在不混淆的情况下,仍记为 0,并记 $A = (a_{ij})$ 的负矩阵为 $-A = (-a_{ij})$. 易得下述定理.

定理 1 设 A, B 和 C 都是 $n \times m$ 矩阵,λ 和 μ 是实数. 则下列性质成立:

(1) $A + B = B + A$,

(2) $(A + B) + C = A + (B + C)$,

(3) $A + 0 = 0 + A = A$,

(4) $A + (-A) = -A + A = 0$,

(5) $\lambda(A + B) = \lambda A + \lambda B$,

(6) $(\lambda + \mu)A = \lambda A + \mu A$,

(7) $\lambda(\mu A) = (\lambda \mu)A$,

(8) $1A = A$.

定义 4 设 $A = (a_{ik})$ 是 $n \times m$ 矩阵，$B = (b_{kj})$ 是 $m \times p$ 矩阵. 则 A 与 B 的**矩阵乘积**，记为 AB，是 $n \times p$ 矩阵，且其位于第 i 行第 j 列的元 c_{ij} 满足

$$c_{ij} = \sum_{k=1}^{m} a_{ik}b_{kj} = a_{i1}b_{1j} + a_{i2}b_{2j} + \cdots + a_{in}b_{mj},$$

其中 $i = 1, 2, \cdots, n$，$j = 1, 2, \cdots, p$.

可见，AB 位于第 i 行第 j 列的元 c_{ij} 其实就是 A 第 i 行的元与 B 第 j 列的元对应相乘再相加，即要求矩阵 A 的列数与矩阵 B 的行数相等.

定义 5 称 $n \times n$ 矩阵为 n 阶方阵. 若 $D = (d_{ij})$ 是 n 阶方阵，且当 $i \neq j$ 时，总有 $d_{ij} = 0$，则称 D 为 **n 阶对角矩阵**. 特别地，称 n 阶对角矩阵 $I_n = (\delta_{ij})$ 为 **n 阶单位矩阵**，其中

$$\delta_{ij} = \begin{cases} 1, & \text{if } i = j, \\ 0, & \text{if } i \neq j. \end{cases}$$

当单位矩阵 I_n 的阶数根据上下文可以明显看出时，常将 I_n 简写为 I.

定义 6 称 n 阶方阵 $U = (u_{ij})$ 为**上三角矩阵**，若对每一个 $j = 1, 2, \cdots, n$，都有

$$u_{ij} = 0, \forall i = j+1, j+2, \cdots, n;$$

相应地，称 n 阶方阵 $L = (l_{ij})$ 为**下三角矩阵**，若对每一个 $j = 1, 2, \cdots, n$，都有

$$l_{ij} = 0, \forall i = 1, 2, \cdots, j-1.$$

下面这个定理给出了矩阵乘积所满足的一些性质，这些性质可以直接由矩阵乘积的定义导出，证明留作练习.

定理 2 设 A 是 $n \times m$ 矩阵，B 是 $m \times p$ 矩阵，C 是 $p \times q$ 矩阵，D 是 $m \times p$ 矩阵，λ 是常数. 则以下性质成立：

(1) $A(BC) = (AB)C$;

(2) $A(B+D) = AB + AD$;

(3) $I_m B = B = BI_p$;

(4) $\lambda(AB) = (\lambda A)B = A(\lambda B)$.

3.3.2 矩阵的逆与转置

利用矩阵乘积的概念，考虑线性方程组

$$Ax = b, \tag{1}$$

其中

$$A = \begin{pmatrix} a_{11} & a_{12} & \cdots & a_{1n} \\ a_{21} & a_{22} & \cdots & a_{2n} \\ \vdots & \vdots & \ddots & \vdots \\ a_{n1} & a_{n2} & \cdots & a_{nn} \end{pmatrix}, \quad x = \begin{pmatrix} x_1 \\ x_2 \\ \vdots \\ x_n \end{pmatrix}, \quad b = \begin{pmatrix} b_1 \\ b_2 \\ \vdots \\ b_n \end{pmatrix}.$$

与线性方程组(1)有关的是矩阵逆的概念.

定义 7　设 A 是 n 阶方阵,若存在 n 阶方阵 A^{-1},使得 $AA^{-1} = A^{-1}A = I$,则称 A 是非奇异的或可逆的,并称 A^{-1} 为 A 的逆. 不存在逆的矩阵称为奇异的或不可逆的.

关于非奇异矩阵,我们有以下定理.

定理 3　设 A 是非奇异的 n 阶方阵,则

(1) A^{-1} 唯一,可逆,且 $(A^{-1})^{-1} = A$;

(2) 若 B 也是非奇异的 n 阶方阵,则 $(AB)^{-1} = B^{-1}A^{-1}$;

(3) $Ax = b$ 有唯一解 $x = A^{-1}b$.

定理 3 的结论(3)告诉我们,利用逆矩阵可以求解线性方程组(1),当然前提是系数矩阵 A 可逆并且 A^{-1} 已知,然而,为了求解(1)而去计算 A^{-1},效率并不高. 尽管如此,从理论的角度出发,找到一种求解逆矩阵的方法仍然是很有用的.

为此,我们再考察一下矩阵乘积. 令 B_j 是 n 阶方阵 B 的第 j 列,即

$$B_j = \begin{pmatrix} b_{1j} \\ b_{2j} \\ \vdots \\ b_{nj} \end{pmatrix}.$$

若 $AB = C$,则矩阵 C 的第 j 列可由

$$\begin{pmatrix} c_{1j} \\ c_{2j} \\ \vdots \\ c_{nj} \end{pmatrix} = C_j = AB_j = \begin{pmatrix} a_{11} & a_{12} & \cdots & a_{1n} \\ a_{21} & a_{22} & \cdots & a_{2n} \\ \vdots & \vdots & \ddots & \vdots \\ a_{n1} & a_{n2} & \cdots & a_{nn} \end{pmatrix} \begin{pmatrix} b_{1j} \\ b_{2j} \\ \vdots \\ b_{nj} \end{pmatrix} = \begin{pmatrix} \sum_{k=1}^{n} a_{1k}b_{kj} \\ \sum_{k=1}^{n} a_{2k}b_{kj} \\ \vdots \\ \sum_{k=1}^{n} a_{nk}b_{kj} \end{pmatrix}$$

给出. 现设 A^{-1} 存在且 $A^{-1} = B = (b_{ij})$. 则 $AB = I$ 且 $AB_j = I_j = \begin{pmatrix} 0 \\ \vdots \\ 0 \\ 1 \\ 0 \\ \vdots \\ 0 \end{pmatrix}$,其中 1 是在第

j 行.

可见,为了求出 B,只需求解 n 个线性方程组 $AB_j = I_j (j = 1, 2, \cdots, n)$ 即可.

为了求出 A^{-1},一个比较方便的做法是,首先构造增广矩阵 $(A \mid I)$,然后利用 Gauss 消去法将此增广矩阵变为 $(U \mid Y)$ 的形式,其中 U 是上三角矩阵,Y 是单位矩阵 I 通过执行将 A 变成 U 的同样的操作得来的. 最后通过回代过程,即可求出 A^{-1} 的所有列,进而得到 A^{-1}.

值得注意的是,并非所有 n 阶矩阵都可逆. 关于矩阵可逆的充要条件,我们将在下一小节进行介绍. 下面,我们给出矩阵的转置的概念.

定义 8 设 $A = (a_{ij})$ 是 $n \times m$ 矩阵,则它的转置矩阵 A^T 是一个 $m \times n$ 矩阵,其位于第 i 行第 j 列的元为 a_{ji},即 $A^T = (a_{ji})$. 若 n 阶方阵 $A = A^T$,则称 A 是**对称矩阵**.

定理 4 设 A,B 是 $n \times m$ 矩阵,C 是 $m \times p$ 矩阵,D 是 n 阶方阵且 D^{-1} 存在. 则有

$$(1)\ (A^T)^T = A; \qquad (2)\ (A+B)^T = A^T + B^T;$$
$$(3)\ (AC)^T = C^T A^T; \qquad (4)\ (D^{-1})^T = (D^T)^{-1}.$$

3.3.3 矩阵的行列式

在这一小节中,我们介绍矩阵的行列式的概念. 它可以用来研究方程个数与未知量个数相等的线性方程组解的存在性和唯一性. 我们记 n 阶方阵 A 的行列式为 $\det A$,也常常记为 $|A|$.

定义 9 (1) 若 $A = [a]$ 是 1×1 矩阵,则 $\det A = a$.

(2) 若 $A = (a_{ij})$ 是 n 阶方阵,则称划去 A 的第 i 行与第 j 列后所得的 $n-1$ 阶子矩阵的行列式为 A 的 a_{ij} 元的**余子式**,记为 M_{ij}.

(3) 称 $A_{ij} = (-1)^{i+j} M_{ij}$ 为 A 的 a_{ij} 元的**代数余子式**.

(4) 当 $n > 1$ 时,定义 n 阶方阵 $A = (a_{ij})$ 的**行列式**为

$$\det A = \sum_{j=1}^{n} a_{ij} A_{ij} = \sum_{j=1}^{n} (-1)^{i+j} a_{ij} M_{ij}, \ \forall\, i = 1, 2, \cdots, n,$$

或者

$$\det A = \sum_{i=1}^{n} a_{ij} A_{ij} = \sum_{i=1}^{n} (-1)^{i+j} a_{ij} M_{ij}, \ \forall\, j = 1, 2, \cdots, n.$$

从定义上看,A 的行列式可按任一行或列进行展开,共有 $2n$ 个不同的表达式,但它们彼此都是相等的. 实际计算 $\det A$ 时,我们可以根据 A 的特点灵活选择. 一般而言,按 0 元最多的行或列展开计算是比较方便的.

下面给出矩阵行列式的一些性质.

定理 5 设 A 是 n 阶方阵,

(1) 若 A 的任一行(或列)中只含有 0 元,则 $\det A = 0$.

(2) 若 A 有两行(或列)相同,则 $\det A = 0$.

(3) 若 $\tilde{A}$ 是 A 经操作 $(E_i) \to (E_j)$ 得来的,且 $i \neq j$,则 $\det \tilde{A} = -\det A$.

(4) 若 $\tilde{A}$ 是 A 经操作 $(\lambda E_i) \to (E_i)$ 得来的,则 $\det \tilde{A} = \lambda \det A$.

(5) 若 $\tilde{A}$ 是 A 经操作 $(E_i + \lambda E_j) \to (E_i)$ 得来的,且 $i \neq j$,则 $\det \tilde{A} = \det A$.

(6) 若 B 也是 n 阶方阵,则 $\det AB = \det A \det B$.

(7) $\det A^t = \det A$.

(8) 若 A^{-1} 存在,则 $\det A^{-1} = (\det A)^{-1}$.

(9) 若 A 是上三角矩阵(或下三角矩阵,或对角矩阵),则 $\det A = \prod_{i=1}^{n} a_{ii}$.

下面这个定理在非奇异矩阵、Gauss 消去法、线性方程组和矩阵行列式之间建立了重要的联系.

定理 6 设 A 是 n 阶方阵,则以下命题等价:

(1) 方程 $Ax = 0$ 有唯一解 $x = 0$.

(2) 对任意 n 维列向量 b, 方程 $Ax = b$ 有唯一解.

(3) A^{-1} 存在.

(4) $\det A \neq 0$.

(5) 对任意 n 维列向量 b, 方程 $Ax = b$ 都可以用允许行交换的 Gauss 消去法进行求解.

3.3.4 特殊矩阵

定义 10 设 $A = (a_{ij})$ 是 n 阶方阵. 若当 $|i-j| > 1$ 时, 恒有 $a_{ij} = 0$, 则称 A 是**三对角矩阵**.

例如, 矩阵

$$\begin{bmatrix} 7 & 2 & 0 \\ 3 & 5 & -1 \\ 0 & -2 & 4 \end{bmatrix}$$

就是一个三对角矩阵.

定义 11 设 $A = (a_{ij})$ 是 n 阶方阵. 若对任意 $i = 1, 2, \cdots, n$, 都有

$$|a_{ii}| > \sum_{\substack{j=1 \\ j \neq i}}^{n} |a_{ij}|,$$

则称 A 是**严格对角占优矩阵**.

定理 7 设 A 是严格对角占优矩阵, 则 A 非奇异, 且方程组 $Ax = b$ 无需进行行交换或列交换, 即可用 Gauss 消去法求解.

定义 12 设 A 是 $n \times n$ 矩阵. 若对任意非零列向量 $x \in R^n$, 都有 $x^T A x > 0$, 则称 A 是**正定矩阵**. 若 A 既是正定矩阵, 又是对称矩阵, 则称之为**对称正定矩阵**.

下面这个定理给出了对称正定矩阵的一些性质.

定理 8 设 A 是 n 阶对称正定矩阵, 则

(1) A 是非奇异矩阵;

(2) $a_{ii} > 0, \forall i = 1, 2, \cdots, n$;

(3) $\max_{1 \leqslant k, j \leqslant n} |a_{kj}| \leqslant \max_{1 \leqslant i \leqslant n} |a_{ii}|$;

(4) $a_{ij}^2 < a_{ii} a_{jj}, \forall i \neq j$;

(5) A 的所有顺序主子式均大于零, 即 $\det A_k > 0, \forall k = 1, 2, \cdots, n$, 其中

$$A_k = \begin{bmatrix} a_{11} & a_{12} & \cdots & a_{1k} \\ a_{21} & a_{22} & \cdots & a_{2k} \\ \vdots & \vdots & \ddots & \vdots \\ a_{k1} & a_{k2} & \cdots & a_{kk} \end{bmatrix}, k = 1, 2, \cdots, n.$$

定理 9 若对称矩阵 A 的所有顺序主子式均大于零, 则 A 是对称正定矩阵.

易知 A 是对称正定矩阵, 则方程组 $Ax = b$ 无需进行行交换, 即可用 Gauss 消去法求解.

3.4 矩阵的 LU 分解

本节我们将首先利用 Gauss 消去过程把线性方程组 $Ax = b$ 的系数矩阵 A 分解成 $A = LU$ 的形式,然后再给出一种 LU 分解的直接算法,这里,L 是下三角矩阵,U 是上三角矩阵,当然,并非所有矩阵都可以分解成这种形式,但是一旦有了矩阵 A 的 LU 分解,我们就可以通过一个简单的两步过程将 $Ax = b$ 求解出来.第一步就是令 $y = Ux$ 并求解方程 $Ly = b$.第二步是求解 $Ux = y$.因为 L 和 U 都是三角形式,所以这两个方程都可以直接代入求解.

3.4.1 基于 Gauss 消去法的 LU 分解

为了讨论什么样的矩阵 A 有 LU 分解以及如何进行分解,我们考察线性方程组 $Ax = b$,并假设可以用不需要行交换的 Gauss 消去法进行求解. 这相当于假设在 Gauss 消去过程中,矩阵主元 $a_{kk}^{(k)} \neq 0 \ (k = 1, 2, \cdots, n)$.

Gauss 消去法的第一步是对增广矩阵 $(A^{(1)}, b^{(1)}) = (A, b)$ 执行系列操作

$$(E_j - m_{j1} E_1) \rightarrow (E_j) , \quad j = 2, 3, \cdots, n \tag{1}$$

进行首次消元,其中 $m_{j1} = \dfrac{a_{j1}^{(1)}}{a_{11}^{(1)}}$. 如此,就将矩阵第一列位于对角线以下的元全部变成了 0.

操作(1)相当于对矩阵 $A^{(1)}$ 和向量 $b^{(1)}$ 同时左乘了一个矩阵

$$M^{(1)} = \begin{pmatrix} 1 & 0 & 0 & \cdots & 0 \\ -m_{21} & 1 & 0 & \cdots & 0 \\ -m_{31} & 0 & 1 & \cdots & 0 \\ \vdots & \vdots & \vdots & \ddots & \vdots \\ -m_{n1} & 0 & 0 & \cdots & 1 \end{pmatrix}$$

该矩阵称为**第一类 Gauss 变换矩阵**. 我们把这个矩阵与 $A^{(1)} = A$ 的乘积记为 $A^{(2)}$,与 $b^{(1)} = b$ 的乘积记为 $b^{(2)}$,则

$$A^{(2)} x = M^{(1)} A x = M^{(1)} b = b^{(2)}.$$

接下来我们继续对增广矩阵 $(A^{(2)}, b^{(2)})$ 执行第二次消元操作

$$(E_j - m_{j2} E_2) \rightarrow (E_j) , \quad j = 3, 4, \cdots, n,$$

其中 $m_{j2} = \dfrac{a_{j2}^{(2)}}{a_{22}^{(2)}}$,这相当于对 $A^{(2)}$ 和 $b^{(2)}$ 同时左乘了一个**第二类 Gauss 变换矩阵**

$$M^{(2)} = \begin{pmatrix} 1 & 0 & 0 & 0 & \cdots & 0 \\ 0 & 1 & 0 & 0 & \cdots & 0 \\ 0 & -m_{32} & 1 & 0 & \cdots & 0 \\ 0 & -m_{42} & 0 & 1 & \cdots & 0 \\ \vdots & \vdots & \vdots & \vdots & \ddots & \vdots \\ 0 & -m_{n2} & 0 & 0 & \cdots & 1 \end{pmatrix},$$

记 $A^{(3)} = M^{(2)} A^{(2)}$,$b^{(3)} = M^{(2)} b^{(2)}$,则 $A^{(3)} x = b^{(3)}$.

一般地,假设已有 $A^{(k)} x = b^{(k)}(k=1,2,\cdots,n-1)$. 则对增广矩阵 $(A^{(k)},b^{(k)})$ 执行第 k 次消元操作

$$(E_j - m_{jk} E_k) \to (E_j),j = k+1,k+2,\cdots,n,$$

就相当于对 $A^{(k)}$ 和 $b^{(k)}$ 同时左乘了一个**第 k 类 Gauss 变换矩阵**

$$M^{(k)} = \begin{pmatrix} 1 & \cdots & 0 & 0 & 0 & 0 & \cdots & 0 \\ \vdots & \ddots & \vdots & \vdots & \vdots & \vdots & \ddots & \vdots \\ 0 & \cdots & 1 & 0 & 0 & 0 & \cdots & 0 \\ 0 & \cdots & 0 & 1 & 0 & 0 & \cdots & 0 \\ 0 & \cdots & 0 & -m_{k+1,k} & 1 & 0 & \cdots & 0 \\ 0 & \cdots & 0 & -m_{k+2,k} & 0 & 1 & \cdots & 0 \\ \vdots & \ddots & \vdots & \vdots & \vdots & \vdots & \ddots & \vdots \\ 0 & \cdots & 0 & -m_{n,k} & 0 & 0 & \cdots & 1 \end{pmatrix},$$

其中 $m_{jk} = \dfrac{a_{jk}^{(k)}}{a_{kk}^{(k)}}$,$j = k+1,\cdots,n$,进而得到

$$A^{(k+1)} x = M^{(k)} A^{(k)} x = M^{(k)} b^{(k)} = b^{(k+1)}. \tag{2}$$

最终,经过 $n-1$ 次消元后,可以得到三角形式的方程组 $A^{(n)} x = b(n)$,其中

$$A^{(n)} = M^{(n-1)} A^{(n-1)} = M^{(n-1)} M^{(n-2)} A^{(n-2)} = \cdots = M^{(n-1)} M^{(n-2)} \cdots M^{(1)} A$$

是上三角矩阵. 事实上,$A^{(n)}$ 就是分解式 $A = LU$ 中的 U. 根据第 3.1 节的内容,我们知道

$$U = A^{(n)} = \begin{pmatrix} a_{11}^{(1)} & a_{12}^{(1)} & a_{13}^{(1)} & \cdots & a_{1n}^{(1)} \\ 0 & a_{22}^{(2)} & a_{23}^{(2)} & \cdots & a_{2n}^{(2)} \\ 0 & 0 & a_{33}^{(3)} & \cdots & a_{3n}^{(3)} \\ \vdots & \vdots & \vdots & \ddots & \vdots \\ 0 & 0 & 0 & \cdots & a_{nn}^{(n)} \end{pmatrix}.$$

接下来,为了得到分解式中的下三角矩阵 L,我们再将上述过程逆回去. 回顾得到(2)式的过程,可以发现,只需执行操作

$$(E_j + m_{jk} E_k) \to (E_j),j = k+1,k+2,\cdots,n,$$

就可以将 $A^{(k+1)}$ 变回 $A^{(k)}$,这相当于对 $A^{(k+1)}$ 左乘了矩阵

$$L^{(k)} = (M^{(k)})^{-1} = \begin{pmatrix} 1 & \cdots & 0 & 0 & 0 & 0 & \cdots & 0 \\ \vdots & \ddots & \vdots & \vdots & \vdots & \vdots & \ddots & \vdots \\ 0 & \cdots & 1 & 0 & 0 & 0 & \cdots & 0 \\ 0 & \cdots & 0 & 1 & 0 & 0 & \cdots & 0 \\ 0 & \cdots & 0 & m_{k+1,k} & 1 & 0 & \cdots & 0 \\ 0 & \cdots & 0 & m_{k+2,k} & 0 & 1 & \cdots & 0 \\ \vdots & \ddots & \vdots & \vdots & \vdots & \vdots & \ddots & \vdots \\ 0 & \cdots & 0 & m_{n,k} & 0 & 0 & \cdots & 1 \end{pmatrix},$$

即

$$A^{(k)} = L^{(k)} A^{(k+1)}, k = 1, 2, \cdots, n-1.$$

从而

$$A = A^{(1)} = L^{(1)} A^{(2)} = L^{(1)} L^{(2)} A^{(3)} = L^{(1)} L^{(2)} \cdots L^{(n-1)} A^{(n)} = L^{(1)} L^{(2)} \cdots L^{(n-1)} U.$$

经计算知

$$L^{(1)} L^{(2)} \cdots L^{(n-1)} = \begin{pmatrix} 1 & 0 & 0 & \cdots & 0 \\ m_{21} & 1 & 0 & \cdots & 0 \\ m_{31} & m_{32} & 1 & \cdots & 0 \\ \vdots & \vdots & \vdots & \ddots & \vdots \\ m_{n1} & m_{n2} & m_{n3} & \cdots & 1 \end{pmatrix}$$

是下三角矩阵,从而 $L = L^{(1)} L^{(2)} \cdots L^{(n-1)}$ 即为分解式 $A = LU$ 中的 L.

综上,可得.

定理1 若线性方程组 $Ax = b$ 可以用不执行行交换的 Gauss 消去法求解出来,则系数矩阵 A 可以分解成下三角矩阵与上三角矩阵的乘积:

$$A = LU,$$

其中

$$L = \begin{pmatrix} 1 & 0 & 0 & \cdots & 0 \\ m_{21} & 1 & 0 & \cdots & 0 \\ m_{31} & m_{32} & 1 & \cdots & 0 \\ \vdots & \vdots & \vdots & \ddots & \vdots \\ m_{n1} & m_{n2} & m_{n3} & \cdots & 1 \end{pmatrix}, U = \begin{pmatrix} a_{11}^{(1)} & a_{12}^{(1)} & a_{13}^{(1)} & \cdots & a_{1n}^{(1)} \\ 0 & a_{22}^{(2)} & a_{23}^{(2)} & \cdots & a_{2n}^{(2)} \\ 0 & 0 & a_{33}^{(3)} & \cdots & a_{3n}^{(3)} \\ \vdots & \vdots & \vdots & \ddots & \vdots \\ 0 & 0 & 0 & \cdots & a_{nn}^{(n)} \end{pmatrix}, m_{jk} = \frac{a_{jk}^{(k)}}{a_{kk}^{(k)}}.$$

例1 利用 Gauss 消去法求矩阵 $A = \begin{pmatrix} 1 & 1 & 0 & 3 \\ 2 & 1 & -1 & 1 \\ 3 & -1 & -1 & 2 \\ -1 & 2 & 3 & -1 \end{pmatrix}$ 的 LU 分解.

解 首先对 $A^{(1)} = A$ 执行第一次消元操作 $(E_2 - 2E_1) \rightarrow (E_2), (E_3 - 3E_1) \rightarrow (E_3)$ 和 $(E_4 + E_1) \rightarrow (E_4)$,可得

$$A^{(2)} = \begin{pmatrix} 1 & 1 & 0 & 3 \\ 0 & -1 & -1 & -5 \\ 0 & -4 & -1 & -7 \\ 0 & 3 & 3 & 2 \end{pmatrix}.$$

接着执行第二次消元操作 $(E_3 - 4E_2) \rightarrow (E_3)$ 和 $(E_4 + 3E_2) \rightarrow (E_4)$,可得

$$A^{(3)} = \begin{pmatrix} 1 & 1 & 0 & 3 \\ 0 & -1 & -1 & -5 \\ 0 & 0 & 3 & 13 \\ 0 & 0 & 0 & -13 \end{pmatrix}.$$

由于 $A^{(3)}$ 已是上三角矩阵, 故无需执行第三次消元操作, 这也就意味着 $m_{43} = 0$. 从而

$$U = A^{(4)} = A^{(3)},$$

再由消元过程知, $m_{21} = 2$, $m_{31} = 3$, $m_{41} = -1$, $m_{32} = 4$, $m_{42} = -3$, $m_{43} = 0$. 因此

$$L = \begin{pmatrix} 1 & 0 & 0 & 0 \\ 2 & 1 & 0 & 0 \\ 3 & 4 & 1 & 0 \\ -1 & -3 & 0 & 1 \end{pmatrix}.$$

最终可得

$$A = LU = \begin{pmatrix} 1 & 0 & 0 & 0 \\ 2 & 1 & 0 & 0 \\ 3 & 4 & 1 & 0 \\ -1 & -3 & 0 & 1 \end{pmatrix} \begin{pmatrix} 1 & 1 & 0 & 3 \\ 0 & -1 & -1 & -5 \\ 0 & 0 & 3 & 13 \\ 0 & 0 & 0 & -13 \end{pmatrix}.$$

定理 2 设矩阵 $A \in R^{n \times n}$, 若 A 的顺序主子式 $D_i \neq 0$ ($i = 0, 1, \cdots, n$), 则存在单位下三角矩阵 L 与上三角矩阵 U, 使得 $A = LU$ 且分解唯一.

事实上, 对满足题设条件的矩阵, 已经证明 LU 分解存在. 下面只考虑其唯一性. 假设 $A = L_1 U_1$, $A = LU$, 其中 L_1, L 都是单位下三角矩阵, U_1, U 都是上三角矩阵, 则

$$L_1 U_1 = LU \Rightarrow L^{-1} L_1 = U U_1^{-1},$$

而 $L^{-1} L_1 = U U_1^{-1}$ 成立当且仅当

$$L^{-1} L_1 = I = U U_1^{-1},$$

这意味着

$$L = L_1, \quad U = U_1.$$

3.4.2 矩阵的直接 LU 分解

除了 Gauss 消去法, 我们还可以利用矩阵乘法对矩阵直接进行 LU 分解.

设 $A = (a_{ij})$ 为非奇异矩阵, 且有分解式

$$A = LU = \begin{pmatrix} 1 & 0 & 0 & \cdots & 0 \\ l_{21} & 1 & 0 & \cdots & 0 \\ l_{31} & l_{32} & 1 & \cdots & 0 \\ \vdots & \vdots & \vdots & \ddots & \vdots \\ l_{n1} & l_{n2} & l_{n3} & \cdots & 1 \end{pmatrix} \begin{pmatrix} u_{11} & u_{12} & u_{13} & \cdots & u_{1n} \\ 0 & u_{22} & u_{23} & \cdots & u_{2n} \\ 0 & 0 & u_{33} & \cdots & u_{3n} \\ \vdots & \vdots & \vdots & \ddots & \vdots \\ 0 & 0 & 0 & \cdots & u_{nn} \end{pmatrix}.$$

下面利用矩阵乘法定出 L 与 U 中的元.

首先计算 A 第一行中的元与第一列中的元. 由矩阵乘法, 易得

$$a_{1j} = u_{1j}, \ j = 1, 2, \cdots, n,$$

$$a_{i1} = l_{i1} u_{11}, \ i = 2, 3, \cdots, n.$$

进一步可推出

$$u_{1j} = a_{1j}, \; j = 1, 2, \cdots, n,$$

$$l_{i1} = \frac{a_{i1}}{u_{11}}, \; i = 2, 3, \cdots, n.$$

这里假设了 $u_{11} \neq 0$. 如此就定出了 U 第一行中的元和 L 第一列中的元.

类似地,通过计算 A 第二行和第二列中的元(注意 a_{21} 和 a_{12} 已经计算过了,因此只需计算剩余的元素即可),就可以定出 U 第二行中的元和 L 第二列中的元.

一般地,假设通过计算 A 前 $m-1$ 行的元与前 $m-1$ 列的元,已定出了 U 前 $m-1$ 行的元以及 L 前 $m-1$ 列的元. 下面通过计算 A 第 m 行中的元和第 m 列中的元定出 U 第 m 行中的元和 L 第 m 列中的元. 注意到 A 的第 m 行前 $m-1$ 个元同时也位于前 $m-1$ 列,第 m 列前 $m-1$ 个元同时也位于前 $m-1$ 行,这些元已经列方程计算过了,因此只需计算 A 的第 m 行和第 m 列的其他元即可,我们有

$$a_{mj} = \underbrace{\sum_{k=1}^{m-1} l_{mk} u_{kj}}_{\text{已求}} + \underbrace{u_{mj}}_{\text{待求}}, \; j = m, m+1, \cdots, n,$$

$$a_{in} = \underbrace{\sum_{k=1}^{m-1} l_{ik} u_{kn}}_{\text{已求}} + \underbrace{l_{in} u_{mn}}_{\text{待求}}, \; i = m+1, m+2, \cdots, n.$$

从而可求出 U 第 m 行的元

$$u_{mj} = a_{mj} - \sum_{k=1}^{m-1} l_{mk} u_{kj}, \; j = m, m+1, \cdots, n,$$

以及 L 第 m 列的元(注意此时 u_{mn} 已求出,并且假设 $u_{mn} \neq 0$)

$$l_{in} = \frac{1}{u_{mn}} \left(a_{in} - \sum_{k=1}^{m-1} l_{ik} u_{kn} \right), \; i = m+1, m+2, \cdots, n.$$

重复上述过程直至 $m = n$. 注意,L 的第 n 列并不需要计算. 如此我们就得到了 A 的 LU 分解. 这种 LU 分解的方法称为直接三角分解法.

例 2 利用直接三角分解法再次求矩阵

$$A = \begin{pmatrix} 1 & 1 & 0 & 3 \\ 2 & 1 & -1 & 1 \\ 3 & -1 & -1 & 2 \\ -1 & 2 & 3 & -1 \end{pmatrix}$$

的 LU 分解.

解 设

$$A = \begin{pmatrix} 1 & 1 & 0 & 3 \\ 2 & 1 & -1 & 1 \\ 3 & -1 & -1 & 2 \\ -1 & 2 & 3 & -1 \end{pmatrix} = \begin{pmatrix} 1 & 0 & 0 & 0 \\ l_{21} & 1 & 0 & 0 \\ l_{31} & l_{32} & 1 & 0 \\ l_{41} & l_{42} & l_{43} & 1 \end{pmatrix} \begin{pmatrix} u_{11} & u_{12} & u_{13} & u_{14} \\ 0 & u_{22} & u_{23} & u_{24} \\ 0 & 0 & u_{33} & u_{34} \\ 0 & 0 & 0 & u_{44} \end{pmatrix},$$

利用矩阵乘法,将等号两边的矩阵元素对应相等,可得 16 个方程.

首先看 A 第一行中的元所满足的方程,可得

$$u_{11} = 1, \ u_{12} = 1, \ u_{13} = 0, \ u_{14} = 3.$$

再看 A 第一列中的元所满足的方程,除了 a_{11} 已考虑过外,其他元分别满足

$$2 = l_{21}u_{11} = l_{21},$$
$$3 = l_{31}u_{11} = l_{31},$$
$$-1 = l_{41}u_{11} = l_{41}.$$

这里已代入 $u_{11} = 1$. 接下来看 A 第二行中其余三个元所满足的方程,分别为

$$1 = l_{21}u_{12} + u_{22} = 2 \cdot 1 + u_{22},$$
$$-1 = l_{21}u_{13} + u_{23} = 2 \cdot 0 + u_{23},$$
$$1 = l_{21}u_{14} + u_{24} = 2 \cdot 3 + u_{24}.$$

解得

$$u_{22} = -1, \ u_{23} = -1, \ u_{24} = -5.$$

然后看 A 第二列中其余两个元所满足的方程,分别为

$$-1 = l_{31}u_{12} + l_{32}u_{22} = 3 \cdot 1 - l_{32},$$
$$2 = l_{41}u_{12} + l_{42}u_{22} = -1 \cdot 1 - l_{42}.$$

解得

$$l_{32} = 4, \ l_{42} = -3.$$

再看 A 的第三行中其余两个元所满足的方程,分别为

$$-1 = l_{31}u_{13} + l_{32}u_{23} + u_{33} = 3 \cdot 0 + 4 \cdot (-1) + u_{33},$$
$$2 = l_{31}u_{14} + l_{32}u_{24} + u_{34} = 3 \cdot 3 + 4 \cdot (-5) + u_{34}.$$

解得

$$u_{33} = 3, \ u_{34} = 13$$

然后看 A 的第三列中最后一个元所满足的方程,该方程为

$$3 = l_{41}u_{13} + l_{42}u_{23} + l_{43}u_{33} = -1 \cdot 0 + (-3) \cdot (-1) + 3l_{43}.$$

解得

$$l_{43} = 0$$

最后看 A 的最后一个元所满足的方程,该方程为

$$-1 = l_{41}u_{14} + l_{42}u_{24} + l_{43}u_{34} + u_{44} = -1 \cdot 3 + (-3) \cdot (-5) + 0 \cdot 13 + u_{44}.$$

解得

$$u_{44} = -13.$$

最终求得 A 的 LU 分解为

$$L = \begin{pmatrix} 1 & 0 & 0 & 0 \\ 2 & 1 & 0 & 0 \\ 3 & 4 & 1 & 0 \\ -1 & -3 & 0 & 1 \end{pmatrix}, U = \begin{pmatrix} 1 & 1 & 0 & 3 \\ 0 & -1 & -1 & -5 \\ 0 & 0 & 3 & 13 \\ 0 & 0 & 0 & -13 \end{pmatrix}.$$

可以看出,例 2 的结果与例 1 的结果是一样的. 事实上,可以证明上述直接 LU 分解与利用 Gauss 消去法得到的 LU 分解在结果上完全相同,它们本质上都是 Gauss 法的变形,不同之处在于,前者是直接算出 L 和 U 的元,而后者需要利用 Gauss 消元过程不断地更新数据.

以上讨论的 LU 分解都称为 **Doolittle 方法**,它要求 L 在对角线上的元为 1. 此外,还有其他的 LU 分解方式.其中一种 LU 分解称为 **Crout 方法**,它要求 U 在对角线上的元为 1. 还有一种 LU 分解称为 **Cholesky 方法**,它要求 L 与 U 在对角线上的元对应相等.

定理 3 设矩阵 $A \in R^{n \times n}$ 为对称矩阵,$|A| \neq 0$,则存在单位下三角矩阵 L,使得 $A = LDL^T$,其中 D 为对角矩阵.

事实上,设矩阵 $A = LU$,其中 L 为单位下三角矩阵,U 为上三角矩阵,且

$$U = \begin{pmatrix} u_{11} & & & \\ & u_{22} & & \\ & & \ddots & \\ & & & u_{nn} \end{pmatrix} \begin{pmatrix} 1 & u_{12}/u_{11} & \cdots & u_{1n}/u_{11} \\ & 1 & u_{23}/u_{22} \cdots & u_{2n}/u_{22} \\ & & \ddots & \vdots \\ & & & 1 \end{pmatrix} \equiv DU_0,$$

则 $A = LDU_0$. 又 $A = A^T = U_0^T(DL^T)$,由矩阵 LU 分解唯一性知 $U_0^T = L$.

定理 4 设矩阵 $A \in R^{n \times n}$ 为对称正定矩阵,则存在非奇异下三角矩阵 K,使得 $A = KK^T$.

事实上,由 A 为实对称矩阵与定理 2.1 知,存在单位下三角矩阵 L,使得 $A = LDL^T$. 又 A 正定,则

$$D = \begin{pmatrix} u_{11} & & \\ & \ddots & \\ & & u_{nn} \end{pmatrix} = \begin{pmatrix} \pm\sqrt{u_{11}} & & \\ & \ddots & \\ & & \pm\sqrt{u_{nn}} \end{pmatrix} \begin{pmatrix} \pm\sqrt{u_{11}} & & \\ & \ddots & \\ & & \pm\sqrt{u_{nn}} \end{pmatrix} \equiv D_1 D_1,$$

其中诸 $u_{ii} > 0$,这意味着

$$A = LD_1 D_1 L^T = (LD_1)(LD_1)^T \equiv KK^T,$$

其中 $K = LD_1$.

3.4.3 利用 LU 分解求解线性方程组

下面讨论当有了矩阵 A 的 LU 分解之后,如何求解线性方程组 $Ax = b$. 设 $A = (a_{ij})$ 为非奇异矩阵,且有 LU 分解

$$A = LU = \begin{pmatrix} 1 & 0 & 0 & \cdots & 0 \\ l_{21} & 1 & 0 & \cdots & 0 \\ l_{31} & l_{32} & 1 & \cdots & 0 \\ \vdots & \vdots & \vdots & \ddots & \vdots \\ l_{n1} & l_{n2} & l_{n3} & \cdots & 1 \end{pmatrix} \begin{pmatrix} u_{11} & u_{12} & u_{13} & \cdots & u_{1n} \\ 0 & u_{22} & u_{23} & \cdots & u_{2n} \\ 0 & 0 & u_{33} & \cdots & u_{3n} \\ \vdots & \vdots & \vdots & \ddots & \vdots \\ 0 & 0 & 0 & \cdots & u_{nn} \end{pmatrix},$$

其中 $u_{kk} \neq 0$ ($k = 1, 2, \cdots, n$). 则方程组 $Ax = b$ 可写成 $LUx = b$. 令 $Ux = y$, 则 y 必满足 $Ly = b$. 注意到 L 和 U 都是三角矩阵, 因此可以通过两步简单的代入过程求出 x.

第一步: 求解方程 $Ly = b$. 因为 L 是下三角矩阵, 故可前代求解, 则有

$$y_1 = b_1,$$

$$y_i = b_i - \sum_{j=1}^{i-1} l_{ij} y_j, \ i = 2, 3, \cdots, n.$$

第二步: 求解方程 $Ux = y$, 因为 U 是上三角矩阵, 故可回代求解, 则有

$$x_n = \frac{y_n}{u_{nn}},$$

$$x_i = \frac{1}{u_{ii}} \left(y_i - \sum_{j=i+1}^{n} u_{ij} x_j \right), \ i = n-1, n-2, \cdots, 1.$$

可见, 一旦有了矩阵 A 的 LU 分解, 我们就可以通过上述两步代入过程求解一系列系数皆为 A 的线性方程组

$$Ax = b_i, \ i = 1, 2, \cdots, m.$$

如此就不需要对每一个方程都重复应用 Gauss 消去过程, 从而大大提高运算的效率.

例3 利用 LU 分解求解线性方程组

$$\begin{pmatrix} 1 & 1 & 0 & 3 \\ 2 & 1 & -1 & 1 \\ 3 & -1 & -1 & 2 \\ -1 & 2 & 3 & -1 \end{pmatrix} \begin{pmatrix} x_1 \\ x_2 \\ x_3 \\ x_4 \end{pmatrix} = \begin{pmatrix} 8 \\ 7 \\ 14 \\ -7 \end{pmatrix}.$$

解 记方程组的系数矩阵为 A, 右端项为 b. 由例 1 和例 2 知, A 有 LU 分解

$$A = LU = \begin{pmatrix} 1 & 0 & 0 & 0 \\ 2 & 1 & 0 & 0 \\ 3 & 4 & 1 & 0 \\ -1 & -3 & 0 & 1 \end{pmatrix} \begin{pmatrix} 1 & 1 & 0 & 3 \\ 0 & -1 & -1 & -5 \\ 0 & 0 & 3 & 13 \\ 0 & 0 & 0 & -13 \end{pmatrix},$$

记 $y = Ux$, $Ly = b$, 即

$$Ly = \begin{pmatrix} 1 & 0 & 0 & 0 \\ 2 & 1 & 0 & 0 \\ 3 & 4 & 1 & 0 \\ -1 & -3 & 0 & 1 \end{pmatrix} \begin{pmatrix} y_1 \\ y_2 \\ y_3 \\ y_4 \end{pmatrix} = \begin{pmatrix} 8 \\ 7 \\ 14 \\ -7 \end{pmatrix},$$

前向代入求解, 可得

$$y_1 = 8,$$
$$y_2 = 7 - 2y_1 = -9,$$
$$y_3 = 14 - 3y_1 - 4y_2 = 26,$$
$$y_4 = -7 - (-1)y_1 - (-3)y_2 = -26.$$

接下来求解 $Ux = y$, 即

$$\begin{pmatrix} 1 & 1 & 0 & 3 \\ 0 & -1 & -1 & -5 \\ 0 & 0 & 3 & 13 \\ 0 & 0 & 0 & -13 \end{pmatrix} \begin{pmatrix} x_1 \\ x_2 \\ x_3 \\ x_4 \end{pmatrix} = \begin{pmatrix} 8 \\ -9 \\ 26 \\ -26 \end{pmatrix}.$$

回代求解，可得

$$x_4 = \frac{-26}{-13} = 2,$$

$$x_3 = \frac{26 - 13x_4}{3} = 0,$$

$$x_2 = \frac{-9 - (-5)x_4 - (-1)x_3}{-1} = -1,$$

$$x_1 = \frac{8 - 3x_4 - x_2}{1} = 3.$$

诚然，利用传统的初等行变换求解线性方程组也蕴含着矩阵的 LU 分解.

例 4 求解下列线性方程组，并将系数进行 LU 分解：

$$\begin{pmatrix} 1 & 2 & 1 & 4 \\ 2 & 0 & 4 & 3 \\ 4 & 2 & 2 & 1 \\ -3 & 1 & 3 & 2 \end{pmatrix} \begin{pmatrix} x_1 \\ x_2 \\ x_3 \\ x_4 \end{pmatrix} = \begin{pmatrix} 13 \\ 28 \\ 20 \\ 6 \end{pmatrix}.$$

解 我们利用 Gauss 消去法来对系数矩阵进行 LU 分解，

$$\begin{pmatrix} 1 & 2 & 1 & 4 & \cdots & 13 \\ 2 & 0 & 4 & 3 & \cdots & 28 \\ 4 & 2 & 2 & 1 & \cdots & 20 \\ -3 & 1 & 3 & 2 & \cdots & 6 \end{pmatrix} \xrightarrow[m_{41}=-3]{m_{21}=2,\ m_{31}=4} \begin{pmatrix} 1 & 2 & 1 & 4 & \cdots & 13 \\ 0 & -4 & 2 & -5 & \cdots & 2 \\ 0 & -6 & -2 & -15 & \cdots & -32 \\ 0 & 7 & 6 & 14 & \cdots & 45 \end{pmatrix}$$

$$\xrightarrow{m_{32}=1.5,\ m_{42}=-1.75} \begin{pmatrix} 1 & 2 & 1 & 4 & \cdots & 13 \\ 0 & -4 & 2 & -5 & \cdots & 2 \\ 0 & 0 & -5 & -7.5 & \cdots & -35 \\ 0 & 0 & 9.5 & 5.25 & \cdots & 48.5 \end{pmatrix}$$

$$\xrightarrow{m_{43}=-1.9} \begin{pmatrix} 1 & 2 & 1 & 4 & \cdots & 13 \\ 0 & -4 & 2 & -5 & \cdots & 2 \\ 0 & 0 & -5 & -7.5 & \cdots & -35 \\ 0 & 0 & 0 & -9 & \cdots & -18 \end{pmatrix} \Rightarrow x = \begin{pmatrix} 3 \\ -1 \\ 4 \\ 2 \end{pmatrix},$$

其中

$$A = LU = \begin{pmatrix} 1 & & & \\ 2 & 1 & & \\ 4 & 1.5 & 1 & \\ -3 & -1.75 & -1.9 & 1 \end{pmatrix} \begin{pmatrix} 1 & 2 & 1 & 4 \\ & -4 & 2 & -5 \\ & & -5 & -7.5 \\ & & & -9 \end{pmatrix}.$$

需要指出的是,利用数学归纳法不难验证由 LU 分解法求解 n 元线性方程组的计算复杂度为 $\dfrac{4n^3 + 9n^2 - 7n}{6} = O(n^3)$. 而对于对角占优的三对角线性方程组,利用 LU 分解形式求解的计算复杂度要小得多,这类方程在三次样条插值等方面有着广泛的应用.

定义 1　形如

$$
\begin{pmatrix}
b_1 & c_1 & & & \\
a_2 & b_2 & c_2 & & \\
& \vdots & \vdots & \vdots & \\
& & a_{n-1} & b_{n-1} & c_{n-1} \\
& & & a_n & b_n
\end{pmatrix}
\begin{pmatrix}
x_1 \\ x_2 \\ \cdots \\ x_{n-1} \\ x_n
\end{pmatrix}
=
\begin{pmatrix}
f_1 \\ f_2 \\ \cdots \\ f_{n-1} \\ f_n
\end{pmatrix}
$$

简记作 $Ax = f$, $A = (a_{ij})_{n \times n}$,当 $|i - j| > 1$ 时,且满足

(i) $|b_1| > |c_1| > 0$, $|b_n| > |a_n| > 0$,

(ii) $|b_i| \geqslant |a_i| + |c_i|$, $a_i c_i \neq 0$ $(i = 2, 3, \cdots, n-1)$

的方程组 $Ax = f$ 称为**对角占优的三对角线性方程组**.

为了求解对角占优的三对角线性方程组,我们首先对系数矩阵利用 LU 形式将其分解为

$$
A = LU =
\begin{pmatrix}
\alpha_1 & & & \\
\alpha_2 & \alpha_2 & & \\
& \cdots & \cdots & \\
& & \alpha_n & \alpha_n
\end{pmatrix}
\begin{pmatrix}
1 & \beta_1 & & \\
& 1 & \cdots & \\
& & \cdots & \beta_{n-1} \\
& & & 1
\end{pmatrix},
$$

于是比较元素得到递推计算公式

$$
\begin{cases}
b_1 = \alpha_1, \ c_1 = \alpha_1 \beta_1, \\
b_i = \gamma_i \beta_{i-1} + \alpha_i \ (i = 2, 3, \cdots, n), \\
c_i = \alpha_i \beta_i \ (i = 2, 3, \cdots, n-1).
\end{cases}
$$

然后我们建立追赶法求解方程组的思路:

$$
Ly = f \Rightarrow y_1, y_2, \cdots, y_n,
$$
$$
Ux = y \Rightarrow x_n, x_{n-1}, \cdots, x_1.
$$

需要指出的是,利用追赶法求解对角占优的三对角线性方程组需要 $6n - 6$ 次乘法、相同次数除法及 $4n - 5$ 次加减法,因此总计算复杂度为 $O(n)$.

例 5　试用追赶法求解线性方程组

$$
\begin{pmatrix}
2 & -1 & & & \\
-1 & 2 & -1 & & \\
& -1 & 2 & -1 & \\
& & -1 & 2 & -1 \\
& & & -1 & 2
\end{pmatrix}
\begin{pmatrix}
x_1 \\ x_2 \\ x_3 \\ x_4 \\ x_5
\end{pmatrix}
=
\begin{pmatrix}
1 \\ 0 \\ 0 \\ 0 \\ 0
\end{pmatrix}.
$$

解　由题设,这是对角占优的三对角线性方程组,我们将其系数矩阵分解为

$$A = \begin{pmatrix} \alpha_1 & & & & \\ -1 & \alpha_2 & & & \\ & -1 & \alpha_3 & & \\ & & -1 & \alpha_4 & \\ & & & -1 & \alpha_5 \end{pmatrix} \begin{pmatrix} 1 & \beta_1 & & & \\ & 1 & \beta_2 & & \\ & & 1 & \beta_3 & \\ & & & 1 & \beta_4 \\ & & & & 1 \end{pmatrix},$$

于是递推计算得到

$$\begin{cases} \alpha_1 = 2,\ \alpha_1\beta_1 = -1, \\ -\beta_1 + \alpha_2 = 2,\ \alpha_2\beta_2 = -1, \\ -\beta_2 + \alpha_3 = 2,\ \alpha_3\beta_3 = -1, \\ -\beta_3 + \alpha_4 = 2,\ \alpha_4\beta_4 = -1, \\ -\beta_4 + \alpha_5 = 2 \end{cases} \Rightarrow \begin{cases} \alpha_1 = 2,\ \beta_1 = -1/2, \\ \alpha_2 = 3/2,\ \beta_2 = -2/3, \\ \alpha_3 = 4/3,\ \beta_3 = -3/4, \\ \alpha_4 = 5/4,\ \beta_4 = -4/5, \\ \alpha_5 = 6/5. \end{cases}$$

故计算得到

$$Ly = \begin{pmatrix} 2 & & & & \\ -1 & 3/2 & & & \\ & -1 & 4/3 & & \\ & & -1 & 5/4 & \\ & & & -1 & 6/5 \end{pmatrix} \begin{pmatrix} y_1 \\ y_2 \\ y_3 \\ y_4 \\ y_5 \end{pmatrix} = \begin{pmatrix} 1 \\ 0 \\ 0 \\ 0 \\ 0 \end{pmatrix} \Rightarrow y = \begin{pmatrix} 1/2 \\ 1/3 \\ 1/4 \\ 1/5 \\ 1/6 \end{pmatrix},$$

由此得到

$$Ux = \begin{pmatrix} 1 & -1/2 & & & \\ & 1 & -2/3 & & \\ & & 1 & -3/4 & \\ & & & 1 & -4/5 \\ & & & & 1 \end{pmatrix} \begin{pmatrix} x_1 \\ x_2 \\ x_3 \\ x_4 \\ x_5 \end{pmatrix} = \begin{pmatrix} 1/2 \\ 1/3 \\ 1/4 \\ 1/5 \\ 1/5 \end{pmatrix} \Rightarrow x = \begin{pmatrix} 5/6 \\ 2/3 \\ 1/2 \\ 1/3 \\ 1/6 \end{pmatrix}.$$

3.4.4 列主元的 LU 分解

在前面的讨论中,我们是通过假设 $Ax = b$ 可以用不执行行交换的 Gauss 消去法进行求解,进而才引出了 A 的 LU 分解. 从应用的角度来看,只有不需要利用行交换去控制舍入误差的时候,这种分解才有用. 因此,这里有必要考虑发生行交换的情况.

首先引入一类特殊的矩阵——置换矩阵,它可以用来重排,或者说置换,一个给定矩阵的行. 一个 $n \times n$ 置换矩阵 P 是通过重排 n 阶单位矩阵 I_n 的行所得到的. 这种矩阵的特点是每一行和每一列中恰好有一个元为 1,而其他元全为 0.

例 6 矩阵

$$P = \begin{pmatrix} 1 & 0 & 0 \\ 0 & 0 & 1 \\ 0 & 1 & 0 \end{pmatrix}$$

就是一个 3×3 置换矩阵. 对任意 3×3 矩阵 A 左乘 P 就相当于交换 A 的第二行和第三行：

$$PA = \begin{pmatrix} 1 & 0 & 0 \\ 0 & 0 & 1 \\ 0 & 1 & 0 \end{pmatrix} \begin{pmatrix} a_{11} & a_{12} & a_{13} \\ a_{21} & a_{22} & a_{23} \\ a_{31} & a_{32} & a_{33} \end{pmatrix} = \begin{pmatrix} a_{11} & a_{12} & a_{13} \\ a_{31} & a_{32} & a_{33} \\ a_{21} & a_{22} & a_{23} \end{pmatrix}.$$

类似地,对 A 右乘 P 就相当于交换 A 的第二列和第三列.

置换矩阵有两个非常有用的性质与 Gauss 消去法有关,其中一个就是交换矩阵的行(或列)的性质,这在刚才的例子中已得到说明. 下面我们给出这两个性质. 设 k_1, k_2, $\cdots$, k_n 是 1, 2, $\cdots$, n 的一个置换,置换矩阵 $P = (p_{ij})$ 定义为

$$p_{ij} = \begin{cases} 1, & \text{若 } j = k_i, \\ 0, & \text{其他.} \end{cases}$$

则(i) PA 交换 A 的行,即

$$PA = \begin{pmatrix} a_{k_1 1} & a_{k_1 2} & \cdots & a_{k_1 n} \\ a_{k_2 1} & a_{k_2 2} & \cdots & a_{k_2 n} \\ \vdots & \vdots & \ddots & \vdots \\ a_{k_n 1} & a_{k_n 2} & \cdots & a_{k_n n} \end{pmatrix}.$$

(ii) P^{-1} 存在且 $P^{-1} = P^T$.

若 A 是非奇异矩阵,则线性方程组 $Ax = b$ 可以用允许行交换的 Gauss 消去法进行求解. 如果我们知道了具体执行了哪些行交换,那么就可以重排原方程组的次序,使得不需要行交换也可以用 Gauss 消去法求解. 这也就意味着,对任意 的非奇异矩阵 A,都存在置换矩阵 P,使得线性方程组

$$PAx = Pb$$

可以不用执行行交换进行求解. 从而 PA 有 LU 分解

$$PA = LU,$$

其中 L 是下三角矩阵,U 是上三角矩阵,由于 $P^{-1} = P^T$,从而

$$A = P^{-1}LU = (P^T L) U,$$

其中 U 仍是上三角矩阵,但是 $P^T L$ 不再是下三角矩阵,除非 $P = I$.

例 7 已知

$$A = \begin{pmatrix} 0 & 1 & -1 & 1 \\ 1 & 1 & -1 & 2 \\ -1 & -1 & 1 & 0 \\ 1 & 2 & 0 & 2 \end{pmatrix}$$

是非奇异矩阵,问 A 是否有 $A = LU$ 分解,若无,请试着分解成 $PA = LU$ 的形式.

解 因为 A 是非奇异矩阵且 $a_{11} = 0$,所以 A 没有 LU 分解. 下面利用 Gauss 消去法推导 $PA = LU$ 分解. 首先执行行交换 $(E_1) \leftrightarrow (E_2)$,再执行操作 $(E_3 + E_1) \to (E_3)$ 和 $(E_4 -$

E_1）$\to$（E_4）进行第一次消元，得到

$$\begin{pmatrix} 1 & 1 & -1 & 2 \\ 0 & 1 & -1 & 1 \\ 0 & 0 & 0 & 2 \\ 0 & 1 & 1 & 0 \end{pmatrix}.$$

接着执行操作（$E_4 - E_2$）$\to$（E_4）进行第二次消元，则有

$$\begin{pmatrix} 1 & 1 & -1 & 2 \\ 0 & 1 & -1 & 1 \\ 0 & 0 & 0 & 2 \\ 0 & 0 & 2 & -1 \end{pmatrix}.$$

最后执行行交换（E_3）$\leftrightarrow$（E_4）可得上三角矩阵

$$U = \begin{pmatrix} 1 & 1 & -1 & 2 \\ 0 & 1 & -1 & 1 \\ 0 & 0 & 2 & -1 \\ 0 & 0 & 0 & 2 \end{pmatrix}.$$

整个过程执行了行交换（E_1）$\leftrightarrow$（E_2）和（E_3）$\leftrightarrow$（E_4），相应的置换矩阵为

$$P = \begin{pmatrix} 0 & 1 & 0 & 0 \\ 1 & 0 & 0 & 0 \\ 0 & 0 & 0 & 1 \\ 0 & 0 & 1 & 0 \end{pmatrix}.$$

最后对 PA 应用不执行行交换的 Gauss 消去法，可得 PA 的 LU 分解，

$$PA = \begin{pmatrix} 0 & 1 & 0 & 0 \\ 1 & 0 & 0 & 0 \\ 0 & 0 & 0 & 1 \\ 0 & 0 & 1 & 0 \end{pmatrix} \begin{pmatrix} 0 & 1 & -1 & 1 \\ 1 & 1 & -1 & 2 \\ -1 & -1 & 1 & 0 \\ 1 & 2 & 0 & 2 \end{pmatrix}$$

$$= \begin{pmatrix} 1 & 0 & 0 & 0 \\ 0 & 1 & 0 & 0 \\ 1 & 1 & 1 & 0 \\ -1 & 0 & 0 & 1 \end{pmatrix} \begin{pmatrix} 1 & 1 & -1 & 2 \\ 0 & 1 & -1 & 1 \\ 0 & 0 & 2 & -1 \\ 0 & 0 & 0 & 2 \end{pmatrix} = LU.$$

3.5　向量与矩阵的范数

3.5.1　向量范数

在前面几个小节中，我们介绍了求解线性方程组的直接法. 接下来，将讨论求解线性方程组的迭代法. 迭代法是利用极限过程求得方程组近似解的一种方法. 为了刻画近似解与精确解的接近程度，我们需要向量距离的概念.

记 R^n 是实数域内 n 维列向量全体所组成的集合. 为了定义 R^n 中任意两个向量间的距离,我们需要给出范数的概念.

定义 1 R^n 上的范数 $\| \cdot \|$ 是一个 R^n 是 R 的函数,满足:

(1) $\|x\| \geqslant 0, \forall x \in R^n$;

(2) $\|x\| = 0 \Leftrightarrow x = 0$;

(3) $\|\alpha x\| = |\alpha| \cdot \|\alpha\|, \forall \alpha \in R, \forall x \in R^n$;

(4) $\|x+y\| \leqslant \|x\| + \|y\|, \forall x, y \in R^n$.

接下来,为了书写方便,我们总是利用转置将列向量

$$x = \begin{bmatrix} x_1 \\ x_2 \\ \vdots \\ x_n \end{bmatrix}$$

表示成 $x = (x_1, x_2, \cdots, x_n)^T$.

下面给出 R^n 上的两个特殊范数.

定义 2 向量 $x = (x_1, x_2, \cdots, x_n)^T$ 的 l_2 和 l_∞ 范数分别定义为

$$\|x\|_2 = \Big(\sum_{i=1}^n x_i^2\Big)^{\frac{1}{2}}, \quad \|x\|_\infty = \max_{1 \leqslant i \leqslant n} |x_i|.$$

这里,l_2 范数也称为欧几里得范数,因为 $\|x\|_2$ 表示的就是通常意义上向量 x 所对应的点与原点的欧式距离.

例 1 向量 $x = (-1, 1, -2)^T$ 的 l_2 和 l_∞ 范数分别为

$$\|x\|_2 = \sqrt{(-1)^2 + 1^2 + (-2)^2} = \sqrt{6},$$
$$\|x\|_\infty = \max\{|-1|, |1|, |-2|\} = 2.$$

事实上,容易验证 $\| \cdot \|_\infty$ 满足范数的定义,即 $\forall x = (x_1, x_2, \cdots, x_n)^T, y = (y_1, y_2, \cdots, y_n)^T$,必有

$$\|x+y\|_\infty = \max_{1 \leqslant i \leqslant n} |x_i + y_i| \leqslant \max_{1 \leqslant i \leqslant n}(|x_i| + |y_i|) \leqslant \max_{1 \leqslant i \leqslant n} |x_i| + \max_{1 \leqslant i \leqslant n} |y_i|$$
$$= \|x\|_\infty + \|y\|_\infty.$$

对于 l_2 范数 $\| \cdot \|_2$,同样容易验证它满足定义 1 中的(1)(2)(3)条,为了证明它也满足第(4)条

$$\|x+y\|_2 \leqslant \|x\|_2 + \|y\|_2, \forall x, y \in R^n,$$

我们需要下面这个不等式

定理 1(Cauchy-Schwarz 不等式) 对任意 $x = (x_1, x_2, \cdots, x_n)^T, y = (y_1, y_2, \cdots, y_n)^T \in R^n$,都有

$$x^T y = \sum_{i=1}^n x_i y_i \leqslant \Big(\sum_{i=1}^n x_i^2\Big)^{\frac{1}{2}} \Big(\sum_{i=1}^n y_i^2\Big)^{\frac{1}{2}} = \|x\|_2 \|y\|_2.$$

证 若 $x = 0$ 或 $y = 0$,则结论显然成立.

现设 $x \neq 0$ 且 $y \neq 0$，对任意 $\lambda \in R$，有

$$0 \leqslant \| x - \lambda y \|_2^2 = \sum_{i=1}^n (x_i - \lambda y_i)^2 = \sum_{i=1}^n x_i^2 - 2\lambda \sum_{i=1}^n x_i y_i + \lambda^2 \sum_{i=1}^n y_i^2,$$

从而

$$2\lambda \sum_{i=1}^n x_i y_i \leqslant \sum_{i=1}^n x_i^2 + \lambda^2 \sum_{i=1}^n y_i^2 = \| x \|_2^2 + \| y \|_2^2.$$

因为 $y \neq 0$，故可取 $\lambda = \| x \|_2 / \| y \|_2$，代入上式可得

$$2 \frac{\| x \|_2}{\| y \|_2} \sum_{i=1}^n x_i y_i \leqslant 2 \| x \|_2^2,$$

进而有

$$\sum_{i=1}^n x_i y_i \leqslant \| x \|_2 \| y \|_2,$$

定理得证.

由上述定理，对任意 $x, y \in R^n$，有

$$\| x + y \|_2^2 = \sum_{i=1}^n (x_i + y_i)^2 = \sum_{i=1}^n x_i^2 + 2 \sum_{i=1}^n x_i y_i + \sum_{i=1}^n y_i^2$$
$$\leqslant \| x \|_2^2 + 2 \| x \|_2 \| y \|_2 + \| y \|_2^2,$$

从而

$$\| x + y \|_2 \leqslant (\| x \|_2^2 + 2 \| x \|_2 \| y \|_2 + \| y \|_2^2)^{\frac{1}{2}} = \| x \|_2 + \| y \|_2.$$

因此，$\| \cdot \|_2$ 满足定义 1 中的第 (4) 条，又容易验证 $\| \cdot \|_2$ 也满足定义 1 中的前三条，故 $\| \cdot \|_2$ 是 R^n 上的一个范数.

有了 R^n 上的范数，我们就可以定义 R^n 中任意两个向量之间的距离.

定义 3 设 $x = (x_1, x_2, \cdots, x_n)^T$, $y = (y_1, y_2, \cdots, y_n)^T$ 是 R^n 中任意两个向量，则 x 与 y 之间的 l_2 和 l_∞ 距离分别定义为

$$\| x - y \|_2 = \Big[\sum_{i=1}^n (x_i - y_i)^2 \Big]^{\frac{1}{2}},$$

与

$$\| x - y \|_\infty = \max_{1 \leqslant i \leqslant n} | x_i - y_i |.$$

由距离可以定义向量序列的极限.

定义 4 设 $\{x^{(k)}\}_{k=1}^\infty$ 是 R^n 中的一个向量序列，$\| \cdot \|$ 是 R^n 上的一个范数，且 $x \in R^n$. 若对任意 $\varepsilon > 0$，存在正整数 $N(\varepsilon)$，使得当 $k \geqslant N(\varepsilon)$ 时，恒有

$$\| x^{(k)} - x \| < \varepsilon$$

成立，则称向量序列 $\{x^{(k)}\}_{k=1}^\infty$ 依范数 $\| \cdot \|$ 收敛于 x，并称 x 是 $\{x^{(k)}\}_{k=1}^\infty$ 在范数 $\| \cdot \|$ 下的极限.

由该定义可以看出，向量序列 $\{x^{(k)}\}$ 依范数 $\| \cdot \|$ 收敛于 x，当且仅当

$$\| x^{(k)} - x \| < \varepsilon \ (k \to \infty).$$

定理 2 向量序列 $\{x^{(k)}\}$ 依范数 $\| \cdot \|_\infty$ 收敛于 x 的充要条件是

$$\lim_{k\to\infty} x_i^{(k)} = x_i, \ \forall i = 1, 2, \cdots, n. \tag{1}$$

证 必要性. 设 $\{x^{(k)}\}$ 依范数 $\| \cdot \|_\infty$ 收敛于 x，则对任意 $\varepsilon > 0$，存在正整数 $N(\varepsilon)$，使得当 $k \geqslant N(\varepsilon)$ 时,恒有

$$\| x^{(k)} - x \|_\infty = \max_{1\leqslant i\leqslant n} | x_i^{(k)} - x_i | < \varepsilon,$$

从而对每一个 $i = 1, 2, \cdots, n$，都有 $| x_i^{(k)} - x_i | < \varepsilon$，因此(1)成立.

充分性. 设(1)式成立. 则对任意 $\varepsilon > 0$，存在正整数 $N_i(\varepsilon)$，使得当 $k \geqslant N_i(\varepsilon)$ 时，有

$$| x_i^{(k)} - x_i | < \varepsilon,$$

令 $N(\varepsilon) = \max\{N_1(\varepsilon), N_2(\varepsilon), \cdots, N_n(\varepsilon)\}$，则当 $k \geqslant N(\varepsilon)$ 时,恒有

$$\| x^{(k)} - x \|_\infty = \max_{1\leqslant i\leqslant n} | x_i^{(k)} - x_i | < \varepsilon,$$

因此 $\{x^{(k)}\}$ 依范数 $\| \cdot \|_\infty$ 收敛于 x. 定理得证.

例 2 设

$$x^{(k)} = (x_1^{(k)}, x_2^{(k)}, x_3^{(k)}, x_4^{(k)})^T = \left(1, 2+\frac{1}{k}, \frac{3}{k^2}, e^{-k}\sin k\right)^T.$$

证明 向量序列 $\{x^{(k)}\}$ 依范数 $\| \cdot \|_\infty$ 收敛，并求其极限.

证 因为

$$\lim_{k\to\infty} x_1^{(k)} = \lim_{k\to\infty} 1 = 1, \ \lim_{k\to\infty} x_2^{(k)} = \lim_{k\to\infty}\left(2+\frac{1}{k}\right) = 2,$$

$$\lim_{k\to\infty} x_3^{(k)} = \lim_{k\to\infty}\frac{3}{k^2} = 0, \ \lim_{k\to\infty} x_4^{(k)} = \lim_{k\to\infty} e^{-k}\sin k = 0,$$

因此 $\{x^{(k)}\}$ 依范数 $\| \cdot \|_\infty$ 收敛，且收敛于 $(1, 2, 0, 0)^T$.

事实上,上例中的向量序列不仅依 l_∞ 范数收敛于 $(1, 2, 0, 0)^T$，也依 l_2 范数收敛于 $(1, 2, 0, 0)^T$. 在给出证明之前,先证明下面这个定理.

定理 3 向量的 2 范数与 ∞ 范数有如下等价关系

$$\| x \|_\infty \leqslant \| x \|_2 \leqslant \sqrt{n} \| x \|_\infty, \forall x \in R^n.$$

证 设 x_j 是向量 x 绝对值最大的分量,即

$$| x_j | = \max_{1\leqslant i\leqslant n} | x_i | = | x |_\infty,$$

则必有

$$\| x \|_\infty^2 = | x |^2 \leqslant \sum_{i=1}^{n} x_i^2 = \| x \|_2^2,$$

从而 $\| x \|_\infty \leqslant \| x \|_2$. 另一方面,由于

$$\| x \|_2^2 = \sum_{i=1}^{n} x_i^2 \leqslant \sum_{i=1}^{n} x_j^2 = n x_j^2 = n \| x \|_\infty^2,$$

因此 $\|x\|_2 \leqslant \sqrt{n}\,\|x\|_\infty$. 综上，定理得证.

例 3 证明向量序列 $\{x^{(k)}\}$ 依范数 $\|\cdot\|_2$ 收敛于 $(1, 2, 0, 0)^T$，其中

$$x^{(k)} = (x_1^{(k)}, x_2^{(k)}, x_3^{(k)}, x_4^{(k)})^T = \left(1, 2+\frac{1}{k}, \frac{3}{k^2}, \mathrm{e}^{-k}\sin k\right)^T.$$

证 由前一个例子知，向量序列 $\{x^{(k)}\}$ 依范数 $\|\cdot\|_2$ 收敛于 $(1, 2, 0, 0)^T$，即

$$\|x^{(k)} - x\|_\infty \to 0 \ (k\to\infty),$$

然后利用定理 3 即可得

$$\|x^{(k)} - x\|_2 \leqslant \sqrt{n}\,\|x^{(k)} - x\|_\infty \to 0 \quad (k\to\infty),$$

因此 $\{x^{(k)}\}$ 依范数 $\|\cdot\|_2$ 收敛于 $(1, 2, 0, 0)^T$.

事实上，可以证明 R^n 上任意两个范数关于收敛性都是等价的，即若 $\|\cdot\|$ 和 $\|\cdot\|'$ 是 R^n 上的两个范数，且向量序列 $\{x^{(k)}\}$ 依范数 $\|\cdot\|$ 收敛于 x，则 $\{x^{(k)}\}$ 也依范数 $\|\cdot\|'$ 收敛于 x.

3.5.2 矩阵范数

下面我们介绍矩阵范数和矩阵间的距离的概念，这将在后续章节中用到.

定义 5 一个在 $n\times n$ 矩阵全体所组成的集合上的**矩阵范数**是一个定义在该集合上的实值函数，记为 $\|\cdot\|$，它对于任意的 $n\times n$ 矩阵 A 和 B 及所有实数 α，满足以下五条性质：

(1) $\|A\| \geqslant 0$；

(2) $\|A\| = 0$ 当且仅当 A 是零矩阵；

(3) $\|\alpha A\| = |\alpha| \cdot \|A\|$；

(4) $\|A+B\| \leqslant \|A\| + \|B\|$；

(5) $\|AB\| \leqslant \|A\| \cdot \|B\|$.

$n\times n$ 矩阵 A 和 B 在矩阵范数 $\|\cdot\|$ 下的距离定义为 $\|A-B\|$.

我们可以通过很多方式构造矩阵范数，但是接下来只介绍由向量范数所诱导的诱导范数，特别是由向量的 l_2 和 l_∞ 范数所诱导的诱导范数.

定理 4 设 $\|\cdot\|$ 是 R^n 上的一个向量范数，则

$$\|A\| = \max_{\|x\|=1} \|Ax\|$$

是一个矩阵范数，称为向量范数 $\|\cdot\|$ 的诱导范数.

该定理的证明留作练习. 除非特别说明，否则本书中所涉及的矩阵范数都是诱导范数.

矩阵的诱导范数也可以等价地表示为其他形式. 对任意 $z\neq 0$，令 $x = z/\|z\|$. 则 x 是单位向量，从而

$$\max_{\|x\|=1} \|Ax\| = \max_{z\neq 0} \left\|A\left(\frac{z}{\|z\|}\right)\right\| = \max_{z\neq 0} \frac{\|Az\|}{\|z\|},$$

因此矩阵 A 的诱导范数也可以表示为

$$\|A\| = \max_{z\neq 0} \frac{\|Az\|}{\|z\|}. \tag{2}$$

由(2)式容易推出下面这个推论.

推论 1 对任意的向量 $z \in R^n$，$n \times n$ 矩阵 A，以及任意的诱导范数 $\| \cdot \|$，必满足相容条件

$$\| Az \| \leqslant \| A \| \cdot \| z \|.$$

我们接下来考虑两个由向量的 l_2 和 l_∞ 范数所诱导的诱导范数，它们分别为

$$\| A \|_2 = \max_{\|x\|_2 = 1} \| Ax \|_2. \ (l_2 \text{ 范数})$$

与

$$\| A \|_\infty = \max_{\|x\|_\infty = 1} \| Ax \|_\infty. \ (l_\infty \text{ 范数}).$$

矩阵的 l_∞ 范数可以由矩阵的元计算得出.

定理 5 设 $A = (a_{ij})$ 是一个 $n \times n$ 矩阵，则

$$\| A \|_\infty = \max_{1 \leqslant i \leqslant n} \sum_{j=1}^n | a_{ij} |.$$

证 首先证 $\| A \|_\infty \leqslant \max\limits_{1 \leqslant i \leqslant n} \sum\limits_{j=1}^n | a_{ij} |$. 任取 $x \in R^n$ 满足 $1 = \| x \|_\infty = \max\limits_{1 \leqslant i \leqslant n} \sum\limits_{j=1}^n | a_{ij} |$.

则有

$$\| Ax \|_\infty = \max_{1 \leqslant i \leqslant n} | (Ax)_i | = \max_{1 \leqslant i \leqslant n} \left| \sum_{j=1}^n a_{ij} x_j \right| \leqslant \max_{1 \leqslant i \leqslant n} \sum_{j=1}^n | a_{ij} | \max_{1 \leqslant j \leqslant n} | x_j | \leqslant \max_{1 \leqslant i \leqslant n} \sum_{j=1}^n | a_{ij} |,$$

从而

$$\| A \|_\infty = \max_{\|x\|_\infty = 1} \| Ax \|_\infty \leqslant \max_{1 \leqslant i \leqslant n} \sum_{j=1}^n | a_{ij} |. \tag{4}$$

再证 $\| A \|_\infty \geqslant \max\limits_{1 \leqslant i \leqslant n} \sum\limits_{j=1}^n | a_{ij} |$. 设 p 是正整数满足

$$\sum_{j=1}^n | a_{pj} | = \max_{1 \leqslant i \leqslant n} \sum_{j=1}^n | a_{ij} |.$$

再设 x 是一个向量，其分量满足

$$x_j = \begin{cases} 1, & \text{若 } a_{pj} \geqslant 0, \\ -1, & \text{若 } a_{pj} < 0, \end{cases}$$

则易知 $\| x \|_\infty = 1$ 且 $a_{pj} x_j = | a_{pj} |$，$\forall j = 1, 2, \cdots, n$. 从而有

$$\| Ax \|_\infty = \max_{1 \leqslant i \leqslant n} \left| \sum_{j=1}^n a_{ij} x_j \right| \geqslant \left| \sum_{j=1}^n a_{pj} x_j \right| = \left| \sum_{j=1}^n | a_{pj} | \right| = \max_{1 \leqslant i \leqslant n} \sum_{j=1}^n | a_{ij} |.$$

这也就意味着

$$\| A \|_\infty = \max_{\|x\|_\infty = 1} \| Ax \|_\infty \geqslant \max_{1 \leqslant i \leqslant n} \sum_{j=1}^n | a_{ij} |,$$

结合该式与(4)式，即可得

$$\|A\|_\infty = \max_{1 \leqslant i \leqslant n} \sum_{j=1}^{n} |a_{ij}|.$$

故定理得证.

矩阵的**无穷范数**也称为矩阵的**行范数**,我们也可以定义矩阵的**列范数**与 **F 范数**分别为

$$\|A\|_1 = \max_{1 \leqslant j \leqslant n} \sum_{i=1}^{n} |a_{ij}|, \quad \|A\|_F = \sum_{i,j=1}^{n} a_{ij}^2.$$

例 4 设矩阵

$$A = \begin{bmatrix} 1 & 2 & -1 \\ 0 & -1 & 3 \\ 6 & -1 & 2 \end{bmatrix}.$$

计算 $\|A\|_\infty$.

解 因为

$$\sum_{j=1}^{3} |a_{1j}| = 1 + 2 + 1 = 4,$$

$$\sum_{j=1}^{3} |a_{2j}| = 0 + 1 + 3 = 4,$$

$$\sum_{j=1}^{3} |a_{3j}| = 6 + 1 + 2 = 9,$$

所以 $\|A\|_\infty = \max\{4, 4, 9\} = 9$.

矩阵的 l_2 范数的另一种表示形式将在下一节进行讨论.

3.6 特征值与矩阵序列的收敛性

3.6.1 特征值与谱半径

$n \times m$ 矩阵 A 也可以看成是 R^m 到 R^n 上的一个映射,它将 m 维列向量 x 映射为 n 维列向量 Ax,从而 n 阶方阵 A 就可以视为 R^n 到自身的一个映射,在这种情况下,某些特定的非零向量 x 就可能平行于向量 Ax,即存在常数 λ,使得 $Ax = \lambda x$,即有 $(A - \lambda I)x = 0$.

满足此方程的常数 λ 与迭代法的收敛性之间有着紧密的联系,本节我们将讨论这种联系.

定义 1 设 A 是 n 阶方阵,则称 λ

$$p(\lambda) = \det(A - \lambda I)$$

为矩阵 A 的**特征多项式**.

由矩阵行列式的定义易知,$p(\lambda)$ 是一个 n 次多项式,因此最多有 n 个不同的零点(包括可能的复数零点). 若 λ 是 $p(\lambda)$ 的零点,即若 $\det(A - \lambda I) = 0$,则由 3.3 节定理 6 知,齐次线性方程组 $(A - \lambda I)x = 0$ 必有非零解. 接下来就将讨论多项式 $p(\lambda)$ 的零点和相应线性方程组的非零解.

定义 2 称矩阵 A 的特征多项式 $p(\lambda)$ 的零点为 **A 的特征值**. 若是 A 的特征值且 $x \neq 0$

满足 $(A-\lambda I)x=0$，则称 x 是矩阵 A 相应于**特征值 λ 的特征向量**.

若 x 是矩阵 A 相应于特征值 λ 的特征向量，则 $Ax=\lambda x$，从而矩阵 A 将向量 x 映射为自身的倍数. 若 λ 还是实数且 $\lambda>1$，则 A 对 x 就具有拉伸作用，而若 $0<\lambda<1$，则 A 对 x 就具有压缩作用. 当 $\lambda<0$ 时，A 对 x 也具有类似的伸缩作用，并且 Ax 的方向也会变成 x 的反方向.

定义 3 设 A 是一个阶方阵，则称

$$\rho(A)=\max\{\,|\lambda|:\lambda \text{ 是 } A \text{ 的特征值}\}$$

为矩阵 A 的谱半径.（注意若 $\lambda=\alpha+\beta i$ 是复数，则 $|\lambda|=\sqrt{\alpha^2+\beta^2}$.）

例如，例 1 中的矩阵 A 的谱半径

$$\rho(A)=\max\{1,\,|1+\sqrt{3}i|,\,|1-\sqrt{3}i|\}=\max\{1,\,2,\,2\}=2.$$

谱半径与矩阵范数之间有密切的联系.

定理 1 设 A 是 n 阶方阵，则

(1) $\|A\|_2=\sqrt{\rho(A^TA)}$；

(2) $\rho(A)\leqslant\|A\|$，其中 $\|\cdot\|$ 是任意诱导范数.

事实上，(1)对任意向量 $x\in R^n$，恒有

$$\|Ax\|_2^2=(Ax,\,Ax)=(A^TAx,\,x)\geqslant 0,$$

故实对称阵 A^TA 为非负定矩阵，从而 A^TA 的所有特征值非负，我们记为

$$\lambda_1\geqslant\lambda_2\geqslant\cdots\geqslant\lambda_n\geqslant 0.$$

由于实对称矩阵一定可以相似对角化，因此将特征向量单位正交化，记为 η_i，则

$$(\eta_i,\,\eta_j)=\delta_{ij},$$

其中诸 η_i 是 A^TA 的属于特征值 λ_i 的特征向量.

任意向量 x 可表示为诸 η_i 的线性组合，记作

$$x=\sum_{i=1}^{n}k_i\eta_i,$$

则

$$\frac{\|Ax\|_2^2}{\|x\|_2^2}=\frac{(A^TAx,\,x)}{(x,\,x)}=\frac{(A^TA(\sum_{i=1}^{n}k_i\eta_i),\,\sum_{i=1}^{n}k_i\eta_i)}{(\sum_{i=1}^{n}k_i\eta_i,\,\sum_{i=1}^{n}k_i\eta_i)}$$

$$=\frac{(\sum_{i=1}^{n}k_i\lambda_i\eta_i,\,\sum_{i=1}^{n}k_i\eta_i)}{\sum_{i=1}^{n}k_i^2}=\frac{\sum_{i=1}^{n}k_i^2\lambda_i}{\sum_{i=1}^{n}k_i^2}\leqslant\lambda_1,$$

这意味着

$$\|A\|_2=\max_{x\neq 0}\frac{\|Ax\|_2}{\|x\|_2}=\sqrt{\lambda_1}=\sqrt{\rho(A^TA)}.$$

（2）设 λ 是 A 的特征值，相应的特征向量为 x 且 $\|x\| = 1$. 因为 $Ax = \lambda x$，从而

$$|\lambda| = |\lambda| \cdot \|x\| = \|\lambda x\| = \|Ax\| \leqslant \|A\| \cdot \|x\| = \|A\|.$$

再由 λ 的任意性知，$\rho(A) = \max |\lambda| \leqslant \|A\|$.

不难验证，若 A 是实对称矩阵，则 $\|A\|_2 = \rho(A)$. 另外，$\rho(A)$ 其实是 A 的所有诱导范数的下确界，即 $\forall \varepsilon > 0$，存在诱导范数 $\|\cdot\|$，使得 $\rho(A) \leqslant \|A\| \leqslant \rho(A) + \varepsilon$.

例 2 设矩阵

$$A = \begin{pmatrix} 1 & 1 & 0 \\ 1 & 2 & 1 \\ -1 & 1 & 2 \end{pmatrix},$$

求 $\|A\|_2$.

解 经计算可得

$$A^T A = \begin{pmatrix} 1 & 1 & -1 \\ 1 & 2 & 1 \\ 0 & 1 & 2 \end{pmatrix} \begin{pmatrix} 1 & 1 & 0 \\ 1 & 2 & 1 \\ -1 & 1 & 2 \end{pmatrix} = \begin{pmatrix} 3 & 2 & -1 \\ 2 & 6 & 4 \\ -1 & 4 & 5 \end{pmatrix},$$

接下来计算 $\rho(A^T A)$. 为此，需要求出 $A^T A$ 的特征值. 求解方程

$$0 = \det(A^t A - \lambda I) = \det \begin{pmatrix} 3-\lambda & 2 & -1 \\ 2 & 6-\lambda & 4 \\ -1 & 4 & 5-\lambda \end{pmatrix}$$

$$= -\lambda^3 + 14\lambda^2 - 42\lambda = \lambda(\lambda^2 - 14\lambda + 42),$$

可得

$$\lambda_1 = 0, \quad \lambda_{2,3} = 7 \pm \sqrt{7},$$

因此 $\|A\|_2 = \sqrt{\rho(A^T A)} = \sqrt{\max[0, |7+\sqrt{7}|, |7-\sqrt{7}|]} = \sqrt{7+\sqrt{7}} \approx 3.106$.

矩阵的 F 范数与 2 范数之间存在如下关系：

$$\frac{1}{\sqrt{n}} \|A\|_F \leqslant \|A\|_2 \leqslant \|A\|_F.$$

事实上，

$$\|A\|_2^2 = \lambda_{\max}(A^T A) \leqslant \sum_{i=1}^{n} \lambda_i(A^T A) = tr(A^T A) = \sum_{i=1}^{n} a_{i1}^2 + \sum_{i=1}^{n} a_{i2}^2 + \cdots + \sum_{i=1}^{n} a_{in}^2$$

$$= \sum_{i,j=1}^{n} a_{ij}^2 = \|A\|_F^2,$$

又

$$\|A\|_2^2 = \lambda_{\max}(A^T A) \geqslant \frac{1}{n} \sum_{i=1}^{n} \lambda_i(A^T A) = \frac{1}{\sqrt{n}} \|A\|_F^2.$$

3.6.2 矩阵序列的收敛性

下面给出收敛矩阵的概念.

定义 4 称 n 阶方阵 A 是收敛的,若

$$\lim_{k \to \infty}(A^k) = 0, \forall i, j = 1, 2, \cdots n.$$

下面的定理给出了矩阵的收敛性与其谱半径之间的重要联系.

定理 2 设 A 是 n 阶方阵,则以下命题彼此等价:

(1) A 是收敛矩阵.

(2) 存在矩阵的诱导范数 $\| \cdot \|$,使得 $\lim\limits_{k \to \infty} \| A^k \| = 0$.

(3) 对矩阵的任意诱导范数 $\| \cdot \|$,都有 $\lim\limits_{k \to \infty} \| A^k \| = 0$.

(4) $\rho(A) < 1$.

(5) $\lim\limits_{k \to \infty} A^k x = 0, \forall x \in R^n$.

例 3 设矩阵

$$A = \begin{pmatrix} \dfrac{1}{2} & 0 \\ \dfrac{1}{4} & \dfrac{1}{2} \end{pmatrix},$$

则易知 A 有唯一特征值 $\lambda = \dfrac{1}{2}$,从而 $\rho(A) = \dfrac{1}{2} < 1$.

另一方面,有

$$A^2 = \begin{pmatrix} \dfrac{1}{4} & 0 \\ \dfrac{1}{4} & \dfrac{1}{4} \end{pmatrix}, \ A^3 = \begin{pmatrix} \dfrac{1}{8} & 0 \\ \dfrac{3}{16} & \dfrac{1}{8} \end{pmatrix}, \ A^4 = \begin{pmatrix} \dfrac{1}{16} & 0 \\ \dfrac{1}{8} & \dfrac{1}{16} \end{pmatrix}.$$

一般地,归纳法可得

$$A^k = \begin{pmatrix} \dfrac{1}{2^k} & 0 \\ \dfrac{k}{2^{k+1}} & \dfrac{1}{2^k} \end{pmatrix}.$$

由于

$$\lim_{k \to \infty} \frac{1}{2^k} = \lim_{k \to \infty} \frac{k}{2^{k+1}} = 0,$$

故由定义知 A 是收敛矩阵.

3.7 线性方程组的迭代解法

本节将介绍线性方程组的迭代解法,包括经典的 Jacobi 迭代法、Gauss-Seidel 迭代法、SOR 迭代法. 迭代法很少用来求解低维线性方程组,因为用它来求一个高精度的解所花费的时间常常会超过直接解法所需要的时间. 然而,对于含有很多 0 元素的大型系统而言,迭

代法无论是在数据存储方面还是在运算方面往往会表现得很高效. 这种类型的线性系统经常出现在电路分析和边值问题以及偏微分方程的数值求解过程中.

迭代法求解线性方程组 $Ax = b$ 的基本思想是,给出一个初始近似解 $x^{(0)}$,那么近似解序列就可以由迭代式

$$x^{(k)} = Tx^{(k-1)} + c$$

生成,其中 $k = 1, 2, 3, \cdots$,且

$$Ax = b \Leftrightarrow x = Tx + c.$$

若向量序列的极限

$$\lim_{k \to \infty} x^{(k)} = x^*,$$

则称此迭代法收敛,x^* 是线性方程组 $x = Tx + c$ 的解;否则称此迭代法发散.

由此,我们引入迭代误差

$$\varepsilon^{(k)} = x^{(k)} - x^*,$$

而真解满足 $x^* = Tx^* + c$,不难得到迭代误差的递推计算公式

$$\varepsilon^{(k+1)} = T \cdot \varepsilon^{(k)} = \cdots = T^{k+1} \cdot \varepsilon^{(0)},$$

由于初始误差 $\varepsilon^{(0)}$ 一般不为 0,则在何种情形下 $\lim_{k \to \infty} T^k = 0$,使得迭代向量序列收敛?这将在后续内容中逐一分析.

3.7.1 Jacobi 迭代法

我们通过一个具体的例子来介绍求解线性方程组的 Jacobi 迭代法.

例 1 设线性方程组 $Ax = b$ 形式为

$$\begin{cases} E_1 : 10x_1 - x_2 + 2x_3 = 6, \\ E_2 : -x_1 + 11x_2 - x_3 + 3x_4 = 25, \\ E_3 : 2x_1 - x_2 + 10x_3 - x_4 = -11, \\ E_4 : 3x_2 - x_3 + 8x_4 = 15. \end{cases}$$

容易验证它有唯一的精确解 $x = (1, 2, -1, 1)^T$.

下面用迭代法求解该方程组. 首先将该方程改写成 $x = Tx + c$ 的形式. 为此,分别利用方程 E_i 解出 x_i($i = 1, 2, 3, 4$),可得

$$\begin{aligned}
x_1 &= \frac{1}{10}x_2 - \frac{1}{5}x_3 + \frac{3}{5}, \\
x_2 &= \frac{1}{11}x_1 + \frac{1}{11}x_3 - \frac{3}{11}x_4 + \frac{25}{11}, \\
x_3 &= -\frac{1}{5}x_1 + \frac{1}{10}x_2 + \frac{1}{10}x_4 - \frac{11}{10}, \\
x_4 &= -\frac{3}{8}x_2 + \frac{1}{8}x_3 + \frac{15}{8}.
\end{aligned} \tag{1}$$

从而方程 $Ax = b$ 可改写成等价形式 $x = Tx + b$，其中

$$T = \begin{pmatrix} 0 & \dfrac{1}{10} & -\dfrac{1}{5} & 0 \\ \dfrac{1}{11} & 0 & \dfrac{1}{11} & -\dfrac{3}{11} \\ -\dfrac{1}{5} & \dfrac{1}{10} & 0 & \dfrac{1}{10} \\ 0 & -\dfrac{3}{8} & \dfrac{1}{8} & 0 \end{pmatrix}, \quad c = \begin{pmatrix} \dfrac{3}{5} \\ \dfrac{25}{11} \\ -\dfrac{11}{10} \\ \dfrac{15}{8} \end{pmatrix}.$$

求 $x^{(1)}$，可得

$$x_1^{(1)} = \frac{1}{10}x_2^{(0)} - \frac{1}{5}x_3^{(0)} + \frac{3}{5} = 0.600\,0,$$

$$x_2^{(1)} = \frac{1}{11}x_1^{(0)} + \frac{1}{11}x_3^{(0)} - \frac{3}{11}x_4^{(0)} + \frac{25}{11} = 2.272\,7,$$

$$x_3^{(1)} = -\frac{1}{5}x_1^{(0)} + \frac{1}{10}x_2^{(0)} + \frac{1}{10}x_4^{(0)} - \frac{11}{10} = -1.100\,0,$$

$$x_4^{(1)} = -\frac{3}{8}x_2^{(0)} + \frac{1}{8}x_3^{(0)} + \frac{15}{8} = 1.875\,0.$$

继续迭代，可得近似解序列 $x^{(k)} = (x_1^{(k)}, x_2^{(k)}, x_3^{(k)}, x_4^{(k)})^t$. 前 10 次迭代结果见表 3.1.

表 3.1　例 1 中前 10 次 Jacobi 迭代结果

k	0	1	2	3	4	5
$x_1^{(k)}$	0.000 0	0.600 0	1.047 3	0.932 6	1.015 2	0.989 0
$x_2^{(k)}$	0.000 0	2.272 7	1.715 9	2.053 0	1.953 7	2.011 4
$x_3^{(k)}$	0.000 0	−1.100 0	−0.805 2	−1.049 3	−0.968 1	−1.010 3
$x_4^{(k)}$	0.000 0	1.875 0	0.885 2	1.130 9	0.973 9	1.021 4

k	6	7	8	9	10
$x_1^{(k)}$	1.003 2	0.998 1	1.000 6	0.999 7	1.000 1
$x_2^{(k)}$	1.992 2	2.002 3	1.998 7	2.000 4	1.999 8
$x_3^{(k)}$	−0.994 5	−1.002 0	−0.999 0	−1.000 4	−0.999 8
$x_4^{(k)}$	0.994 4	1.003 6	0.998 9	1.000 6	0.999 8

由于

$$\frac{\|x^{(10)} - x^{(9)}\|_\infty}{\|x^{(10)}\|_\infty} = \frac{8.0 \times 10^{-4}}{1.999\,8} < 10^{-3},$$

因此 $x^{(10)}$ 已达到一定的精确度. 事实上，$\|x^{(10)} - x\|_\infty = 0.000\,2$.

例 1 中所介绍的迭代法称为 Jacobi 迭代法. 该方法是首先利用方程组 $Ax = b$ 的第 i 个方程解出 x_i（假设 $a_{ii} \neq 0$）

$$x_i = \dfrac{-\sum\limits_{\substack{j=1 \\ j \neq i}}^{n} a_{ij}x_j + b_i}{a_{ii}}, \ i = 1, 2, \cdots, n.$$

然后选取适当的初始近似解 $x^{(0)}$，并利用迭代公式

$$x_i^{(k)} = \dfrac{-\sum\limits_{\substack{j=1 \\ j \neq i}}^{n} a_{ij}x_j^{(k-1)} + b_i}{a_{ii}}, \ i = 1, 2, \cdots, n \tag{2}$$

生成近似解序列 $\{x^{(k)}\}$.

Jacobi 迭代公式还可以写成 $x^{(k)} = Tx^{(k-1)} + c$ 的形式. 为此，将 A 分成三部分，写成

$$A = D - L - U$$

的形式，其中 D 是 A 的对角线部分，$-L$ 和 $-U$ 分别是 A 的严格下三角部分和严格上三角部分，即

$$D = \begin{pmatrix} a_{11} & 0 & \cdots & 0 \\ 0 & a_{22} & \cdots & 0 \\ \vdots & \vdots & \ddots & \vdots \\ 0 & 0 & \cdots & a_{nn} \end{pmatrix}, \tag{3}$$

$$L = \begin{pmatrix} 0 & 0 & 0 & \cdots & 0 \\ -a_{21} & 0 & 0 & \cdots & 0 \\ -a_{31} & -a_{32} & 0 & \cdots & 0 \\ \vdots & \vdots & \vdots & \ddots & \vdots \\ -a_{n1} & -a_{n2} & -a_{n3} & \cdots & 0 \end{pmatrix}, U = \begin{pmatrix} 0 & -a_{12} & -a_{13} & \cdots & -a_{1n} \\ 0 & 0 & -a_{23} & \cdots & -a_{2n} \\ 0 & 0 & 0 & \cdots & -a_{3n} \\ \vdots & \vdots & \vdots & \ddots & \vdots \\ 0 & 0 & 0 & \cdots & 0 \end{pmatrix}. \tag{4}$$

从而线性方程组 $Ax = (D-L-U)x = b$ 可以写成

$$Dx = (L+U)x + b.$$

若 D 可逆，即 $a_{ii} \neq 0$（$\forall i = 1, 2, \cdots, n$），则

$$x = D^{-1}(L+U)x + D^{-1}b.$$

如此可得 Jacobi 迭代公式的矩阵形式

$$x^{(k)} = D^{-1}(L+U)x^{(k-1)} + D^{-1}b, \ k = 1, 2, \cdots.$$

引入记号 $T_j = D^{-1}(L+U)$ 和 $c_j = D^{-1}b$，则

$$x^{(k)} = T_j x^{(k-1)} + c_j, \ k = 1, 2, \cdots. \tag{5}$$

迭代式(5)式常用来作理论分析，而(2)式常用来作实际计算.

上面对 Jacobi 迭代法的描述要求 A 的对角元 $a_{ii} \neq 0$（$\forall i = 1, 2, \cdots, n$）. 若存在对角元 $a_{ii} = 0$，则只要 A 可逆，那么就可以重新排列方程组的次序，使得重排后的方程组的对角元都不为零.

3.7.2 Gauss-Seidel 迭代法

重新考察 Jacobi 迭代公式(2),可以发现,在计算 $x_i^{(k)}(i > 1)$ 时,已经计算出了前 $i-1$ 个分量 $x_1^{(k)}$, $x_2^{(k)}$, $\cdots$, $x_{i-1}^{(k)}$. 由于这些最新的值相比于原来的 $x_1^{(k-1)}$, $x_2^{(k-1)}$, $\cdots$, $x_{i-1}^{(k-1)}$ 而言, 有很大可能更加接近于精确值,因此用这些最新的值来计算 $x_i^{(k)}$ 就显得更加合理. 如此,我们就可以用迭代式

$$x_i^{(k)} = \frac{-\sum_{j=1}^{i-1} a_{ij} x_j^{(k)} - \sum_{j=i+1}^{n} a_{ij} x_j^{(k-1)} + b_i}{a_{ii}} \tag{6}$$

来代替原来的迭代式(2),这种修正后的迭代方法称为 **Gauss-Seidel 迭代法**.

例 2 用 Gauss-Seidel 迭代法再次求解例 1 中的线性方程组.

解 由方程组的等价形式(1)可得相应的 Gauss-Seidel 迭代公式

$$\begin{cases} x_1^{(k)} = \dfrac{1}{10} x_2^{(k-1)} - \dfrac{1}{5} x_3^{(k-1)} + \dfrac{3}{5}, \\[2mm] x_2^{(k)} = \dfrac{1}{11} x_1^{(k)} + \dfrac{1}{11} x_3^{(k-1)} - \dfrac{3}{11} x_4^{(k-1)} + \dfrac{25}{11}, \\[2mm] x_3^{(k)} = -\dfrac{1}{5} x_1^{(k)} + \dfrac{1}{10} x_2^{(k)} + \dfrac{1}{10} x_4^{(k-1)} - \dfrac{11}{10}, \\[2mm] x_4^{(k)} = -\dfrac{3}{8} x_2^{(k)} + \dfrac{1}{8} x_3^{(k)} + \dfrac{15}{8}. \end{cases}$$

令 $x^{(0)} = (0, 0, 0, 0)^T$,则可迭代生成近似解序列 $\{x^{(k)}\}$. 前 5 次迭代结果见表 3.2.

表 3.2 例 2 中 Gauss-Seidel 迭代结果

k	0	1	2	3	4	5
$x_1^{(k)}$	0.000 0	0.600 0	1.030 0	1.006 2	1.000 9	1.000 1
$x_2^{(k)}$	0.000 0	2.327 2	2.037 0	2.003 6	2.003 6	2.000 0
$x_3^{(k)}$	0.000 0	−0.987 3	−1.014 0	−1.002 5	−1.002 5	−1.000 0
$x_4^{(k)}$	0.000 0	0.878 9	0.984 4	0.998 3	0.999 9	1.000 0

由于

$$\frac{\| x^{(5)} - x^{(4)} \|_\infty}{\| x^{(5)} \|_\infty} = \frac{0.000 8}{2} = 4 \times 10^{-4},$$

因此 $x^{(5)}$ 可以作为一个合理的近似解. 和例 1 中 Jacobi 迭代的结果相比,Gauss-Seidel 迭代的收敛速度更快.

下面我们把 Gauss-Seidel 迭代公式写成矩阵形式. 在(6)式两边同时乘以 a_{ii},然后移项可得

$$a_{i1} x_1^{(k)} + a_{i2} x_2^{(k)} + \cdots + a_{ii} x_i^{(k)} = -a_{i, i+1} x_{i+1}^{(k-1)} - \cdots - a_{in} x_n^{(k-1)} + b_i, \ i = 1, 2, \cdots, n.$$

将全部 n 个方程写下来,则有

$$a_{11}x_1^{(k)} = -a_{12}x_2^{(k-1)} - a_{13}x_3^{(k-1)} \cdots - a_{1n}x_n^{(k-1)} + b_1,$$
$$a_{21}x_1^{(k)} + a_{22}x_2^{(k)} = -a_{23}x_3^{(k-1)} - \cdots - a_{2n}x_n^{(k-1)} + b_2$$
$$\vdots$$
$$a_{n1}x_1^{(k)} + a_{n2}x_2^{(k)} + \cdots + a_{nn}x_n^{(k)} = b_n,$$

从而利用(3)与(4)式所给的 D，L 及 U 的记号，Gauss-Seidel 迭代公式可写为

$$(D-L)x^{(k)} = Ux^{(k-1)} + b,$$

或者

$$x^{(k)} = (D-L)^{-1}Ux^{(k-1)} + (D-L)^{-1}b, \; k = 1, 2, \cdots.$$

记 $T_g = (D-L)^{-1}U$，$c_g = (D-L)^{-1}b$，则 Gauss-Seidel 迭代公式可继续写为

$$x^{(k)} = T_g x^{(k-1)} + c_g.$$

注意到 $D-L$ 可逆当且仅当对角元 $a_{ii} \neq 0$（$\forall i = 1, 2, \cdots, n$）. 若存在对角元 $a_{ii} = 0$，则只要 A 可逆，那么就可以重排方程组次序，使得重排后的对角元都不为零.

3.7.3 迭代法的收敛性

例 1 与例 2 的结果似乎意味着 Gauss-Seidel 迭代法比 Jacobi 迭代法有更快的收敛速度，但二者通常并无联系，因为存在一些线性方程组，其 Jacobi 迭代收敛，而 Gauss-Seidel 迭代反而发散.

本小节我们将讨论一般迭代法的收敛性问题. 考虑迭代

$$x^{(k)} = Tx^{(k-1)} + c, \; k = 1, 2, \cdots,$$

其中 $x^{(0)} \in R^n$ 是任意初始向量，T 是迭代矩阵.

矩阵幂的极限 $\lim\limits_{k\to\infty} T^k = O \Longleftrightarrow \rho(T) < 1.$

引理 1 若 n 阶矩阵 T 的谱半径 $\rho(T) < 1$，则 $(I-T)^{-1}$ 存在，且

$$(I-T)^{-1} = I + T + T^2 + \cdots = \sum_{j=0}^{\infty} T^j.$$

证 由于 $Tx = \lambda x$ 等价于 $(I-T)x = (1-\lambda)x$，因此 λ 是 T 的特征值当且仅当 $1-\lambda$ 是 $I-T$ 的特征值. 现由条件 $\rho(T) < 1$ 知，$\lambda = 1$ 不是 T 的特征值，因此 0 不是 $I-T$ 的特征值. 这也就意味着，方程 $(I-T)x = 0$ 只有零解，故由 3.3 节定理 6 知，$(I-T)^{-1}$ 存在.

记 $S_m = I + T + T^2 + \cdots + T^m$. 则

$$(I-T)S_m = (I + T + T^2 + \cdots + T^m) - (T + T^2 + \cdots + T^{m+1}) = I - T^{m+1}.$$

由 3.6 节定理 2 知，T 是收敛矩阵，故

$$\lim_{m\to\infty}(I-T)S_m = \lim_{m\to\infty}(I - T^{m+1}) = I.$$

因此，$(I-T)^{-1} = \lim\limits_{m\to\infty} S_m = I + T + T^2 + \cdots = \sum_{j=0}^{\infty} T^j.$

下面这个定理给出了一般迭代法收敛的充要条件.

定理 1 对任意初始向量 $x^{(0)} \in R^n$，由迭代

$$x^{(k)} = Tx^{(k-1)} + c, \ k = 1, 2, \cdots \tag{7}$$

所生成的序列 $\{x^{(k)}\}$ 都收敛于方程 $x = Tx + c$ 的唯一解的充要条件是 $\rho(T) < 1$.

证 充分性. 设 $\rho(T) < 1$. 则

$$
\begin{aligned}
x^{(k)} &= Tx^{(k-1)} + c \\
&= T(Tx^{(k-2)} + c) + c \\
&= T^2 x^{(k-2)} + (T+I)c \\
&= \cdots \\
&= T^k x^{(0)} + (T^{k-1} + \cdots + T + I)c.
\end{aligned}
$$

由于 $\rho(T) < 1$，故 T 是收敛矩阵且 $\lim\limits_{k \to \infty} T^k x^{(0)} = 0$. 从而由引理 3.7.1 知，

$$\lim_{k \to \infty} x^{(k)} = \lim_{k \to \infty} T^k x^{(0)} + \left(\sum_{j=0}^{\infty} T^j\right)c = 0 + (I-T)^{-1}c = (I-T)^{-1}c.$$

因此序列 $\{x^{(k)}\}$ 收敛到 $x = (I-T)^{-1}c$，从而 $x = Tx + c$.

必要性. 设对任意 $x^{(0)} \in R^n$，由 (7) 式所生成的序列 $\{x^{(k)}\}$ 都收敛到方程 $x = Tx + c$ 的唯一解 x. 现在要证 $\rho(T) < 1$，由 3.6 节定理 2 知，只需证对任意 $z \in R^n$，都成立 $\lim\limits_{k \to \infty} T^k z = 0$. 为此，令 $x^{(0)} = x - z$，并利用 (7) 式生成序列 $\{x^{(k)}\}$. 则 $\{x^{(k)}\}$ 收敛于 x，且有

$$x - x^{(k)} = (Tx + c) - (Tx^{(k-1)} + c) = T(x - x^{(k-1)}),$$

进而可得

$$x - x^{(k)} = T(x - x^{(k-1)}) = T^2(x - x^{(k-2)}) = \cdots = T^k(x - x^{(0)}) = T^k z,$$

从而

$$\lim_{k \to \infty} T^k z = \lim_{k \to \infty} (x - x^{(k)}) = 0.$$

综上，定理得证.

下面这个推论给出了近似解的误差估计. 证明留作练习.

推论 2 设 $\| T \| < 1$，其中 $\| \cdot \|$ 是任意诱导范数. 再设 $c \in R^n$ 是一给定向量. 则对任意 $x^{(0)} \in R^n$，由 $x^{(k)} = Tx^{(k-1)} + c$ 所生成的向量序列 $\{x^{(k)}\}$ 都收敛于方程 $x = Tx + c$ 的唯一解 x，且满足以下误差估计：

(1) $\| x^{(k)} - x \| \leqslant \| T \|^k \| x^{(0)} - x \|$；

(2) $\| x^{(k)} - x \| \leqslant \dfrac{\| T \|^k}{1 - \| T \|} \| x^{(1)} - x^{(0)} \|$；

(3) $\| x^{(k)} - x \| \leqslant \dfrac{\| T \|}{1 - \| T \|} \| x^{(k)} - x^{(k-1)} \|$.

从推论 2 可以看出，当 $\| T \| < 1$ 且 $\| x^{(k)} - x^{(k-1)} \|$ 很小时，误差 $\| x^{(k)} - x \|$ 也随之变小. 因此，我们可以把

$$\| x^{(k)} - x^{(k-1)} \| < \varepsilon$$

作为迭代终止条件，其中 $\varepsilon > 0$ 是给定的很小的正数. 此外，也可以把

$$\frac{\parallel x^{(k)} - x^{(k-1)} \parallel}{\parallel x^{(k)} \parallel} < \varepsilon$$

作为迭代终止条件. 这里所涉及的向量范数可以任意. 在实际计算中, 为了方便, 常取 l_∞ 范数. 例如, 在前面两个例子中, 我们采用的就是后一种迭代终止条件, 并且用的是 l_∞ 范数.

目前我们已经知道 Jacobi 迭代和 Gauss-Seidel 迭代可以分别写成

$$x^{(k)} = T_j x^{(k-1)} + c_j \text{ 和 } x^{(k)} = T_g x^{(k-1)} + c_g$$

的形式, 其中

$$T_j = D^{-1}(L+U), T_g = (D-L)^{-1}U.$$

于是 Jacobi 迭代或 Gauss-Seidel 迭代收敛的充分必要条件分别是 $\rho(T_j)$ 小于 1、$\rho(T_g)$ 小于 1. 则由定理 1 知, 相应的近似解序列 $\{x^{(k)}\}$ 必收敛于方程组 $Ax = b$ 的解. 例如, 对于 Jacobi 迭代

$$x^{(k)} = D^{-1}(L+U)x^{(k-1)} + D^{-1}b,$$

若 $\{x^{(k)}\}$ 的极限是 x, 则有

$$x = D^{-1}(L+U)x + D^{-1}b,$$

从而 $Dx = (L+U)x + b$, 即 $(D-L-U)x = b$, 由于 $D-L-U = A$, 故 x 满足 $Ax = b$.

关于 Jacobi 迭代、Gauss-Seidel 迭代何时收敛的问题, 下面这个定理给出了一个易验证的充分条件.

定理 2 设 A 是严格对角占优矩阵, 则对任意初始向量 $x^{(0)} \in R^n$, Jacobi 迭代和 Gauss-Seidel 迭代所生成的近似解序列 $\{x^{(k)}\}$ 都收敛, 且收敛于方程 $Ax = b$ 的唯一解.

迭代法的收敛速度与迭代矩阵的谱半径之间的关系可以通过推论 3.7.3 看出. 事实上, 由于推论中的误差估计对任意诱导范数都成立, 从而结合注 3.6.6 可知,

$$\parallel x^{(k)} - x \parallel \approx \rho(T)^k \parallel x^{(0)} - x \parallel.$$

因此, 在求解线性方程组 $Ax = b$ 时, 只需要选择 $\rho(T)$ 最小且小于 1 的那种迭代法, 就可以使收敛速度加快. 至于 Jacobi 迭代法和 Gauss-Seidel 迭代法哪一种更优, 并没有一个一般性的结论. 但是对于某些特殊情形, 还是有相关结果的, 见下面这个定理.

定理 3(Stein-Rosenberg) 设 n 阶方阵 $A = (a_{ij})$ 满足 $a_{ij} \leqslant 0$ ($\forall i \neq j$) 以及 $a_{ii} > 0$ ($\forall i = 1, 2, \cdots, n$). 则以下四个结论中有且仅有一个成立:

(1) $0 \leqslant \rho(T_g) < \rho(T_j) < 1$;

(2) $1 < \rho(T_j) < \rho(T_g)$;

(3) $\rho(T_j) = \rho(T_g) = 0$;

(4) $\rho(T_j) = \rho(T_g) = 1$.

当定理 3 的条件满足时, 结论(1)告诉我们只要 Jacobi 迭代与 Gauss-Seidel 迭代中有一个收敛, 则二者皆收敛, 并且 Gauss-Seidel 迭代的收敛速度更快; 而结论(2)则意味着若这两种迭代法中有一个发散, 则二者皆发散, 且 Gauss-Seidel 迭代发散得更明显.

3.7.4 逐次超松弛(SOR)迭代法

根据前面的讨论,迭代过程的收敛速度依赖于迭代矩阵的谱半径,因此我们可以选择一种谱半径最小的迭代方法以使其收敛速度加快. 在阐述如何进行这种选择之前,我们需要引入一种新的方式衡量近似解与精确解之间的差别. 这就需要用到下面这个概念.

定义 1 设 $\tilde{x} \in R^n$ 是线性方程组 $Ax = b$ 的近似解. 则称 $r = -b - A\tilde{x}$ 是 $\tilde{x}$ 关于此方程组的**残差向量**.

在迭代过程中,残差向量和近似解分量的每一次计算都是相关的. 迭代的目标其实就是生成一个近似解序列使得残差向量能够快速地收敛到零.

现在记

$$r_i^{(k)} = (r_{1i}^{(k)}, r_{2i}^{(k)}, \cdots, r_{ni}^{(k)})^T$$

为 Gauss-Seidel 迭代法中相应于近似解

$$x_i^{(k)} = (x_1^{(k)}, x_2^{(k)}, \cdots, x_{i-1}^{(k)}, x_i^{(k-1)}, \cdots, x_n^{(k-1)})^T$$

的残差向量,则 $r_i^{(k)}$ 的第 m 个分量

$$r_{mi}^{(k)} = b_m - \sum_{j=1}^{i-1} a_{mj} x_j^{(k)} - \sum_{j=1}^{n} a_{mj} x_j^{(k-1)}, \ m = 1, 2, \cdots, n.$$

特别地,$r_i^{(k)}$ 的第 i 个分量

$$r_{ii}^{(k)} = b_i - \sum_{j=1}^{i-1} a_{ij} x_j^{(k)} - \sum_{j=1}^{n} a_{ij} x_j^{(k-1)} = b_i - \sum_{j=1}^{i-1} a_{ij} x_j^{(k)} - \sum_{j=i+1}^{n} a_{ij} x_j^{(k-1)} - a_{ii} x_i^{(k-1)},$$

从而

$$a_{ii} x_i^{(k-1)} + r_{ii}^{(k)} = b_i - \sum_{j=1}^{i-1} a_{ij} x_j^{(k)} - \sum_{j=i+1}^{n} a_{ij} x_j^{(k-1)}. \tag{8}$$

回顾 Gauss-Seidel 迭代法中 $x_i^{(k)}$ 的计算公式

$$x_i^{(k)} = \frac{1}{a_{ii}} \Big[b_i - \sum_{j=1}^{i-1} a_{ij} x_j^{(k)} - \sum_{j=i+1}^{n} a_{ij} x_j^{(k-1)} \Big], \tag{9}$$

代入(8)式可得

$$a_{ii} x_i^{(k-1)} + r_{ii}^{(k)} = a_{ii} x_i^{(k)}.$$

因此,Gauss-Seidel 迭代法其实是在选择 $x_i^{(k)}$ 使其满足

$$x_i^{(k)} = x_i^{(k-1)} + \frac{r_{ii}^{(k)}}{a_{ii}}.$$

我们也可以导出残差向量与 Gauss-Seidel 迭代法间的另一个联系. 考虑残差向量 $r_{i+1}^{(k)}$,其相关近似解为 $x_{i+1}^{(k)} = (x_1^{(k)}, x_2^{(k)}, \cdots, x_i^{(k)}, x_{i+1}^{(k-1)}, \cdots, x_n^{(k-1)})^T$. 由上分析可知,$r_{i+1}^{(k)}$ 的第 i 个分量

$$r_{i, i+1}^{(k)} = b_i - \sum_{j=1}^{i} a_{ij} x_j^{(k)} - \sum_{j=i+1}^{n} a_{ij} x_j^{(k-1)} = b_i - \sum_{j=1}^{i-1} a_{ij} x_j^{(k)} - \sum_{j=i+1}^{n} a_{ij} x_j^{(k-1)} - a_{ii} x_i^{(k)},$$

再由(9)式,可得 $r_{i,\,i+1}^{(k)} = 0$. 因此,Gauss-Seidel 迭代法也可以说是在选择 $x_i^{(k)}$ 使得 $r_{i+1}^{(k)}$ 的第 i 个分量等于零.

然而,这种选择 $x_i^{(k)}$ 使得残差向量 $r_{i+1}^{(k)}$ 的一个分量为零的方式并不是减小 $r_{i+1}^{(k)}$ 的范数的最有效方式. 但是如果对 Gauss-Seidel 迭代法进行修正使得

$$x_i^{(k)} = x_i^{(k-1)} + \omega \frac{r_{ii}^{(k)}}{a_{ii}}, \tag{10}$$

其中 $\omega > 0$ 是经过适当选择的松弛因子,那么我们就可以减小残差向量的范数并极大地加快迭代的收敛速度。

我们称(10)式给出的迭代方法为 **逐次超松弛迭代法**(Successive Over-Relaxation Method),简称 **SOR 迭代法**. 当 $0 < \omega < 1$ 时,称为低松弛法;当 $\omega > 1$ 时,称为超松弛法,$\omega = 1$ 时,即为 Gauss-Seidel 迭代法.

值得注意的是,可以认为 SOR 迭代格式是 Jacobi 迭代格式与 Gauss-Seidel 迭代格式的加权平均.

事实上,我们将

$$Dx = (L+U)x + b, \quad (D-L)x = Ux + b$$

分别乘以 $1-\omega,\ \omega$,再相加便得到

$$(D - \omega L)x = ((1-\omega)D + \omega U)x + \omega b,$$

其中 $A = D - L - U,\ Ax = b$.

下面我们将 SOR 迭代法写成矩阵形式. 利用(8)式,则(10)式可写成

$$x_i^{(k)} = x_i^{(k-1)} + \frac{\omega}{a_{ii}}\Big[b_i - \sum_{j=1}^{i-1} a_{ij}x_j^{(k)} - \sum_{j=i+1}^{n} a_{ij}x_j^{(k-1)} - a_{ii}x_i^{(k-1)}\Big]$$

$$= (1-\omega)x_i^{(k-1)} + \frac{\omega}{a_{ii}}\Big[b_i - \sum_{j=1}^{i-1} a_{ij}x_j^{(k)} - \sum_{j=i+1}^{n} a_{ij}x_j^{(k-1)}\Big],$$

从而

$$a_{ii}x_i^{(k)} + \omega\sum_{j=1}^{i-1} a_{ij}x_j^{(k)} = (1-\omega)a_{ii}x_i^{(k-1)} - \omega\sum_{j=i+1}^{n} a_{ij}x_j^{(k-1)} + \omega b_i,$$

写成矩阵形式,即为

$$(D - \omega L)x^{(k)} = \big[(1-\omega)D + \omega U\big]x^{(k-1)} + \omega b,$$

因此可得

$$x^{(k)} = (D-\omega L)^{-1}\big[(1-\omega)D + \omega U\big]x^{(k-1)} + \omega\,(D-\omega L)^{-1}b,$$

记 SOR 迭代阵

$$T_\omega = (D-\omega L)^{-1}\big[(1-\omega)D + \omega U\big],$$

$$c_\omega = \omega\,(D-\omega L)^{-1}b,$$

则 SOR 迭代法的矩阵形式为

$$x^{(k)} = T_\omega x^{(k-1)} + c_\omega.$$

例3　给定线性方程组

$$\begin{cases} 4x_1+3x_2 & = & 24, \\ 3x_1+4x_2- & x_3= & 30, \\ & -x_2+4x_3= & -24. \end{cases}$$

其精确解为 $(3,4,-5)^T$. 请分别用 Gauss-Seidel 迭代法和 $\omega=1.25$ 的 SOR 迭代法求解.

解　对于所给线性方程组, Gauss-Seidel 迭代公式为

$$\begin{aligned} x_1^{(k)} &= -0.75x_2^{(k-1)}+6, \\ x_2^{(k)} &= -0.75x_1^{(k)}+0.25x_3^{(k-1)}+7.5, \\ x_3^{(k)} &= 0.25x_2^{(k)}-6, \end{aligned}$$

而 $\omega=1.25$ 的 SOR 迭代公式为

$$\begin{aligned} x_1^{(k)} &= -0.25x_1^{(k-1)}-0.937\,5x_2^{(k-1)}+7.5, \\ x_2^{(k)} &= -0.937\,5x_1^{(k)}-0.25x_2^{(k-1)}+0.312\,5x_3^{(k-1)}+9.375, \\ x_3^{(k)} &= 0.312\,5x_2^{(k)}-0.25x_3^{(k-1)}-7.5. \end{aligned}$$

取 $x^{(0)}=(1,1,1)^T$. 迭代 7 次后的结果分别见表 3.3 与表 3.4.

表 3.3　例 3 中 Gauss-Seidel 迭代结果

k	0	1	2	3	4	5	6	7
$x_1^{(k)}$	1	5.250 000	3.140 625 0	3.087 890 6	3.054 931 6	3.034 332 3	3.021 457 7	3.013 411 0
$x_2^{(k)}$	1	3.812 500	3.882 812 5	3.926 757 8	3.954 223 6	3.971 389 8	3.982 118 6	3.988 824 1
$x_3^{(k)}$	1	-5.046 875	-5.029 296 9	-5.018 310 5	-5.011 444 1	-5.007 152 6	-5.004 470 3	-5.002 794 0

表 3.4　例 3 中 SOR($\omega=1.25$) 迭代结果

k	0	1	2	3	4	5	6	7
$x_1^{(k)}$	1	6.312 500 0	2.622 314 5	3.133 302 7	2.957 051 2	3.003 721 1	2.996 327 6	3.000 049 8
$x_2^{(k)}$	1	3.519 531 3	3.958 526 6	4.010 264 6	4.007 483 8	4.002 925 0	4.000 926 2	4.000 258 6
$x_3^{(k)}$	1	-6.650 146 5	-4.600 423 8	-5.096 686 3	-4.973 489 7	-5.005 713 5	-4.998 282 2	-5.000 348 6

若要精确到小数点后 7 位, 则 Gauss-Seidel 迭代法需要迭代 34 次, 而 $\omega=1.25$ 的 SOR 迭代法只需迭代 14 次.

通过例 3 可以看出, 选取适当的松弛因子 ω, 可以加快 SOR 迭代法的收敛速度. 那么如何选择适当的松弛因子呢? 对于一些特定情形, 我们有以下结论.

定理 4(Kahan)　设 $A=(a_{ij})$ 是 n 阶方阵, 且 $a_{ii}\neq0$, $\forall i=1,2,\cdots,n$. 则

$$\rho(T_\omega)\geqslant|1-\omega|,$$

这也意味着求解 $Ax=b$ 的 SOR 迭代法收敛的必要条件是 $0<\omega<2$.

证　设 T_ω 的特征值为 $\lambda_1,\lambda_2,\cdots,\lambda_n$, 则

$$| \det T_\omega | = | \lambda_1 \lambda_2 \cdots \lambda_n | \leqslant \rho(T_\omega)^n.$$

另一方面,

$$\det T_\omega = \det(D - \omega L)^{-1} \det[(1-\omega)D + \omega U] = (\det D)^{-1}(1-\omega)^n \det D = (1-\omega)^n.$$

因此 $| (1-\omega)^n | = | \det T_\omega | \leqslant \rho(T_\omega)^n$,即 $| 1-\omega | \leqslant \rho(T_\omega)$.

定理 5(Ostrowski-Reich) 设 A 是对称正定矩阵且 $0 < \omega < 2$,则求解 $Ax = b$ 的 SOR 迭代法收敛.

定理 6 设 A 为严格对角占优矩阵且 $0 < \omega \leqslant 1$,,则求解 $Ax = b$ 的 SOR 迭代法收敛.

关于最佳松弛因子,有以下结果.

定理 7 设 A 是对称正定的三对角矩阵,则 $\rho(T_g) = [\rho(T_j)]^2 < 1$,且 SOR 迭代法的最佳松弛因子为

$$\omega = \frac{2}{1 + \sqrt{1 - [\rho(T_j)]^2}}.$$

例 4 考虑例 3 中的线性方程组 $Ax = b$,求其 SOR 迭代法的最佳松弛因子.

解 方程组的系数矩阵

$$A = \begin{pmatrix} 4 & 3 & 0 \\ 3 & 4 & -1 \\ 0 & -1 & 4 \end{pmatrix}$$

是对称正定的三对角矩阵,因此 SOR 迭代法收敛. 下面计算 $\rho(T_j)$. 由于

$$T_j = D^{-1}(L+U) = \begin{pmatrix} \frac{1}{4} & 0 & 0 \\ 0 & \frac{1}{4} & 0 \\ 0 & 0 & \frac{1}{4} \end{pmatrix} \begin{pmatrix} 0 & -3 & 0 \\ -3 & 0 & -1 \\ 0 & 1 & 0 \end{pmatrix} = \begin{pmatrix} 0 & -\frac{3}{4} & 0 \\ -\frac{3}{4} & 0 & \frac{1}{4} \\ 0 & \frac{1}{4} & 0 \end{pmatrix},$$

因此

$$\det(T_j - \lambda I) = \det \begin{pmatrix} -\lambda & -\frac{3}{4} & 0 \\ -\frac{3}{4} & -\lambda & \frac{1}{4} \\ 0 & \frac{1}{4} & -\lambda \end{pmatrix} = -\lambda(\lambda^2 - 0.625),$$

从而 $\rho(T_j) = \sqrt{0.625}$. 故最佳松弛因子

$$\omega = \frac{2}{1 + \sqrt{1 - [\rho(T_j)]^2}} = \frac{2}{1 + \sqrt{1 - 0.625}} \approx 1.24.$$

这也就是为何在例 3 中采用 $\omega = 1.25$ 的 SOR 迭代法时收敛速度较快的原因.

习 题 三

1. 请用 Gauss 消去法求解以下方程组.

(1) $\begin{cases} x_1 + x_2 + x_3 = 2 \\ 2x_1 + 4x_2 + 3x_3 = 4 \\ -x_1 + x_2 - x_3 = 0 \end{cases}$

(2) $\begin{cases} x_1 + 2x_2 + 2x_3 = 5 \\ 2x_1 + 4x_2 + 5x_3 = 13 \\ 3x_1 + 8x_2 + 9x_3 = 22 \end{cases}$

(3) $\begin{cases} x_1 + x_2 + x_4 = 2 \\ 2x_1 + x_2 - x_3 + x_4 = 1 \\ -x_1 + 2x_2 + 3x_3 - x_4 = 4 \\ 3x_1 - x_2 - x_3 + 2x_4 = -3 \end{cases}$

(4) $\begin{cases} x_1 + x_3 + x_4 = \dfrac{9}{4} \\ 2x_1 + 4x_3 + x_4 = \dfrac{7}{2} \\ -3x_1 - 2x_2 - 3x_3 = -\dfrac{29}{4} \\ x_1 + 4x_2 - x_3 - 2x_4 = \dfrac{21}{4} \end{cases}$

2. 考虑线性方程组

$$\begin{cases} x_1 - x_2 + \alpha x_3 = 5 \\ 2x_1 - 3x_2 + 2\alpha x_3 = 11 \\ \alpha x_1 + x_2 + x_3 = 3 \end{cases}$$

(1) α 为何值时,方程组无解;

(2) α 为何值时,方程组有无穷多解;

(3) α 为何值时,方程组有唯一解,并求之.

3. 分别用部分主元 Gauss 消去法和行尺度化部分主元 Gauss 消去法求解以下线性方程组.

(1) $\begin{cases} x_1 + x_2 - x_3 = 0 \\ 12x_2 - x_3 = 4 \\ 2x_1 + x_2 + x_3 = 5 \end{cases}$

(2) $\begin{cases} 5x_1 + x_2 - 6x_3 = 2 \\ 2x_1 + x_2 - 2x_3 = 1 \\ 6x_1 + 12x_2 + x_3 = 8 \end{cases}$

4. 已知

$$A = \begin{pmatrix} 3 & 2 \\ 1 & 4 \end{pmatrix}, B = \begin{pmatrix} 2 & -3 & 1 \\ 1 & -1 & 2 \end{pmatrix}, C = \begin{pmatrix} 3 & 0 \\ 2 & 3 \\ -2 & 4 \end{pmatrix}, D = \begin{pmatrix} 1 & 0 & 3 \\ 2 & 2 & 1 \\ 3 & 4 & -1 \end{pmatrix}.$$

计算 AB, BC, BD, DCB.

5. 求下列矩阵的行列式,并求出矩阵的逆(若存在).

(1) $\begin{pmatrix} 1 & 2 & -1 \\ 0 & 1 & 2 \\ 1 & 4 & 2 \end{pmatrix}$;

(2) $\begin{pmatrix} 1 & -1 & 2 & -1 \\ 1 & -1 & 6 & -10 \\ 2 & 1 & 3 & -4 \\ 0 & -1 & 1 & -1 \end{pmatrix}$.

6. 求下列矩阵的 LU 分解(要求 L 是单位下三角阵).

(1) $A = \begin{pmatrix} 2 & -1 & 1 \\ 3 & 3 & 4 \\ 3 & 3 & 5 \end{pmatrix}$;

(2) $A = \begin{pmatrix} 2 & -1 & 0 & 0 \\ -1 & 3 & 3 & 0 \\ 2 & -2 & 1 & 4 \\ -2 & 2 & 2 & 5 \end{pmatrix}$.

7. 将下列矩阵分解成 $A = P^T LU$ 的形式.

$$(1)\ A = \begin{pmatrix} 1 & 2 & -1 \\ 1 & 2 & 3 \\ 2 & -1 & 4 \end{pmatrix}; \qquad (2)\ A = \begin{pmatrix} 1 & -2 & 3 & 0 \\ 1 & -2 & 3 & 1 \\ 1 & -2 & 2 & -2 \\ 2 & 1 & 3 & -1 \end{pmatrix}.$$

8. 用追赶法求解线型方程组.

$$\begin{pmatrix} 4 & -1 & 0 & 0 & 0 \\ 2 & 4 & -1 & 0 & 0 \\ 0 & 2 & 4 & -1 & 0 \\ 0 & 0 & 2 & 4 & -1 \\ 0 & 0 & 0 & 2 & 4 \end{pmatrix} \begin{pmatrix} x_1 \\ x_2 \\ x_3 \\ x_4 \\ x_5 \end{pmatrix} = \begin{pmatrix} 3 \\ -7 \\ -8 \\ 8 \\ 0 \end{pmatrix}.$$

9. 设

$$A = \begin{pmatrix} 1 & 2 & 3 \\ 2 & -1 & 0 \\ -4 & 1 & 5 \end{pmatrix},$$

计算 A 的行范数、列范数及 F 范数.

10. 计算下列矩阵的谱半径及 l_2 范数.

$$(1)\ A = \begin{pmatrix} 2 & 1 & 0 \\ 1 & 2 & 0 \\ 0 & 0 & 3 \end{pmatrix}; \quad (2)\ A = \begin{pmatrix} 2 & 1 & 1 \\ 2 & 3 & 2 \\ 1 & 1 & 2 \end{pmatrix}.$$

11. 设线性方程组

$$\begin{cases} 3x_1 - x_2 + x_3 = 1 \\ 3x_1 + 6x_2 + 2x_3 = 0. \\ 3x_1 + 3x_2 + 7x_3 = 4 \end{cases}$$

(1) 考察用 Jacobi 迭代法和 Gauss-Seidel 迭代法解此方程组的收敛性;

(2) 分别用 Jacobi 迭代法和 Gauss-Seidel 迭代法解此方程组,迭代终止条件为 $\| x^{(k)} - x^{(k-1)} \|_\infty < 10^{-3}$,其中 $x^{(0)} = (0, 0, 0)^T$.

12. 设线性方程组

$$\begin{cases} 10x_1 - x_2 = 9 \\ -x_1 + 10x_2 - 2x_3 = 7. \\ -2x_2 + 10x_3 = 6 \end{cases}$$

(1) 用 SOR 迭代法解此方程组 ($\omega = 1, 2$),迭代终止条件为 $\| x^{(k)} - x^{(k-1)} \|_\infty < 10^{-3}$,其中 $x^{(0)} = (0, 0, 0)^T$;

(2) 求该方程组用 SOR 迭代法求解的最佳松弛因子,并求解方程组. 迭代终止条件同(1).

第四章

多项式插值

4.1 Weierstrass 逼近定理

引例 美国每十年就要进行一次全美人口调查,表 4.1 列举了从 1940 年到 1990 年的全美人数(千人). 如何通过这些数据,估计某年的人数,比如 1965 年与 2030 年.

表 4.1 1940 年到 1990 每十年全美人数

年	1940	1950	1960	1970	1980	1990
全美人口(千人)	132 165	151 326	179 323	203 302	226 542	249 633

我们可以利用数学方法如插值法来完成这项工作. 最常用的函数类是大家熟知的代数多项式集合 $\boldsymbol{P}_n$,其中次数不超过 n 的多项式形如

$$p_n(x) = a_0 + a_1 x + \cdots + a_{n-1} x^{n-1} + a_n x^n \in \boldsymbol{P}_n,$$

且 n 为非负整数,诸系数 a_i 为实常数.

采用这类函数的一个原因在于多项式序列能一致逼近于连续函数. 给定闭区间上的任意连续函数,总存在多项式,使之"贴合"要多近有多近,如下定理所述.

定理 1(Weierstrass 逼近定理) 设函数 $f(x) \in C[a, b]$,则对任意 $\varepsilon > 0$,总存在多项式 $p(x)$,对一切 $x \in [a, b]$,恒有

$$|f(x) - p(x)| < \varepsilon$$

成立.

采用多项式函数的另一个原因是多项式的导数与不定积分容易计算,且结果仍然是多项式. 正因为这些原因,多项式函数经常被应用于逼近连续函数.

众所周知,Taylor 多项式是数值分析中重要的理论基石之一,但它并不适用于多项式插值. 对于给定的函数,Taylor 多项式可以尽可能好地在某一点附近逼近它,而好的插值函数则需要在整个区间上达到好的整体逼近效果. 对此,Taylor 多项式无法做到. 例如,考虑函数 $f(x) = \mathrm{e}^x$ 于 $x_0 = 0$ 处的 Taylor 多项式,即 Maclaurin 多项式

$$p_0(x) = 1, \ p_1(x) = 1 + x, \ p_2(x) = 1 + x + \frac{x^2}{2}, \ p_3(x) = p_2(x) + \frac{x^3}{6},$$

$$p_4(x) = p_3(x) + \frac{x^4}{24}, \ p_5(x) = p_4(x) + \frac{x^5}{120},$$

如图 4.1 所示. 显然当 x 远离原点时,Taylor 多项式序列逼近效果很差. 虽然对 $f(x) = \mathrm{e}^x$

而言,高次 Taylor 多项式的逼近效果优于低次 Taylor 多项式,但这不是对所有连续函数都成立. 例如,我们将函数 $f(x) = \dfrac{1}{x}$ 于 $x_0 = 1$ 处展开成 Taylor 多项式. 由于

$$f'(x) = -\frac{1}{x^2}, \ f''(x) = (-1)^2 \frac{2}{x^3}, \ \cdots, \ f^{(k)}(x) = (-1)^k \frac{k!}{x^{k+1}} \ (k \in \mathbf{N}),$$

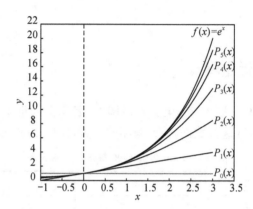

图 4.1　指数函数 $y = \mathrm{e}^x$ 的 Maclaurin 公式

故其 Taylor 多项式为

$$p_n(x) = \sum_{k=0}^{n} \frac{f^{(k)}(1)}{k!} (x-1)^k = \sum_{k=0}^{n} (-1)^k (x-1)^k.$$

我们观察次数 n 取不同值时,$p_n(3)$ 逼近 $f(3) = 1/3$ 的效果如表 4.2 所示. 显然 Taylor 多项式次数越高,逼近效果越差.

表 4.2　$y = 1/x$ 在 $x = 3$ 处的 Taylor 多项式值

n	0	1	2	3	4	5	6	7
$p_n(3)$	1	-1	3	-5	11	-21	43	-85

　　由于 Taylor 多项式是基于一点处展开得到的逼近函数,故它适用于逼近函数在此点附近的情形. Taylor 多项式在数值分析中所发挥的作用不仅仅在于建立逼近多项式,而且是计算导数与推导误差估计. 而对基于不同点的已知信息,我们在本章建立更广泛的多项式逼近理论,如 Lagrange 多项式插值、Newton 多项式插值、分段线性插值、三次样条插值、参数曲线插值等.

4.2　Lagrange 多项式插值与递推算法

4.2.1　Lagrange 插值多项式

　　既然 Taylor 多项式不适用于插值,我们将探讨别的方法. 本节,我们寻求多项式,使之经过给定的平面点集.

　　设平面上两点 $(x_0, y_0), (x_1, y_1), x_0 \neq x_1, y_i = f(x_i), i = 0, 1$,寻求一次插值多项式

$L_1(x) \in \mathbf{P}_1$，使之满足插值条件

$$L_1(x_i) = y_i, \ i = 0, 1.$$

显然，此问题即为寻求经过两个互异点的直线. 我们构造两个基函数

$$l_0(x) = \frac{x - x_1}{x_0 - x_1}, \ l_1(x) = \frac{x - x_0}{x_1 - x_0},$$

使之满足

$$\begin{cases} l_0(x_0) = 1 \\ l_0(x_1) = 0 \end{cases}, \begin{cases} l_1(x_0) = 0 \\ l_1(x_1) = 1 \end{cases}.$$

于是所求的一次插值多项式为

$$L_1(x) = y_0 l_0(x) + y_1 l_1(x).$$

事实上，我们容易验证

$$L_1(x_0) = y_0 \cdot 1 + y_1 \cdot 0 = y_0, \ L_1(x_1) = y_0 \cdot 0 + y_1 \cdot 1 = y_1,$$

故 $L_1(x)$ 即为所求的一次插值多项式，或称为一次 **Lagrange 多项式**.

我们将上述线性插值推广到一般情形，即寻求次数不超过 n 的多项式 $L_n(x) \in \mathbf{P}_n$，使之经过平面上 $n+1$ 个点 $\{(x_i, f(x_i))\}_{i=0}^n$，其中插值节点诸 x_i 两两互异.

对每个 $0 \leqslant k \leqslant n$，我们构造含乘积因子 $(x - x_0) \cdots (x - x_{k-1})(x - x_{k+1}) \cdots (x - x_n)$ 的基函数诸 $l_k(x)$，使之满足

$$l_k(x_i) = \begin{cases} 1, & \text{当 } k = i, \\ 0, & \text{当 } k \neq i, \end{cases}$$

于是

$$l_k(x) = \frac{(x - x_0) \cdots (x - x_{k-1})(x - x_{k+1}) \cdots (x - x_n)}{(x_k - x_0) \cdots (x_k - x_{k-1})(x_k - x_{k+1}) \cdots (x_k - x_n)},$$

由此我们可以确定 $L_n(x)$，称之为 n 次 **Lagrange 插值多项式**，或称为 **Lagrange 多项式**.

定理 1 设 $n+1$ 个插值节点 $x_0, x_1, \cdots, x_n$ 两两互异，函数值 $y_k = f(x_k), k = 0, 1, \cdots, n$，则存在唯一次数不超过 n 的多项式

$$L_n(x) = \sum_{k=0}^n f(x_k) l_k(x), \tag{1}$$

满足插值条件

$$L_n(x_k) = y_k \quad k = 0, 1, \cdots, n,$$

其中对 $k = 0, 1, \cdots, n$，Lagrange 基函数

$$l_k(x) = \prod_{\substack{i=0 \\ i \neq k}}^n \frac{(x - x_i)}{(x_k - x_i)}.$$

例 1 设被插函数 $f(x) = \frac{1}{x}$，3 个插值节点为 $x_0 = 2, x_1 = 2.5, x_2 = 4$，试求经过这

些插值节点的 2 次 Lagrange 插值多项式.

解 由题设,3 个 Lagrange 基函数为

$$l_0(x) = \frac{(x-2.5)(x-4)}{(2-2.5)(2-4)} = x(x-6.5)+10,$$

$$l_1(x) = \frac{(x-2)(x-4)}{(2.5-2)(2.5-4)} = \frac{x(-4x+24)-32}{3},$$

$$l_2(x) = \frac{(x-2)(x-2.5)}{(4-2)(4-2.5)} = \frac{x(x-4.5)+5}{3}.$$

又函数值 $y_0 = f(2) = 0.5$,$y_1 = f(2.5) = 0.4$,$y_2 = f(4) = 0.25$,故所求的 2 次 Lagrange 多项式(如图 4.2 所示)为

$$L_2(x) = \sum_{k=0}^{2} y_k l_k(x) = (0.05x-0.425)x+1.15.$$

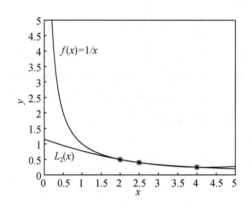

图 4.2 例 1 中的函数及其 2 次 Lagrange 多项式

接下来,我们将推导插值余项.

定理 2 设函数 $f(x) \in C^{n+1}[a,b]$,$n+1$ 个互异插值节点 $x_0, x_1, \cdots, x_n \in [a,b]$,则对每个 $x \in [a,b]$,都至少存在 $\xi(x) \in (a,b)$,使得

$$f(x) = L_n(x) + \frac{f^{(n+1)}(\xi(x))}{(n+1)!} \prod_{i=0}^{n} (x-x_i), \tag{2}$$

其中 $L_n(x)$ 为按(1)式给出的 n 次 Lagrange 多项式.

证 我们注意到若 $x = x_k$,$k = 0, 1, \cdots, n$,则 $f(x_k) = L_n(x_k)$,故可取任意 $\xi(x_k) \in (a,b)$,使得(2)式成立.

若 $x \neq x_k$,$k = 0, 1, \cdots, n$,则定义函数

$$g(t) = f(t) - L_n(t) - [f(x) - L_n(x)] \prod_{i=0}^{n} \frac{(t-x_i)}{(x-x_i)}, \ t \in [a,b].$$

易知

$$g(x) = 0, \ g(x_k) = 0, \ k = 0, 1, \cdots, n,$$

故 $g(t)$ 于 $[a,b]$ 上有 $n+2$ 个互异实根 $x, x_0, x_1, \cdots, x_n$. 又 $g \in C^{n+1}[a,b]$,从而由

Rolle 定理知,至少存在 $\xi(x) \in (a, b)$,使得 $g^{(n+1)}(\xi) = 0$,即

$$0 = g^{(n+1)}(\xi) = f^{(n+1)}(\xi) - L_n^{(n+1)}(\xi) - (f(x) - L_n(x)) \cdot \frac{d^{n+1}}{dt^{n+1}}\left(\prod_{i=0}^{n} \frac{t - x_i}{x - x_i}\right)$$

$$= f^{(n+1)}(\xi) - \frac{(n+1)!}{\prod\limits_{i=0}^{n}(x - x_i)}(f(x) - L_n(x)),$$

于是

$$f(x) = L_n(x) + \frac{f^{(n+1)}(\xi(x))}{(n+1)!}\prod_{i=0}^{n}(x - x_i), \qquad \square$$

定理 2 中的插值余项公式具有很高的理论价值,这是因为 Lagrange 插值多项式被广泛应用于数值微分与数值积分,而相应的误差估计可由插值余项推导出. Lagrange 插值余项类似于 Taylor 余项. 事实上,函数 $f(x)$ 于 x_0 处展开的 n 阶 Taylor 多项式的余项公式为

$$\frac{f^{(n+1)}(\xi)}{(n+1)!}(x - x_0)^{n+1}, \xi \in I(x, x_0) \subset (a, b).$$

例 2 设函数 $f(x) = e^x$,$x \in [0, 1]$,将区间 $[0, 1]$ 进行若干等分,步长为 h,试问,如何选取步长 h,使得经过 $[0, 1]$ 上任意两点的线性插值的余项的绝对值不超过 10^{-6}?

解 任取两个等分点 x_j,$x_{j+1} \in [0, 1]$,$x_{j+1} - x_j = h$,则线性插值的余项的绝对值

$$|f(x) - L_1(x)| = \left|\frac{f''(\xi)}{2}(x - x_j)(x - x_{j+1})\right| \leqslant \frac{|f''(\xi)|}{2} \cdot |(x - jh)(x - (j+1)h)|$$

$$\leqslant \frac{e}{2}\max_{x_j \leqslant x \leqslant x_{j+1}}|(x - jh)(x - (j+1)h)|,$$

记 $g(x) = (x - jh)(x - (j+1)h)$,则易知

$$\max_{x_j \leqslant x \leqslant x_{j+1}}|g(x)| = \left|g\left(j + \frac{1}{2}\right)h\right| = \frac{h^2}{4},$$

故

$$|f(x) - L_1(x)| \leqslant \frac{e}{2}h^2.$$

由 $eh^2/2 \leqslant 10^{-6} \Rightarrow h < 1.72 \times 10^{-3}$. 且又由 $n = 1/h \in \mathbf{Z}^+$ 知,取步长 $h = 1 \times 10^{-3}$.

下面给出不能使用插值余项公式(2)式的算例.

例 3 设数据点 $\{(x_i, f(x_i))\}_{i=0}^{4}$,如表 4.3 所示,其中 $f(x)$ 为 0 阶第一类 Bessel 函数,真值 $f(1.5) = 0.511\,827\,7\cdots$,试用不同的 Lagrange 多项式计算 $f(1.5)$ 的近似值.

表 4.3　例 3 中插值信息

x	1.0	1.3	1.6	1.9	2.2
$f(x)$	0.765 197 7	0.620 086 0	0.455 402 2	0.281 818 6	0.110 362 3

解 首先,考虑到 $x = 1.5$ 介于 1.3 与 1.6 之间,我们取插值节点 $x_0 = 1.3$,$x_1 = 1.6$,于是相应的线性插值于 $x = 1.5$ 处的函数值为

$$L_1(1.5) = \frac{1.5-1.6}{1.3-1.6} \times 0.620\,086\,0 + \frac{1.5-1.3}{1.6-1.3} \times 0.455\,402\,2 \approx 0.510\,296\,8.$$

接着,我们考虑 2 次 Lagrange 多项式插值情形. 若取插值节点 $x_0 = 1.3$, $x_1 = 1.6$, $x_2 = 1.9$,则相应的抛物插值于 $x = 1.5$ 处的函数值为

$$L_2(1.5) = \frac{(1.5-1.6)(1.5-1.9)}{(1.3-1.6)(1.3-1.9)} \times 0.620\,086\,0 + \frac{(1.5-1.3)(1.5-1.9)}{(1.6-1.3)(1.6-1.9)} \times 0.455\,402\,2$$
$$+ \frac{(1.5-1.3)(1.5-1.6)}{(1.9-1.3)(1.9-1.6)} \times 0.281\,818\,6 \approx 0.511\,285\,7.$$

若取插值节点 $x_0 = 1.0$, $x_1 = 1.3$, $x_2 = 1.6$,则同理可得相应的抛物插值于 $x = 1.5$ 处的函数值为 $\widetilde{L}_2(1.5) \approx 0.512\,475\,0$.

然后,考虑 3 次 Lagrange 多项式插值. 若取插值节点 $x_0 = 1.3$, $x_1 = 1.6$, $x_2 = 1.9$, $x_3 = 2.2$,则由定理 1,算出 $L_3(1.5) \approx 0.511\,830\,2$. 若取插值节点 $x_0 = 1.0$, $x_1 = 1.3$, $x_2 = 1.6$, $x_3 = 1.9$,则 $\widetilde{L}_3(1.5) \approx 0.511\,812\,7$.

最后,若取插值节点 $x_0 = 1.0$, $x_1 = 1.3$, $x_2 = 1.6$, $x_3 = 1.9$, $x_4 = 2.2$,则 4 次 Lagrange 多项式于 $x = 1.5$ 处的函数值为 $L_4(1.5) \approx 0.511\,820\,0$.

由于真值 $f(1.5) = 0.511\,827\,7\cdots$,容易算出误差的绝对值分别为

$$|f(1.5) - L_1(1.5)| = 1.53 \times 10^{-3},\ |f(1.5) - L_4(1.5)| = 7.70 \times 10^{-6},$$
$$|f(1.5) - L_2(1.5)| = 5.42 \times 10^{-4},\ |f(1.5) - \widetilde{L}_2(1.5)| = 6.44 \times 10^{-4},$$
$$|f(1.5) - L_3(1.5)| = 2.50 \times 10^{-6},\ |f(1.5) - \widetilde{L}_3(1.5)| = 1.50 \times 10^{-5}.$$

由此可见,上述插值多项式中,$L_3(1.5)$ 逼近 $f(1.5)$ 的效果最佳,但我们无法利用定理 2 的插值余项进行误差估计,这是因为 $f(x)$ 的 4 阶导数未知.

4.2.2 Lagrange 多项式的递推算法

由例 3 可知,应用 Lagrange 多项式插值的实际困难之处在于,若插值余项公式难以利用时,我们并不清楚到底怎样的 Lagrange 多项式逼近效果最佳. 这意味着,我们需要计算多种 Lagrange 插值多项式,进而将近似值与真值进行比较. 然而,就算我们已经算出 2 次 Lagrange 多项式,也不能减少 3 次 Lagrange 多项式的计算量;就算我们已经算出 3 次 Lagrange 多项式,也不能减少 4 次 Lagrange 多项式的计算量;诸如此类. 我们现在建立计算 Lagrange 多项式插值的递推方法.

为此,我们先给出 Lagrange 多项式记号. 设函数值 $y_i = f(x_i)$, $i = 0, 1, \cdots, n$,插值节点诸 x_i 两两互异,$m_1, m_2, \cdots, m_k$ 是 k 个两两互异的整数,且 $0 \leqslant m_i \leqslant n$, $i = 0, 1, \cdots, k$,则定义函数 $f(x)$ 基于 k 个插值节点 $x_{m_1}, x_{m_2}, \cdots, x_{m_k}$ 的 Lagrange 多项式为 $p_{m_1, m_2, \cdots, m_k}(x)$.

例如,设函数 $f(x) = \mathrm{e}^x$, $x_0 = 1$, $x_1 = 2$, $x_2 = 3$, $x_3 = 4$, $x_4 = 6$,则函数 $f(x)$ 基于 3 个插值节点 $x_1 = 2$, $x_2 = 3$, $x_4 = 6$ 的 Lagrange 多项式为

$$p_{1, 2, 4}(x) = \frac{(x-3)(x-6)}{(2-3)(2-6)}\mathrm{e}^2 + \frac{(x-2)(x-6)}{(3-2)(3-6)}\mathrm{e}^3 + \frac{(x-2)(x-3)}{(6-2)(6-3)}\mathrm{e}^6.$$

下面叙述一种计算 Lagrange 多项式插值的递推方法.

定理 3　设函数值 $y_i = f(x_i), i = 0, 1, \cdots, n,$，其中插值节点诸 x_i 两两互异,则函数 $f(x)$ 基于 $k+1$ 个插值节点 $x_1, x_2, \cdots, x_k$ 的 k 次 Lagrange 多项式为

$$p(x) = \frac{(x - x_j) p_{0, \cdots, j-1, j+1, \cdots, k}(x) - (x - x_i) p_{0, \cdots, i-1, i+1, \cdots, k}(x)}{x_i - x_j}. \tag{3}$$

证　令 $Q(x) \equiv p_{0, \cdots, i-1, i+1, \cdots, k}(x)$，$\widetilde{Q}(x) \equiv p_{0, \cdots, j-1, j+1, \cdots, k}(x)$，由 $Q(x), \widetilde{Q}(x) \in P_{n-1}$ 知，$p(x) \in P_n$. 若 $0 \leqslant r \leqslant k$ 且 $r \neq i, j$，则 $Q(x_r) = f(x_r) = \widetilde{Q}(x_r)$，故

$$p(x_r) = \frac{(x_r - x_j) \widetilde{Q}(x_r) - (x_r - x_i) Q(x_r)}{x_i - x_j} = f(x_r).$$

又由诸 x_i 处，$\widetilde{Q}(x_i) = f(x_i)$，于是

$$p(x_i) = \frac{(x_i - x_j) \widetilde{Q}(x_i) - (x_i - x_i) Q(x_i)}{x_i - x_j} = f(x_i).$$

同理可得 $p(x_j) = f(x_j)$，再结合 Lagrange 多项式插值的唯一性知,按(3)式给出的 $p(x)$ 为函数 $f(x)$ 基于插值节点 $x_1, x_2, \cdots, x_k$ 的 k 次 Lagrange 多项式,即 $p(x) = p_{0, 1, \cdots, k}(x)$. 证毕.

定理 3 表明高次 Lagrange 多项式可由低次 Lagrange 多项式递推算出,称之为 **Neville 方法**,其递推过程如表 4.4 所示,其中我们记为基于个互异插值节点的次 Lagrange 多项式,即

表 4.4　Lagrange 多项式递推过程(Neville 方法)

x_0	$p_0 = Q_{0, 0}$				
x_1	$p_1 = Q_{1, 0}$	$p_{0, 1} = Q_{1, 1}$			
x_2	$p_2 = Q_{2, 0}$	$p_{1, 2} = Q_{2, 1}$	$p_{0, 1, 2} = Q_{2, 2}$		
x_3	$p_3 = Q_{3, 0}$	$p_{2, 3} = Q_{3, 1}$	$p_{1, 2, 3} = Q_{3, 2}$	$p_{0, 1, 2, 3} = Q_{3, 3}$	
x_4	$p_4 = Q_{4, 0}$	$p_{3, 4} = Q_{4, 1}$	$p_{2, 3, 4} = Q_{4, 2}$	$p_{1, 2, 3, 4} = Q_{4, 3}$	$p_{0, 1, 2, 3, 4} = Q_{4, 4}$

例 4　设 $\{(x_i, f(x_i))\}_{i=0}^4$ 如表 3 所示,试用 Neville 方法计算 Lagrange 多项式.

解　由表 2 与 Lagrange 多项式 $Q_{i, j}(x)$ 的定义,易知

$$Q_{0, 0} = f(1.0), Q_{1, 0} = f(1.3), Q_{2, 0} = f(1.6), Q_{3, 0} = f(1.9), Q_{4, 0} = f(2.2).$$

利用递推算法(3)式,我们算出

$$Q_{1, 1}(1.5) = p_{0, 1}(1.5) = \frac{(x - x_0) Q_{1, 0} - (x - x_1) Q_{0, 0}}{x_1 - x_0}$$

$$= \frac{(1.5 - 1.0) \times 0.620\,086\,0 - (1.5 - 1.3) \times 0.765\,197\,7}{1.3 - 1.0} \approx 0.523\,344\,9,$$

$$Q_{2, 1}(1.5) = p_{1, 2}(1.5) = \frac{(1.5 - 1.3) \times 0.455\,402\,2 - (1.5 - 1.6) \times 0.600\,860}{1.6 - 1.3}$$

$$\approx 0.510\,296\,8.$$

同理可得

$Q_{3,1}(1.5) \approx 0.513\ 263\ 4$, $Q_{4,1}(1.5) \approx 0.510\ 427\ 0$,

$Q_{2,2}(1.5) \approx 0.512\ 471\ 5$, $Q_{3,2}(1.5) \approx 0.511\ 285\ 7$, $Q_{4,2}(1.5) \approx 0.512\ 736\ 1$,

$Q_{3,3}(1.5) \approx 0.511\ 812\ 7$, $Q_{4,3}(1.5) \approx 0.511\ 830\ 2$, $Q_{4,4}(1.5) \approx 0.511\ 820\ 0$,

如表 4.5 所示.

表 4.5　例 4 中 Lagrange 多项式递推计算结果

1.0	0.765 197 7			
1.3	0.620 086 0	0.523 344 9		
1.6	0.455 402 2	0.510 296 8	0.512 471 5	
1.9	0.281 818 6	0.513 263 4	0.511 285 7	0.511 812 7
2.2	0.110 362 3	0.510 427 0	0.513 736 1	0.511 830 2	0.511 820 0

应用 Neville 方法实际计算时,若有效数字较少,则可能导致数值误差的绝对值大于插值余项理论误差的绝对值,从而损失精度.

例 5　设函数 $f(x) = \ln x$,插值节点 $x_0 = 2.0$, $x_1 = 2.2$, $x_2 = 2.3$,试求 $f(2.1)$,结果保留 4 位有效数字.

解　易知

$$y_0 = f(x_0) = 0.693\ 1,\ y_1 = f(x_1) = 0.788\ 5,\ y_2 = f(x_2) = 0.832\ 9.$$

应用 Neville 方法,我们算出 Lagrange 多项式于 $x = 2.1$ 处的函数值如表 4.6 所示.

表 4.6　例 5 中 Lagrange 多项式递推计算结果

i	x_i	$x - x_i$	Q_{i0}	Q_{i1}	Q_{i2}
0	2.0	0.1	0.693 1		
1	2.2	−0.1	0.788 5	0.741 0	
2	2.3	−0.2	0.832 9	0.744 1	0.742 0

则

$$Q_{2,2}(2.1) = p_{0,1,2}(2.1) = 0.742\ 0.$$

取真值 $f(2.1) = \ln 2.1 \approx 0.741\ 9$,则绝对误差的绝对值为

$$|f(2.1) - Q_{2,2}(2.1)| = |0.741\ 9 - 0.742\ 0| = 10^{-4}.$$

若利用插值余项公式,则

$$|f(2.1) - p_{0,1,2}(2.1)| = \left| \frac{f'''(\xi)}{3!}(x - x_0)(x - x_1)(x - x_2) \right|$$

$$= \left| \frac{1}{3\xi^3} \times 0.1 \times (-0.1) \times (-0.2) \right|$$

$$< 8.334 \times 10^{-5},\ \xi \in (2.0, 2.3).$$

显然实际数值误差的绝对值 10^{-4} 大于插值余项的绝对值 8.334×10^{-5}. 究其原因,精度的损失在于计算结果保留 4 位有效数字,而理论结果假定保留无限位有效数字.

4.3 差商与 Newton 多项式插值

4.3.1 Newton 多项式

上节我们利用 Neville 方法递推地计算了 Lagrange 多项式于一点处的值,而在本节中,我们将利用差商方法给出 Lagrange 多项式的递推算法.

设函数 $f(x)$ 于 $n+1$ 个两两互异的插值节点 x_0,x_1,$\cdots$,x_n 处的 n 次 Lagrange 多项式为 $p_n(x) \in P_n$,为便于应用差商方法,我们将 $p_n(x)$ 写成如下形式

$$p_n(x) = a_0 + a_1(x-x_0) + a_2(x-x_0)(x-x_1) + \cdots + a_n(x-x_0)\cdots(x-x_{n-1}),$$

我们的目标是确定诸系数 a_i.

利用 $p_n(x)$ 于 x_0 处的插值性,有 $a_0 = p_n(x_0) = f(x_0)$.

再利用 $p_n(x)$ 于 x_1 处的插值性,有

$$f(x_0) + a_1(x_1 - x_0) = p_n(x_1) = f(x_1),$$

即

$$a_1 = \frac{f(x_1) - f(x_0)}{x_1 - x_0}.$$

于是,我们定义函数 $f(x)$ 于 x_i 处的 0 阶差商为 $f[x_i] = f(x_i)$,定义函数 $f(x)$ 于互异节点 x_i,x_{i+1} 处的 1 阶差商为

$$f[x_i, x_{i+1}] = \frac{f[x_{i+1}] - f[x_i]}{x_{i+1} - x_i},$$

定义函数 $f(x)$ 于两两互异节点 x_i,x_{i+1},x_{i+2} 处的 2 阶差商为

$$f[x_i, x_{i+1}, x_{i+2}] = \frac{f[x_{i+1}, x_{i+2}] - f[x_i, x_{i+1}]}{x_{i+2} - x_i}.$$

设已定义两个 $k-1$ 阶差商 $f[x_i, x_{i+1}, x_{i+2}, \cdots, x_{i+k-1}]$,$f[x_{i+1}, x_{i+2}, \cdots, x_{i+k-1}, x_{i+k}]$,

则可以定义函数 $f(x)$ 于两两互异的插值节点 x_i,x_{i+1},$\cdots$,x_{i+k} 处的 k 阶差商

$$f[x_i, x_{i+1}, \cdots, x_{i+k}] = \frac{f[x_{i+1}, x_{i+2}, \cdots, x_{i+k}] - f[x_i, x_{i+1}, \cdots, x_{i+k-1}]}{x_{i+k} - x_i}.$$

利用差商记号,我们可以验证多项式诸系数

$$a_0 = f[x_0], a_1 = f[x_0, x_1], a_2 = f[x_0, x_1, x_2], \cdots, a_n = f[x_0, x_1, \cdots, x_n],$$

于是

$$p_n(x) = f[x_0] + \sum_{k=1}^{n} f[x_0, x_1, \cdots, x_k](x-x_0)\cdots(x-x_{k-1}), \tag{1}$$

我们称(1)式为函数 $f(x)$ 于两两互异的插值节点 x_0,x_1,$\cdots$,x_k 处的 **Newton 插值多项式**,简称 **Newton 多项式**,其中插值系数

$$a_k = f[x_0, x_1, \cdots, x_k] \ (k = 0, 1, \cdots, n)$$

与插值节点 $x_0, x_1, \cdots, x_k$ 的顺序无关. 部分差商的递推计算过程如差商表 4.7 所示.

表 4.7 差商表

x	$f(x)$	1 阶差商	2 阶差商	3 阶差商	4 阶差商	5 阶差商
x_0	$f(x_0)$					
x_1	$f(x_1)$	$f[x_0, x_1]$				
x_2	$f(x_2)$	$f[x_1, x_2]$	$f[x_0, x_1, x_2]$			
x_3	$f(x_3)$	$f[x_2, x_3]$	$f[x_1, x_2, x_3]$	$f[x_0, \cdots, x_3]$		
x_4	$f(x_4)$	$f[x_3, x_4]$	$f[x_2, x_3, x_4]$	$f[x_1, \cdots, x_4]$	$f[x_0, \cdots, x_4]$	
x_5	$f(x_5)$	$f[x_4, x_5]$	$f[x_3, x_4, x_5]$	$f[x_2, \cdots, x_5]$	$f[x_1, \cdots, x_5]$	$f[x_1, \cdots, x_5]$

例 1 设平面点集 $\{(x_i, f(x_i))\}_{i=0}^{4}$, 如表 4.8 所示, 试求 $f(x)$ 于插值节点诸 x_i 处的 Newton 插值多项式 $p_4(x)$.

表 4.8 例 1 中插值信息

x	1.0	1.3	1.6	1.9	2.2
$f(x)$	0.765 197 7	0.620 086 0	0.455 402 2	0.281 818 6	0.110 362 3

解 我们建立差商表, 如表 4.9 所示, 于是所求 Newton 插值多项式为

$$p_4(x) = 0.765\,197\,7 - 0.483\,705\,7(x - 1.0) - 0.108\,733\,9(x - 1.0)(x - 1.3)$$
$$+ 0.065\,878\,40 \cdot (x - 1.0)(x - 1.3)(x - 1.6) + 0.001\,825\,103$$
$$(x - 1.0)(x - 1.3)(x - 1.6)(x - 1.9),$$

化简得到

$$p_4(x) = 0.001\,825\,103x^4 + 0.055\,292\,80x^3 - 0.343\,046\,6x^2 + 0.073\,391\,35x + 0.977\,735\,1,$$

如图 4.3 所示. 故 $p_4(1.5) = 0.511\,820\,0 = L_4(1.5)$, 其中 $L_4(x)$ 为 $f(x)$ 于诸 x_i 上的 Lagrange 多项式. 事实上, 由多项式插值唯一性, $p_4(x) \equiv L_4(x)$.

表 4.9 例 1 中插值系数的递推计算过程

i	x_i	$f[x_i]$	$f[x_{i-1}, x_i]$	$f[x_{i-2}, x_{i-1}, x_i]$	$f[x_{i-3}, \cdots, x_i]$	$f[x_{i-4}, \cdots, x_i]$
0	1.0	0.765 197 7				
1	1.3	0.620 086 0	$-0.483\,705\,7$			
2	1.6	0.455 402 2	$-0.548\,946\,0$	$-0.108\,733\,9$		
3	1.9	0.281 818 6	$-0.578\,612\,0$	$-0.049\,443\,33$	0.065 878 40	
4	2.2	0.110 362 3	$-0.571\,521\,0$	0.011 818 33	0.068 068 52	0.001 825 103

接下来, 我们将分析差商与导数之间的关系.

由二阶差商定义易知, 当 $i = 0$ 时,

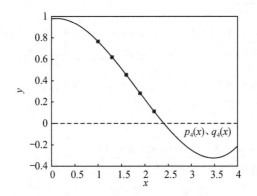

图 4.3 例 1 中 Newton 多项式

$$f[x_0, x_1] = \frac{f(x_1) - f(x_0)}{x_1 - x_0},$$

这意味着,若 $f'(x)$ 存在,则

$$f[x_0, x_1] = f'(\xi), \, \xi \in I(x_0, x_1).$$

我们推广便得到一般结论.

定理 1 设函数 $f(x) \in C^n[a, b]$,$n+1$ 个两两互异的插值节点 $x_0, x_1, \cdots, x_n \in [a, b]$,则至少存在 $\xi \in (a, b)$,使得 n 阶差商

$$f[x_0, x_1, \cdots, x_n] = \frac{f^{(n)}(\xi)}{n!}.$$

事实上,我们构造辅助函数 $g(x) = f(x) - p_n(x)$,$x \in [a, b]$,其中 $p_n(x)$ 为 $f(x)$ 于插值节点诸 x_i 上的 Newton 插值多项式. 由于 $p_n(x)$ 满足插值性,即

$$p_n(x_i) = f(x_i), \, i = 0, 1, \cdots, n,$$

故函数 $g(x)$ 于 $[a, b]$ 上有 $n+1$ 个互异实零点,于是利用 Rolle 定理,至少存在 $\xi \in I(x_0, x_1, \cdots, x_n) \subset (a, b)$,使得

$$f^{(n)}(\xi) - p_n^{(n)}(\xi) = g^{(n)}(\xi) = 0.$$

由 $p_n(x) \in P_n$ 知,

$$p_n^{(n)}(x) = n! f[x_0, x_1, \cdots, x_n],$$

于是

$$f[x_0, x_1, \cdots, x_n] = \frac{f^{(n)}(\xi)}{n!}.$$

4.3.2 均匀节点上的 Newton 多项式

当插值节点 $x_0, x_1, \cdots, x_n$ 于区间 $[a, b]$ 上呈均匀分布时,我们可以进一步精简 Newton 插值多项式.

我们记 $h = x_{i+1} - x_i$,$i = 0, 1, \cdots, n-1$,设 $x = x_0 + sh$,则 $x - x_i = (s-i)h$,于是

Newton 插值多项式(1)式为

$$p_n(x) = p_n(x_0 + sh) = f[x_0] + shf[x_0, x_1] + s(s-1)h^2 f[x_0, x_1, x_2]$$
$$+ s(s-1)\cdots(s-n+1)h^n f[x_0, x_1, \cdots, x_n]$$
$$= f[x_0] + \sum_{k=1}^{n} s(s-1)\cdots(s-k+1)h^k f[x_0, x_1, \cdots, x_k].$$

引入记号

$$\binom{s}{k} = \frac{s(s-1)\cdots(s-k+1)}{k!}, \quad k = 1, 2, \cdots n,$$

上式即为

$$p_n(x) = f[x_0] + \sum_{k=1}^{n} \binom{s}{k}(k!)h^k f[x_0, x_1, \cdots, x_k], \tag{2}$$

我们称(2)式为**基于向前差商的 Newton 插值多项式**，此时定义相应的 **Newton 向前差商**为

$$f[x_0, x_1] = \frac{f(x_1) - f(x_0)}{x_1 - x_0} = \frac{1}{h}\Delta f(x_0),$$

$$f[x_0, x_1, x_2] = \frac{1}{2h} \cdot \frac{\Delta f(x_1) - \Delta f(x_0)}{h} = \frac{1}{2h^2}\Delta^2 f(x_0),$$

一般地，

$$f[x_0, x_1, \cdots, x_k] = \frac{1}{(k!)h^k}\Delta^k f(x_0),$$

于是(2)式又可写成

$$p_n(x) = f[x_0] + \sum_{k=1}^{n} \binom{s}{k}\Delta^k f(x_0).$$

若我们将插值节点顺序记为 $x_n, x_{n-1}, \cdots, x_1, x_0$，诸 $x_{i+1} - x_i = h$，则相应的 Newton 插值多项式(1)式为

$$q_n(x) = f[x_n] + f[x_n, x_{n-1}](x-x_n) + f[x_n, x_{n-1}, x_{n-2}](x-x_n)(x-x_{n-1})$$
$$+ \cdots + f[x_n, x_{n-1}, \cdots, x_0](x-x_n)(x-x_{n-1})\cdots(x-x_1).$$

记 $x = x_n + sh$，则

$$x - x_i = (x_n + sh) - [x_n - (n-i)h] = (s-n+i)h,$$

于是

$$q_n(x) = q_n(x_n + sh) = f[x_n] + shf[x_n, x_{n-1}] + s(s+1)h^2 f[x_n, x_{n-1}, x_{n-2}]$$
$$+ \cdots + s(s+1)\cdots(s+n-1)h^n f[x_n, x_{n-1}, \cdots, x_0], \tag{3}$$

我们称(3)式为基于向后差商的 Newton 插值多项式.

定义 1 给定序列 $\{c_n\}_{n=0}^{\infty}$，定义 1 阶向后差分形如

$$\nabla c_n = c_n - c_{n-1}, \quad n \geqslant 1,$$

递推地定义 k 阶向后差分形如

$$\nabla^k c_n = \nabla(\nabla^{k-1} c_n),\ k \geqslant 2.$$

借助于向后差分概念,我们定义与(3)式相应的 1 阶向后差商

$$f[x_n,\ x_{n-1}] = \frac{1}{h}\nabla f(x_n),$$

2 阶向后差商

$$f[x_n,\ x_{n-1},\ x_{n-2}] = \frac{1}{2h^2}\nabla^2 f(x_n),$$

k 阶向后差商

$$f[x_n,\ x_{n-1},\ \cdots,\ x_{n-k}] = \frac{1}{(k!)h^k}\nabla^k f(x_n),$$

因此,(3)式又可写成

$$q_n(x) = f[x_n] + s\nabla f(x_n) + \frac{s(s+1)}{2}\nabla^2 f(x_n) + \cdots + \frac{s(s+1)\cdots(s+n-1)}{n!}\nabla^n f(x_n).$$

引入记号

$$\binom{-s}{k} = \frac{-s(-s-1)\cdots(-s-k+1)}{k!} = (-1)^k \cdot \frac{s(s+1)\cdots(s+k-1)}{k!},\ k = 1,\ 2,\ \cdots n,$$

则基于向后差商的 Newton 插值多项式(11)式可写成

$$q_n(x) = f[x_n] + \sum_{k=1}^{n}(-1)^k\binom{-s}{k}\nabla^k f(x_n).$$

例 2　利用例 1 中的题设条件,试求 $f(x)$ 于插值节点 $x_4,\ x_3,\ x_2,\ x_1,\ x_0$ 上的基于向后差商的 Newton 插值多项式.

解　由例 1,我们计算出向前差商(下划实线)与向后差商(**上划实线**),如表 4.10 所示,于是所求的基于向后差商的 Newton 插值多项式为

$$q_4(x) = 0.110\,362\,3 - 0.571\,521\,0(x-2.2) + 0.011\,818\,33(x-2.2)(x-1.9)$$
$$+ 0.068\,068\,52 \cdot (x-2.2)(x-1.9)(x-1.6) + 0.001\,825\,103$$
$$(x-2.2)(x-1.9)(x-1.6)(x-1.3),$$

化简后得到

$$q_4(x) \equiv p_4(x).$$

事实上,由 Newton 插值多项式的唯一性即可证明,且如图 1 所示.

那么,何时采用基于向前或向后差商的 Newton 插值多项式呢?

对例 1 而言,若需计算 $f(1.1)$ 的近似值,则由于 $x=1.1$ 在 $x_0=1.0$ 附近,故此时

$$x = 1.1 = x_0 + sh = 1.0 + \frac{1}{3}\times 0.3,$$

我们采用基于向前差商的 Newton 插值多项式(2)式,得到

$$p_4(1.1) = p_4\left(1.0 + \frac{1}{3} \times 0.3\right) = 0.765\,199\,7 + \frac{1}{3} \times 0.3 \times (-0.483\,705\,7) + \frac{1}{3}$$

$$\times \left(-\frac{2}{3}\right) \times 0.3^2 \times (-0.108\,733\,9) + \frac{1}{3} \times \left(-\frac{2}{3}\right) \times \left(-\frac{5}{3}\right)$$

$$\times 0.3^3 \times 0.065\,878\,40 + \frac{1}{3} \times \left(-\frac{2}{3}\right) \times \left(-\frac{5}{3}\right) \times \left(-\frac{8}{3}\right)$$

$$\times 0.3^4 \times 0.001\,825\,103 \approx 0.719\,648\,0.$$

表 4.10　例 2 中 Newton 向后差商递推计算结果

i	x_i	$f[x_i]$	$f[x_{i-1}, x_i]$	$f[x_{i-2}, x_{i-1}, x_i]$	$f[x_{i-3}, \cdots, x_i]$	$f[x_{i-4}, \cdots, x_i]$
0	1.0	0.765 197 7				
1	1.3	0.620 086 0	−0.483 705 7			
2	1.6	0.455 402 2	−0.548 946 0	−0.108 733 9		
3	1.9	0.281 818 6	−0.578 612 0	−0.049 443 33	0.065 878 40	
4	2.2	0.110 362 3	−0.571 521 0	0.011 818 33	0.068 068 52	0.001 825 103

若需算出 $f(2.0)$ 的近似值,则考虑到 $x = 2.0$ 在 $x_4 = 2.2$ 附近,故此时

$$x = 2.0 = x_4 + sh = 2.2 + \left(-\frac{2}{3}\right) \times 0.3,$$

于是应用基于向后差商的 Newton 插值多项式(10)式,算得

$$q_4(2.0) = q_4\left(2.2 - \frac{2}{3} \times 0.3\right) = 0.110\,362\,3 - \frac{2}{3} \times 0.3 \times (-0.571\,521\,0) - \frac{2}{3}$$

$$\times \frac{1}{3} \times 0.3^2 \times 0.011\,818\,33 - \frac{2}{3} \times \frac{1}{3} \times \frac{4}{3} \times 0.3^3 \times 0.068\,068\,52$$

$$-\frac{2}{3} \times \frac{1}{3} \times \frac{4}{3} \times \frac{7}{3} \times 0.3^4 \times 0.001\,825\,103 \approx 0.223\,875\,4.$$

4.4　Hermite 多项式及其递推算法

4.4.1　Hermite 多项式

切触插值多项式是 Taylor 多项式与 Lagrange 多项式的推广形式. 设给定 $n+1$ 个两两互异的插值节点 $x_0, x_1, \cdots, x_n \in [a, b]$,非负整数 $m_0, m_1, \cdots, m_n$ 以及 $m = \max\{m_0, m_1, \cdots, m_n\}$,$f(x) \in C^n[a, b]$,则函数 $f(x)$ 的切触多项式指的是,对每个 $i = 0, 1, \cdots, n$,于诸 x_i 处具有直到 m_i 阶导数值等于函数 $f(x)$ 的 m_i 阶导数值的多项式,其次数最多为

$$M = \sum_{i=1}^{n} m_i + n.$$

事实上,易知上述独立条件的个数为 $\sum_{i=0}^{n}(m_i + 1) = M + 1$,因而可唯一确定 M 次多

项式.

定义 1 设 x_0，x_1，$\cdots$，x_n 为区间 $[a, b]$ 上 $n+1$ 个两两互异的插值节点，m_0，m_1，$\cdots$，m_n 为非负整数，$f(x) \in C^m[a, b]$，$m = \max\limits_i \{m_i\}$，则称 $P(x)$ 为函数 $f(x)$ 的切触多项式，若 $P(x)$ 是满足切触插值条件

$$\frac{d^k P(x_i)}{dx^k} = \frac{d^k f(x_i)}{dx^k} \ (i = 0, 1, \cdots, n; k = 0, 1, \cdots, m_i)$$

的次数最低的多项式.

我们不难发现，当 $n = 0$ 时，函数 $f(x)$ 的切触多项式是 $f(x)$ 于 x_0 处的 m_0 阶 Taylor 多项式；当诸 $m_i = 0$ 时，$f(x)$ 的切触多项式是 $f(x)$ 于插值节点 x_0，x_1，$\cdots$，x_n 处的 Lagrange 多项式.

特别地，对每个 $i = 0, 1, \cdots, n$，当诸 $m_i = 1$ 时，我们称此时的切触多项式为 $f(x)$ 的 Hermite 多项式. 以几何图形观之，函数 $f(x)$ 的 Hermite 多项式经过 $f(x)$ 的插值节点，且与 $f(x)$ 在插值节点处具有相同的切线. 本节，我们的研究对象是 Hermite 多项式.

定理 1 设函数 $f(x) \in C^1[a, b]$，$n+1$ 个两两互异的插值节点 x_0，x_1，$\cdots$，$x_n \in [a, b]$，则存在唯一的 Hermite 多项式

$$H_{2n+1}(x) = \sum_{i=0}^{n} f(x_i) \alpha_i(x) + \sum_{i=0}^{n} f'(x_i) \beta_i(x)$$

满足 Hermite 插值条件

$$H_{2n+1}(x_i) = f(x_i), \ H'_{2n+1}(x_i) = f'(x_i), \ i = 0, 1, \cdots, n, \tag{1}$$

其中 Hermite 基函数为

$$\begin{cases} \alpha_i(x) = [1 - 2(x - x_i) l'_i(x_i)] l_i^2(x), \\ \beta_i(x) = (x - x_i) l_i^2(x), \ i = 0, 1, \cdots, n, \end{cases} \tag{2}$$

且诸 $l_i(x)$ 为 Lagrange 基函数

$$l_i(x) = \frac{(x - x_0) \cdots (x - x_{i-1})(x - x_{i+1}) \cdots (x - x_n)}{(x_i - x_0) \cdots (x_i - x_{i-1})(x_i - x_{i+1}) \cdots (x_i - x_n)}.$$

进一步，若 $f(x) \in C^{2n+2}[a, b]$，则至少存在 $\xi \in (a, b)$，使得

$$f(x) = H_{2n+1}(x) + \frac{f^{(2n+2)}(\xi)}{(2n+2)!} \prod_{i=0}^{n} (x - x_i)^2. \tag{3}$$

证 首先，由 Lagrange 基函数性质

$$l_i(x_j) = \begin{cases} 0, & \text{当 } i \neq j, \\ 1, & \text{当 } i = j, \end{cases}$$

我们得到 Hermite 基函数具有如下性质：当 $i \neq j$ 时，

$$\alpha_i(x_j) = 0 = \beta_i(x_j),$$

又

$$\alpha_i(x_i) = 1, \ \beta_i(x_i) = 0,$$

故

$$H_{2n+1}(x_i) = \sum_{\substack{j=0 \\ j \neq i}}^{n} f(x_j) \cdot 0 + f(x_i) \cdot 1 + \sum_{j=0}^{n} f'(x_j) \cdot 0 = f(x_i).$$

又由(2)式知，Lagrange 基函数 $l_i(x)$ 必为 $\alpha_i'(x)$ 与 $\beta_i'(x)$ 的一个乘积因子，故当 $i \neq j$ 时，

$$\alpha_i'(x_j) = 0 = \beta_i'(x_j),$$

当 $i = j$ 时，

$$\begin{aligned}
\alpha_i'(x_i) &= -2l_i'(x_i)l_i^2(x_i) + [1 - 2(x_i - x_i)l_i'(x_i)] \cdot 2l_i(x_i)l_i'(x_i) \\
&= -2l_i'(x_i) + 2l_i'(x_i) = 0, \\
\beta_i'(x_i) &= l_i^2(x_i) + (x_i - x_i) \cdot 2l_i(x_i)l_i'(x_i) = 1,
\end{aligned}$$

于是

$$H_{2n+1}'(x_i) = \sum_{j=0}^{n} f(x_j) \cdot 0 + \sum_{\substack{j=0 \\ j \neq i}}^{n} f'(x_j) \cdot 0 + f'(x_i) \cdot 1 = f'(x_i).$$

再者，假设存在另一个 $2n+1$ 次 Hermite 多项式 $\widetilde{H}_{2n+1}(x) \in P_{2n+1}$ 满足 Hermite 插值条件(1)式，令

$$g(x) = H_{2n+1}(x) - \widetilde{H}_{2n+1}(x), \ x \in [a, b],$$

则

$$g(x_i) = 0, \ g'(x_i) = 0, \ i = 0, 1, \cdots, n,$$

即 $g(x)$ 于区间 $[a, b]$ 上有 $2(n+1)$ 个二重零点诸 x_i，这里重数按个数算，故由 $g(x) \in P_{2n+1}$ 知，

$$g(x) \equiv 0, \ x \in [a, b],$$

即

$$H_{2n+1}(x) \equiv \widetilde{H}_{2n+1}(x), \ x \in [a, b],$$

由此证明了 Hermite 插值的唯一性.

最后，我们证明 Hermite 插值余项公式. 当 $x = x_i (i = 0, 1, \cdots, n)$ 时，由 Hermite 插值条件(1)式，易知(3)式成立.

当 $x \neq x_i (i = 0, 1, \cdots, n)$ 时，我们构造辅助函数

$$\varphi(t) = f(t) - H_{2n+1}(t) - \frac{(t-x_0)^2 \cdots (t-x_n)^2}{(x-x_0)^2 \cdots (x-x_n)^2} (f(x) - H_{2n+1}(x)), \ x \in [a, b],$$

则 $\varphi(x) = 0$，且

$$\varphi'(t) = f'(t) - H_{2n+1}'(t) - \frac{\mathrm{d}}{\mathrm{d}t} \left(\prod_{i=0}^{n} (t-x_i)^2 \right) \frac{f(x) - H_{2n+1}(x)}{(x-x_0)^2 \cdots (x-x_n)^2},$$

易知 $\varphi'(x_i) = 0$，故 $\varphi(t)$ 于区间 $[a, b]$ 上有 $2n+3$ 个零点 $x, x_i (i = 0, 1, \cdots, n$，二重)，这里重数按个数算，于是使用 Rolle 定理 $2n+2$ 次知，至少存在 $\xi \in I(x_0, \cdots, x_n, x) \subset (a, b)$，使得

$$0 = \varphi^{(2n+2)}(\xi) = f^{(2n+2)}(\xi) - \frac{(2n+2)!}{(x-x_0)^2 \cdots (x-x_n)^2}(f(x) - H_{2n+1}(x)),$$

即

$$f(x) - H_{2n+1}(x) = \frac{f^{(2n+2)}(\xi)}{(2n+2)!}(x-x_0)^2 \cdots (x-x_n)^2,$$

故 Hermite 插值余项(3)式成立. 定理证毕.

例 1　给定 Hermite 插值信息如表 4.11 所示,试求相应的 Hermite 多项式于 $x = 1.5$ 处的值.

表 4.11　例 1 中插值信息

k	x_k	$f(x_k)$	$f'(x_k)$
0	1.3	0.620 086 0	$-0.522\ 023\ 2$
1	1.6	0.455 402 2	$-0.569\ 895\ 9$
2	1.9	0.281 818 6	$-0.581\ 157\ 1$

解　我们首先分别算出 Lagrange 基函数

$$\begin{cases} l_0(x) = \dfrac{(x-x_1)(x-x_2)}{(x_0-x_1)(x_0-x_2)} = \dfrac{50}{9}x^2 - \dfrac{175}{9}x + \dfrac{152}{9}, \\[2mm] l_1(x) = \dfrac{(x-x_0)(x-x_2)}{(x_1-x_0)(x_1-x_2)} = -\dfrac{100}{9}x^2 + \dfrac{320}{9}x - \dfrac{247}{9}, \\[2mm] l_2(x) = \dfrac{(x-x_0)(x-x_1)}{(x_2-x_0)(x_2-x_1)} = \dfrac{50}{9}x^2 - \dfrac{145}{9}x + \dfrac{104}{9}, \end{cases}$$

及其导函数

$$\begin{cases} l_0'(x) = \dfrac{100}{9}x - \dfrac{175}{9}, \\[2mm] l_1'(x) = -\dfrac{200}{9}x + \dfrac{320}{9}, \\[2mm] l_2'(x) = \dfrac{100}{9}x - \dfrac{145}{9}. \end{cases}$$

再者,我们由此算出相应的 Hermite 基函数

$$\alpha_0(x) = [1 - 2(x-x_0)l_0'(x_0)]l_0^2(x) = (10x-12)\left(\frac{50}{9}x^2 - \frac{175}{9}x + \frac{152}{9}\right)^2,$$

$$\alpha_1(x) = [1 - 2(x-x_1)l_1'(x_1)]l_1^2(x) = \left(-\frac{100}{9}x^2 + \frac{320}{9}x - \frac{247}{9}\right)^2,$$

$$\alpha_2(x) = [1 - 2(x-x_2)l_2'(x_2)]l_2^2(x) = (20-10x)\left(\frac{50}{9}x^2 - \frac{145}{9}x + \frac{104}{9}\right)^2,$$

$$\beta_0(x) = (x-x_0)l_0^2(x) = (x-1.3)\left(\frac{50}{9}x^2 - \frac{175}{9}x + \frac{152}{9}\right)^2,$$

$$\beta_1(x) = (x-x_1)l_1^2(x) = (x-1.6)\left(-\frac{100}{9}x^2 + \frac{320}{9}x - \frac{247}{9}\right)^2,$$

$$\beta_2(x) = (x-x_2)l_2^2(x) = (x-1.9)\left(\frac{50}{9}x^2 - \frac{145}{9}x + \frac{104}{9}\right)^2.$$

最后,利用上述 Hermite 基函数,我们得到所求的 5 次 Hermite 多项式为

$$H_5(x) = \sum_{i=0}^{2} f(x_i)\alpha_i(x) + \sum_{i=0}^{2} f'(x_i)\beta_i(x),$$

化简得到

$$\begin{aligned}H_5(x) = &-0.002\,774\,691x^5 + 0.024\,031\,79x^4 - 0.014\,556\,08x^3 - 0.235\,216\,2x^2\\ &-0.008\,229\,233x + 1.001\,944,\end{aligned}$$

于是 $H_5(1.5) \approx 0.511\,827\,7$.

易算出经过此 3 点的 Lagrange 多项式为 $L_2(x) = -0.049\,443\,33x^2 - 0.405\,560\,3x + 1.230\,874$.

多项式 $L_2(x)$、$H_5(x)$ 如图 4.4 所示.

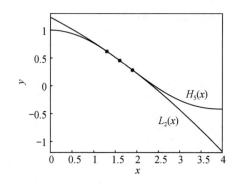

图 4.4　例 1 中 Lagrange 多项式与 Hermite 多项式

4.4.2　Hermite 多项式的递推算法

考虑到利用定理 1 计算 Hermite 多项式直接计算的复杂性,我们介绍一种 Hermite 多项式的递推算法.

设 $n+1$ 个插值节点两两互异,给定函数值诸 $f(x_i)$ 与导数值诸 $f(x_i)$,定义新的序列 $\{z_i\}_{i=0}^{2n+1}$,且

$$z_{2i} = z_{2i+1} = x_i,\ i = 0, 1, \cdots, n.$$

由于对每个 i,$z_{2i} = z_{2i+1} = x_i$,故我们不能利用 Newton 差商来计算,故取而代之的是导数值,即对 $i = 0, 1, \cdots, n$,我们定义

$$f[z_{2i}, z_{2i+1}] = f'(z_{2i}) = f'(x_i),$$

由此建立新的关于的 Hermite 差商表,如表 4.12 所示,其中当下列各式右边分母不为 0 时,按 Newton 差商方法计算,如

$$f[z_1, z_2] = \frac{f[z_2] - f[z_1]}{z_2 - z_1}, \quad f[z_3, z_4] = \frac{f[z_4] - f[z_3]}{z_4 - z_3},$$

$$f[z_0, z_1, z_2] = \frac{f[z_1, z_2] - f[z_0, z_1]}{z_2 - z_0}, \quad f[z_1, z_2, z_3] = \frac{f[z_2, z_3] - f[z_1, z_2]}{z_3 - z_1},$$

$$\cdots$$

$$f[z_0, z_1, \cdots, z_{2n+1}] = \frac{f[z_1, \cdots, z_{2n+1}] - f[z_0, \cdots, z_{2n}]}{z_{2n+1} - z_0},$$

因此，我们得到 $2n+1$ 次 Hermite 多项式

$$H_{2n+1}(x) = f[z_0] + \sum_{k=1}^{2n+1} f[z_0, \cdots, z_k](x - z_0)(x - z_1)\cdots(x - z_{k-1}), \tag{4}$$

其证明过程可参见[1].

表 4.12　Hermite 差商表

z	$f(z)$	1 阶差商	2 阶差商	3 阶差商	4 阶差商	5 阶差商
$z_0 = x_0$	$f[z_0]$ $= f(x_0)$					
$z_1 = x_0$	$f[z_1]$ $= f(x_1)$	$f[z_0, z_1]$ $= f'(x_0)$				
$z_2 = x_1$	$f[z_2]$ $= f(x_2)$	$f[z_1, z_2]$	$f[z_0, z_1, z_2]$			
$z_3 = x_1$	$f[z_3]$ $= f(x_3)$	$f[z_2, z_3]$ $= f'(x_1)$	$f[z_1, z_2, z_3]$	$f[z_0, \cdots, z_3]$		
$z_4 = x_2$	$f[z_4]$ $= f(x_4)$	$f[z_3, z_4]$	$f[z_2, z_3, z_4]$	$f[z_1, \cdots, z_4]$	$f[z_0, \cdots, z_4]$	
$z_5 = x_2$	$f[z_5]$ $= f(x_5)$	$f[z_4, z_5]$ $= f'(x_2)$	$f[z_3, z_4, z_5]$	$f[z_2, \cdots, z_5]$	$f[z_1, \cdots, z_5]$	$f[z_0, \cdots, z_5]$

例 2　设 Hermite 插值信息如表 4.13 所示，试建立 Hermite 差商表，求出 Hermite 多项式.

解　我们递推算出 Hermite 差商，如表 4.13 所示，则所得 5 次 Hermite 多项式的系数

$$f[z_0], f[z_0, \cdots, z_k], \quad k = 1, 2, 3, 4$$

为表 4.13 划线部分的 Hermite 差商值.

再将这些插值系数代入(4)式，并化简，有

$$H_5(x) = -0.002\,774\,691x^5 + 0.024\,031\,79x^4 - 0.014\,556\,08x^3 - 0.235\,216\,2x^2$$
$$- 0.008\,229\,233x + 1.001\,944,$$

显然与例 1 的结果一致.

表 4.13　例 2 中插值信息与 Hermite 插值系数

$f(z_i)$	1 阶差商	2 阶差商	3 阶差商	4 阶差商	5 阶差商
<u>0.620 086 0</u>					
0.620 086 0	<u>− 0.522 023 2</u>				
0.455 402 2	− 0.548 946 0	<u>− 0.089 742 67</u>			
0.455 402 2	− 0.569 895 9	− 0.069 833 00	<u>0.066 365 56</u>		
0.281 818 6	− 0.578 612 0	− 0.029 053 67	0.067 965 56	<u>0.002 666 667</u>	
0.281 818 6	− 0.581 157 1	− 0.008 483 667	0.068 566 67	0.001 001 852	<u>− 0.002 774 691</u>

4.5　分段线性插值与三次样条插值

4.5.1　Runger 现象与分段线性插值

前两节,我们研究了闭区间上任意函数的多项式插值问题. 然而,在大多数情况下,如等分区间,当插值节点数目增多时,相应的切触多项式次数必然升高,从而使得逼近效果更差,我们称这种数值现象为 **Runger 现象**.

例如,我们分别选取飞鸟上半轮廓 ADB、下半轮廓 ACB 上 21 个平面数据 $\{(x_i, y_i)\}_{i=0}^{20}$,如表 4.14 所示,由此构造上的 20 次 Lagrange 多项式或 Newton 插值多项式 $L_{20}(x)$,并绘图,分别如图 4.5、图 4.6 所示. 很明显,这类多项式的逼近效果很不好.

表 4.14　飞鸟轮廓的插值信息

j	x_j	$f(x_j)(ADB)$	$f(x_j)(ACB)$
0	0.9	1.3	1.3
1	1.3	1.5	1.1
2	1.9	1.85	1.15
3	2.1	2.1	1.25
4	2.6	2.6	1.25
5	3.0	2.7	1.1
6	3.9	2.4	1.05
7	4.4	2.15	1.0
8	4.7	2.05	0.75
9	5.0	2.1	0.5
10	6.0	2.25	− 0.5
11	7.0	2.3	− 0.75
12	8.0	2.25	− 0.73
13	9.2	1.95	− 0.63

j	x_j	$f(x_j)$(ADB)	$f(x_j)$(ACB)
14	10.5	1.4	-0.1
15	11.3	0.9	-0.05
16	11.6	0.7	0
17	12.0	0.6	0.02
18	12.6	0.5	0.1
19	13.0	0.4	0.2
20	13.3	0.25	0.25

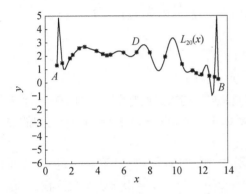

图 4.5　基于飞鸟上半轮廓数据的 Lagrange 多项式　　图 4.6　基于飞鸟下半轮廓数据的 Lagrange 多项式

　　于是人们采用"分段函数逼近"来取代"整体逼近",将区间剖分成若干子区间,于每个子区间上构造低次逼近多项式,我们称之为分段多项式逼近.

　　最简单的分段多项式逼近是**分段线性插值**,即依次连接平面点集而得到的折线插值. 例如,我们依然分别选取飞鸟上、下轮廓上 21 个平面数据 $\{(x_i, y_i)\}_{i=0}^{20}$,如表 1 所示,由此得到分段线性插值,如图 4.7 所示. 通过图 4.7,我们不难发现,分段线性插值的不足之处在于插值函数于连接点处达不到光滑拼接. 考虑到实际物理条件需要插值函数具有光滑性,因此,我们希望所构造的插值函数连续可导.

　　我们自然想到分段 Hermite 插值,设 $n+1$ 个插值节点 $x_0 < x_1 < \cdots < x_n$,给定相应的函数值诸 $f(x_i)$ 与导数值诸 $f'(x_i)$,我们可以于每个子区间

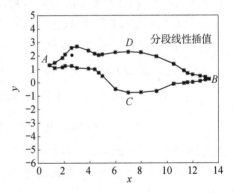

图 4.7　基于飞鸟轮廓的分段线性插值

$[x_i, x_{i+1}](i = 0, 1, \cdots, n-1)$ 上构造三次 Hermite 多项式. 显然,所得到的分段三次 Hermite 多项式于区间 $[x_0, x_n]$ 上连续可导. 然而,为了建立分段 Hermite 多项式,我们需要知道被逼函数于插值节点处的导数值,这往往不可知.

4.5.2　三次样条插值

下面我们将致力于研究这样一类分段低次多项式插值,其中被插函数于插值节点处导数值未知,而于区间端点处的导数值已知. 最常用的这类分段多项式逼近是,采用依次连接相邻插值节点所得到的三次多项式插值,我们称之为三次样条插值. 由于每个三次多项式均含有 4 个待定系数,所以我们可以引入这类多项式的光滑拼接条件加以确定,这样就不需要被插函数于插值节点处的导数值.

定义 1　设函数 $f(x)$,$x \in [a, b]$,$n+1$ 个插值节点 $a = x_0 < x_1 < \cdots < x_n = b$,多项式 $S(x)$ 称为 $f(x)$ 的**三次样条插值函数**,若 $S(x)$ 满足

$S(x) \equiv S_j(x)$ 为子区间 $[x_j, x_{j+1}]$ 上的三次多项式,其中 $j = 0, 1, \cdots, n-1$;

(2) $S(x_j) = f(x_j)$,$j = 0, 1, \cdots, n$;

(3) $S_{j+1}^{(k)}(x_{j+1}) = S_j^{(k)}(x_{j+1})$,$j = 0, 1, \cdots, n-1$,$k = 0, 1, 2$;

(4) 下述边界条件之一:

(a)(自由或自然边界条件)$S''(x_0) = 0 = S''(x_n)$,

(b)(紧压边界条件)$S'(x_0) = f'(x_0)$,$S'(x_n) = f'(x_n)$.

上述定义是合理的. 事实上,由条件(i),我们知分段三次多项式 $S(x)$ 共含有 $4n$ 个未知系数,而条件(ii)、(iii)及条件(iv)(选其一)共包含 $(n+1)+3(n-1)+2 = 4n$ 个已知的独立信息,因此可以确定三次样条插值函数 $S(x)$.

同时,我们也注意到,若考虑二次样条插值函数,则我们可以写出类似的定义,从而得知,我们需要确定 $3n$ 个未知系数,而已知 $(n+1)+2(n-1)+2 = 3n+1$ 个独立信息,很明显,这给求解未知系数带来麻烦.

定义 1 中,我们称满足自然边界条件(a)的三次样条插值函数为**自然样条**. 以几何意义观之,自然样条于区间两端点处曲率为 0,而满足紧压边界条件(b)的**紧压样条**则包含了被插函数于区间端点处更多的导数信息,因此,紧压样条的逼近精度往往更高.

下面我们建立给定函数 $f(x)$ 的三次样条插值函数 $S(x)$.

首先,由定义 1 条件(i),对 $j = 0, 1, \cdots, n-1$,设

$$S(x) \equiv S_j(x) = a_j + b_j(x-x_j) + c_j(x-x_j)^2 + d_j(x-x_j)^3, \quad x \in [x_j, x_{j+1}].$$

由 $S_j(x_j) = a_j = f(x_j)$ 及条件(iii)($k = 0$)知,对 $j = 0, 1, \cdots, n-2$,有

$$a_{j+1} = S_{j+1}(x_{j+1}) = S_j(x_{j+1}) = a_j + b_j h_j + c_j h_j^2 + d_j h_j^3,$$

其中 $h_j = x_{j+1} - x_j$,$j = 0, 1, \cdots, n-1$.

若定义 $a_n = f(x_n)$,则我们得到

$$a_{j+1} = a_j + b_j h_j + c_j h_j^2 + d_j h_j^3, \quad j = 0, 1, \cdots, n-1. \tag{1}$$

其次,由

$$S_j'(x) = b_j + 2c_j(x-x_j) + 3d_j(x-x_j)^2,$$

知 $S_j'(x_j) = b_j$,$j = 0, 1, \cdots, n-1$.

若定义 $b_n = S'(x_n)$,则由条件(ii)($k = 1$)知,

$$b_{j+1} = b_j + 2c_j h_j + 3d_j h_j^2, \ j = 0, 1, \cdots, n-1. \tag{2}$$

再者,类似地,定义 $c_n = S''(x_n)/2$,则利用条件(iii)($k=2$)可得到

$$c_{j+1} = c_j + 3d_j h_j, \ j = 0, 1, \cdots, n-1,$$

故

$$d_j = \frac{c_{j+1} - c_j}{3h_j}, \ j = 0, 1, \cdots, n-1. \tag{3}$$

将(3)代入(1)式与(2)式,则分别推导出

$$a_{j+1} = a_j + b_j h_j + \frac{h_j^2}{3}(2c_j + c_{j+1}), \ j = 0, 1, \cdots, n-1, \tag{4}$$

与

$$b_{j+1} = b_j + h_j(c_j + c_{j+1}), \ j = 0, 1, \cdots, n-1. \tag{5}$$

由(4)式得到

$$b_j = \frac{a_{j+1} - a_j}{h_j} - \frac{h_j}{3}(2c_j + c_{j+1}), \ j = 0, 1, \cdots, n-1, \tag{6}$$

即

$$b_{j-1} = \frac{a_j - a_{j-1}}{h_{j-1}} - \frac{h_{j-1}}{3}(2c_{j-1} + c_j), \ j = 1, 2, \cdots, n. \tag{7}$$

又由(5)式得到

$$b_j = b_{j-1} + h_{j-1}(c_{j-1} + c_j), \ j = 1, 2, \cdots, n. \tag{8}$$

最后,我们将(6)式、(7)式代入(8)式,我们推出

$$\frac{a_{j+1} - a_j}{h_j} - \frac{h_j}{3}(2c_j + c_{j+1}) = \frac{a_j - a_{j-1}}{h_{j-1}} - \frac{h_{j-1}}{3}(2c_{j-1} + c_j) + h_{j-1}(c_{j-1} + c_j),$$

化简得到对 $j = 1, 2, \cdots, n-1$,

$$h_{j-1}c_{j-1} + 2(h_{j-1} + h_j)c_j + h_j c_{j+1} = \frac{3}{h_j}(a_{j+1} - a_j) - \frac{3}{h_{j-1}}(a_j - a_{j-1}), \tag{9}$$

显然这是关于 $n+1$ 个未知系数 $\{c_j\}_{j=0}^n$ 的 $n-1$ 元线性方程组,而 $\{h_j\}_{j=0}^{n-1}$ 与 $\{a_j\}_{j=0}^n$ 分别为已知的子区间步长与插值节点处的函数值. 因此,若能求出系数 $\{c_j\}_{j=0}^n$,则由(6)式可求出系数 $\{b_j\}_{j=0}^{n-1}$,由(3)式求出系数 $\{d_j\}_{j=0}^{n-1}$,由此建立三次样条插值函数 $\{S_j(x)\}_{j=0}^{n-1}$.

接下来的主要问题便是由方程组(9)式能否求出未知系数 $\{c_j\}_{j=0}^n$,若能求出,解是否唯一? 令人鼓舞地是,下述两定理将表明,选择定义 1 中自然边界条件(a)或紧压边界条件(b),解都唯一存在.

定理 1 设 $f(x)$ 于插值节点 $a = x_0 < x_1 < \cdots < x_n = b$ 处的函数值诸已知,则存在唯一的自然样条插值函数 $S(x)$ 满足自然边界条件 $S''(a) = 0 = S''(b)$.

证 由边界条件知,$c_n = S''(x_n)/2 = 0$,且

$$0 = S''(x_0) = 2c_0 + 6d_0(x_0 - x_0),$$

故 $c_0 = 0$.

于是将 $c_0 = 0 = c_n$ 与线性方程组(10)式联立,便得到 $n+1$ 元线性方程组 $Ax = b$,其中未知系数 $x = \{c_0, c_1, c_2, \cdots, c_{n-1}, c_n\}$,且系数矩阵与非齐次项分别为

$$
A = \begin{pmatrix}
1 & 0 & 0 & 0 & \cdots & 0 \\
h_0 & 2(h_0 + h_1) & h_1 & 0 & \cdots & 0 \\
0 & h_1 & 2(h_1 + h_2) & h_2 & \cdots & 0 \\
\cdots & \cdots & \cdots & \cdots & \cdots & \cdots \\
0 & 0 & \cdots & h_{n-2} & 2(h_{n-2} + h_{n-1}) & h_{n-1} \\
0 & 0 & \cdots & 0 & 0 & 1
\end{pmatrix},
$$

$$
b = \begin{pmatrix}
0 \\
\dfrac{3}{h_1}(a_2 - a_1) - \dfrac{3}{h_0}(a_1 - a_0) \\
\dfrac{3}{h_2}(a_3 - a_2) - \dfrac{3}{h_1}(a_2 - a_1) \\
\vdots \\
\dfrac{3}{h_{n-1}}(a_n - a_{n-1}) - \dfrac{3}{h_{n-2}}(a_{n-1} - a_{n-2}) \\
0
\end{pmatrix}.
$$

由于系数矩阵 A 严格对角占优,故 $Ax = b$ 有唯一解,即存在唯一 $\{c_j\}_{j=0}^{n}$,进而存在唯一的自然样条插值函数 $S(x)$. 证毕.

定理 2 若 $f(x)$ 于插值节点 $a = x_0 < x_1 < \cdots < x_n = b$ 处函数值诸 $f(x_i)$ 与区间端点处的导数值 $f'(a)$、$f'(b)$ 均已知,则存在唯一的紧压样条插值函数 $S(x)$,满足紧压边界条件

$$
S'(a) = f'(a) \text{ 与 } S'(b) = f'(b).
$$

证 因为 $f'(a) = S'(a) = S'(x_0) = b_0$,所以于(7)式中令 $j = 0$ 便得到

$$
f'(a) = \frac{a_1 - a_0}{h_0} - \frac{h_0}{3}(2c_0 + c_1),
$$

即

$$
2h_0 c_0 + h_0 c_1 = \frac{3}{h_0}(a_1 - a_0) - 3f'(a). \tag{10}
$$

又由(8)式得到

$$
f'(b) = b_n = b_{n-1} + h_{n-1}(c_{n-1} + c_n). \tag{11}
$$

再于(6)式中令 $j = n-1$,我们得到

$$
b_{n-1} = \frac{a_n - a_{n-1}}{h_{n-1}} - \frac{h_{n-1}}{3}(2c_{n-1} + c_n), \tag{12}
$$

于是将(12)式代入(11)式,得到

$$f'(b) = b_n = \frac{a_n - a_{n-1}}{h_{n-1}} - \frac{h_{n-1}}{3}(2c_{n-1} + c_n) + h_{n-1}(c_{n-1} + c_n)$$

$$= \frac{a_n - a_{n-1}}{h_{n-1}} + \frac{h_{n-1}}{3}(c_{n-1} + 2c_n),$$

化简后,有

$$h_{n-1}c_{n-1} + 2h_{n-1}c_n = 3f'(b) - \frac{3}{h_{n-1}}(a_n - a_{n-1}). \tag{13}$$

因此,联立(10)式、(13)式及线性方程组(9)式便得到关于 $\{c_j\}_{j=0}^n$ 的 $n+1$ 元线性方程组 $Ax = b$,其中未知系数 $x = \{c_0, c_1, c_2, \cdots, c_{n-1}, c_n\}$,且系数矩阵与非齐次项分别为

$$A = \begin{pmatrix} 2h_0 & h_0 & 0 & 0 & \cdots & 0 \\ h_0 & 2(h_0 + h_1) & h_1 & 0 & \cdots & 0 \\ 0 & h_1 & 2(h_1 + h_2) & h_2 & \cdots & 0 \\ \cdots & \cdots & \cdots & \cdots & \cdots & \cdots \\ 0 & 0 & \cdots & h_{n-2} & 2(h_{n-2} + h_{n-1}) & h_{n-1} \\ 0 & 0 & \cdots & 0 & h_{n-1} & 2h_{n-1} \end{pmatrix},$$

$$b = \begin{pmatrix} \frac{3}{h_0}(a_1 - a_0) - 3f'(a) \\ \frac{3}{h_1}(a_2 - a_1) - \frac{3}{h_0}(a_1 - a_0) \\ \frac{3}{h_2}(a_3 - a_2) - \frac{3}{h_1}(a_2 - a_1) \\ \vdots \\ \frac{3}{h_{n-1}}(a_n - a_{n-1}) - \frac{3}{h_{n-2}}(a_{n-1} - a_{n-2}) \\ 3f'(b) - \frac{3}{h_{n-1}}(a_n - a_{n-1}) \end{pmatrix}.$$

易知,系数矩阵 A 严格对角占优,故线性方程组 $Ax = b$ 存在唯一解,从而紧压样条插值函数 $S(x)$ 唯一存在. 证毕.

例 1 分别在飞鸟上半轮廓 ADB、下半轮廓 ACB 上取 21 个平面数据 $\{(x_i, f(x_i))\}_{i=0}^{20}$,如表 1 所示,试确定满足自然边界条件的自然样条插值函数 $S(x)$ 的系数.

解 利用定理 1,我们分别算出飞鸟上半轮廓 ADB、下半轮廓 ACB 上自然样条插值函数 $S(x)$ 的系数 $\{c_j\}_{j=0}^{20}$,从而确定系数 $\{b_j\}_{j=0}^{19}$、$\{d_j\}_{j=0}^{19}$,分别如表 4.15、表 4.16 所示,最后绘出相应的自然样条插值函数 $S(x)$ 的图形,如图 4.8 所示.

表 4.15　基于飞鸟上半轮廓数据的自然样条插值系数

j	x_j	$a_j(ADB)$	$b_j(ADB)$	$c_j(ADB)$	$d_j(ADB)$
0	0.9	1.3	0.539 624	0	−0.247 649
1	1.3	1.5	0.420 752	−0.297 179	0.946 912
2	1.9	1.85	1.086 80	1.407 26	−2.956 38
3	2.1	2.1	1.294 94	−0.366 567	−0.446 635
4	2.6	2.6	0.593 399	−1.036 52	0.445 051
5	3.0	2.7	−0.022 191 1	−0.502 457	0.174 160
6	3.9	2.4	−0.503 406	−0.032 225 8	0.078 075 7
7	4.4	2.15	−0.477 075	0.084 887 7	1.314 17
8	4.7	2.05	−0.071 361 2	1.267 64	−1.581 22
9	5.0	2.1	0.262 340	−0.155 455	0.043 115 3
10	6.0	2.25	0.080 775 5	−0.026 109 2	−0.004 666 34
11	7.0	2.3	0.014 558 2	−0.040 108 2	−0.024 450 0
12	8.0	2.25	−0.139 008	−0.113 458	0.017 470 7
13	9.2	1.95	−0.335 834	−0.050 563 6	−0.012 727 9
14	10.5	1.4	−0.531 830	−0.100 202	−0.020 325 2
15	11.3	0.9	−0.731 178	−0.148 983	1.213 41
16	11.6	0.7	−0.492 949	0.943 082	−0.839 275
17	12.0	0.6	−0.141 335	−0.064 048 2	0.036 382 1
18	12.6	0.5	−0.178 900	0.001 439 57	−0.447 971
19	13.0	0.4	−0.392 775	−0.536 126	0.595 695
20	13.3	0.25		0	

表 4.16　基于飞鸟下半轮廓数据的自然样条插值系数

j	x_j	$a_j(ACB)$	$b_j(ACB)$	$c_j(ACB)$	$d_j(ACB)$
0	0.9	1.3	−0.590 557	0	0.565 979
1	1.3	1.1	−0.318 887	0.679 175	−0.014 680 7
2	1.9	1.15	0.480 268	0.652 750	−2.770 46
3	2.1	1.25	0.408 913	−1.009 52	0.383 394
4	2.6	1.25	−0.313 065	−0.434 433	0.698 987
5	3.0	1.1	−0.325 097	0.404 352	−0.116 512
6	3.9	1.05	0.119 611	0.089 768 4	−1.057 98
7	4.4	1	−0.584 106	−1.497 20	2.221 49
8	4.7	0.75	−0.882 627	0.502 135	−1.126 08

j	x_j	$a_j(ACB)$	$b_j(ACB)$	$c_j(ACB)$	$d_j(ACB)$
9	5.0	0.5	$-0.885\,388$	$-0.511\,339$	$0.396\,726$
10	6.0	-0.5	$-0.717\,886$	$0.678\,840$	$-0.210\,954$
11	7.0	-0.75	$0.006\,932\,78$	$0.045\,979\,2$	$-0.032\,912\,0$
12	8.0	-0.73	$0.000\,155\,188$	$-0.052\,756\,8$	$0.101\,727$
13	9.2	-0.63	$0.312\,998$	$0.313\,459$	$-0.185\,090$
14	10.5	-0.1	$0.189\,584$	$-0.408\,392$	$0.311\,921$
15	11.3	-0.05	$0.135\,045$	$0.340\,218$	$-0.782\,707$
16	11.6	0	$0.127\,845$	$-0.364\,218$	$0.424\,016$
17	12.0	0.02	$0.039\,997\,8$	$0.144\,601$	$0.018\,263\,5$
18	12.6	0.1	$0.233\,244$	$0.177\,475$	$-0.338\,962$
19	13.0	0.2	$0.212\,522$	$-0.229\,279$	$0.254\,754$
20	13.3	0.25		0	

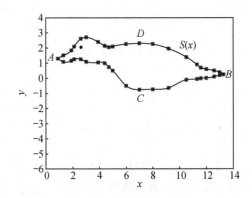

图 4.8　基于飞鸟轮廓数据的自然样条插值

本节最后，我们不加证明地介绍紧压样条插值余项，其证明过程可见[schul].

定理 3　设函数 $f(x) \in C^4[a, b]$，$\max\limits_{a \leqslant x \leqslant b} | f^{(4)}(x) | = M$，若 $S(x)$ 为插值节点 $a = x_0 < x_1 < \cdots < x_n = b$ 上的紧压样条插值函数，则

$$\max_{a \leqslant x \leqslant b} | f(x) - S(x) | = \frac{5M}{384} \max_{0 \leqslant j \leqslant n-1} \{ (x_{j+1} - x_j)^4 \}.$$

4.6　参数曲线逼近方法

4.6.1　基于参数节点的参数曲线插值

前四节所建立的插值方法无法直接用来逼近图 4.9 所示的参数曲线 C，这是因为这类

曲线不能写成关于自变量或的显函数的形式. 本节, 我们将探讨如何逼近给定的参数曲线.

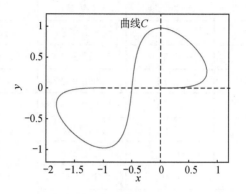

图 4.9　参数曲线

容易想到, 利用一个多项式或分段多项式来逼近给定的参数曲线的一个有效方法是, 引入参数 $t \in [t_0, t_n]$, 依次连接给定的参数曲线 $(X(t), Y(t))$ 上 $n+1$ 个点 $\{(x_i, y_i)\}_{i=0}^n$, 构造逼近参数曲线 $(x(t), y(t))$, 使之满足插值条件

$$\begin{cases} x(t_i) = x_i \equiv X(t_i), \\ y(t_i) = y_i \equiv Y(t_i), \end{cases} i = 0, 1, \cdots, n,$$

其中参数节点 $t_0 < t_1 < \cdots < t_n$.

下例采用 Lagrange 或 Newton 插值多项式参数曲线 $(x(t), y(t))$ 来逼近给定的参数曲线.

例 1　设给定参数曲线

$$C: \begin{cases} X(t) = 3(\cos t)^3 \sin t - \dfrac{t}{\pi}, \\ Y(t) = 3(\sin t)^3 \cos t, \ t \in [0, \pi], \end{cases}$$

如图 4.9 所示, 试构造 Newton 多项式参数曲线来逼近 C.

解　选择参数区间 $[0, \pi]$ 上的等距节点 $\{t_i\}_{i=0}^5$, $t_i = (i+1)\pi/6$, $i = 0, 1, \cdots, 5$, 并算出相应的函数值诸 $x_i = X(t_i)$ 与诸 $y_i = Y(t_i)$, 如表 4.17 所示.

表 4.17　例 1 中参数节点与插值信息

i	t_i	x_i	y_i
0	$\pi/6$	0.807 612	0.324 760
1	$\pi/3$	$-0.008\ 573\ 81$	0.974 279
2	$\pi/2$	-0.5	0
3	$2\pi/3$	$-0.991\ 426$	$-0.974\ 279$
4	$5\pi/6$	$-1.807\ 61$	$-0.324\ 760$
5	π	-1	0

利用 Newton 差商法, 我们算得基于参数节点的 Newton 多项式参数曲线 L:

$$x(t) = x[t_0] + x[t_0, t_1](t-t_0) + x[t_0, t_1, t_2](t-t_0)(t-t_1) + x[t_0, \cdots, t_3]$$
$$\cdot (t-t_0)(t-t_1)(t-t_2) + x[t_0, \cdots, t_4](t-t_0)\cdots(t-t_3) + x[t_0, \cdots, t_5]$$
$$\cdot (t-t_0)\cdots(t-t_4)$$

$$= 0.807\,612 - 1.558\,80 \times \left(t - \frac{\pi}{6}\right) + 0.592\,290 \times \left(t - \frac{\pi}{6}\right) \times \left(t - \frac{2\pi}{6}\right)$$

$$- 0.377\,064 \times \left(t - \frac{\pi}{6}\right) \times \left(t - \frac{2\pi}{6}\right) \times \left(t - \frac{3\pi}{6}\right) + 0 \times \left(t - \frac{\pi}{6}\right)$$

$$\times \left(t - \frac{2\pi}{6}\right) \times \left(t - \frac{3\pi}{6}\right) \times \left(t - \frac{4\pi}{6}\right) + 0.481\,377 \times \left(t - \frac{\pi}{6}\right)$$

$$\times \left(t - \frac{2\pi}{6}\right) \times \left(t - \frac{3\pi}{6}\right) \times \left(t - \frac{4\pi}{6}\right) \times \left(t - \frac{5\pi}{6}\right),$$

$$y(t) = y[t_0] + y[t_0, t_1](t-t_0) + y[t_0, t_1, t_2](t-t_0)(t-t_1)$$
$$+ y[t_0, \cdots, t_3](t-t_0)(t-t_1)(t-t_2) + y[t_0, \cdots, t_4]$$
$$(t-t_0)\cdots(t-t_3) + y[t_0, \cdots, t_5](t-t_0)\cdots(t-t_4)$$

$$= 0.324\,760 + 1.240\,49 \times \left(t - \frac{\pi}{6}\right) - 2.961\,45 \times \left(t - \frac{\pi}{6}\right)$$

$$\times \left(t - \frac{2\pi}{6}\right) + 1.885\,32 \times \left(t - \frac{\pi}{6}\right) \times \left(t - \frac{2\pi}{6}\right) \times \left(t - \frac{3\pi}{6}\right)$$

$$+ 0 \times \left(t - \frac{\pi}{6}\right) \times \left(t - \frac{2\pi}{6}\right) \times \left(t - \frac{3\pi}{6}\right) \times \left(t - \frac{4\pi}{6}\right) - 0.756\,450$$

$$\times \left(t - \frac{\pi}{6}\right) \times \left(t - \frac{2\pi}{6}\right) \times \left(t - \frac{3\pi}{6}\right) \times \left(t - \frac{4\pi}{6}\right) \times \left(t - \frac{5\pi}{6}\right),$$

化简得到

$$\begin{cases} x(t) = 0.481\,377t^5 - 3.780\,73t^4 + 10.840\,6t^3 - 13.770\,8t^2 + 6.287\,30t - 1.611\,09 \times 10^{-14}, \\ y(t) = -0.756\,450t^5 + 5.941\,14t^4 - 15.742\,4t^3 + 15.547\,6t^2 - 4.000\,58t + 3.189\,73 \times 10^{-15}. \end{cases}$$

即 Lagrange 多项式参数曲线,如图 4.10 所示.

同理,我们也可以采用 Hermite 多项式或样条插值参数曲线来逼近给定的参数曲线,只是计算量更大.

4.6.2　Bézier 曲线

作为应用,计算机图形学需要能够快速生成且容易控制形状的参数曲线,即不论从美学角度抑或计算角度来看,改变曲线的一部分应该对其它部分没有影响或影响甚微. 因此,插值多项式或样条插值函数参数曲线无法满足这种需求,因为改变曲线的一部分会影响整条曲线,所谓“牵一发而动全身”.

于是,为了将参数曲线更好地应用于计算机图形学,我们考虑分段三次 Hermite 多项式插值. 由于每段三次 Hermite 多项式参数曲线由参数子区间端点处的函数值与导数值唯一确定,故而,即使改变其中一段,参数曲线的更多部分仍然保持原貌,仅仅是与这一段参数子区间端点相关的参数子区间上的那部分发生变化. 这样既保证参数子区间端点处逼近参数曲线的光滑拼接,又确保计算速度快.

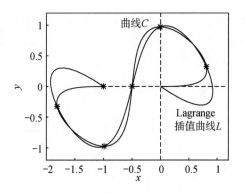

图 4.10　例 1 中基于参数节点的 Lagrange 多项式参数曲线

采用分段三次 Hermite 多项式参数曲线逼近的关键问题在于,如何确定每个参数子区间端点处的导数值. 设被逼参数曲线上 $n+1$ 个点 $\{(x_i, y_i)\}_{i=0}^n$,我们需要选择合适的参数 t,确定三次 Hermite 多项式参数曲线 $(x(t), y(t))$ 于参数节点诸 t_i 处的导数值诸 $x'(t_i)$ 与 $y'(t_i)$.

事实上,由于分段三次 Hermite 多项式于每个参数子区间上有独立的表达式,因此我们可以定义参数子区间的左、右端点对应的参数分别为 $t=0$ 与 $t=1$,此时三次 Hermite 多项式参数曲线 $(x(t), y(t))$ 上对应的点分别为 $(x(0), y(0))$ 与 $(x(1), y(1))$,且对应的切线斜率为

$$\left.\frac{\mathrm{d}y}{\mathrm{d}x}\right|_{t=0} = \frac{y'(0)}{x'(0)}, \left.\frac{\mathrm{d}y}{\mathrm{d}x}\right|_{t=1} = \frac{y'(1)}{x'(1)}. \tag{1}$$

我们注意到每个参数子区间上已经存在 6 个独立条件,但确定该参数子区间上的三次 Hermite 多项式参数曲线需要求出 8 个未知系数,这给我们设计理想的逼近参数曲线带来灵活性. 事实上,由三次 Hermite 多项式参数曲线 $(x(t), y(t))$ 于参数子区间端点处的切线斜率(1)式知,当 $x'(0)$ 与 $y'(0)$ 分别乘以相同非零常数时,Hermite 多项式参数曲线 $(x(t), y(t))$ 于点 $(x(0), y(0))$ 处的切线不变,只是曲线的形状发生变化. 点 $(x(1), y(1))$ 处的情形类似.

为了便于计算机图形学中人机交互处理,我们分别沿点 $(x(0), y(0))$ 与 $(x(1), y(1))$ 处的切线方向引入一个辅助点,我们称之为导点,然后建立 Hermite 插值条件,最后构造三次 Hermite 多项式参数曲线 $(x(t), y(t))$.

具体而言,定义点 (x_0, y_0)、(x_1, y_1) 的导点分别为 $(x_0+\alpha_0, y_0+\beta_0)$、$(x_1-\alpha_1, y_1-\beta_1)$,我们寻求三次 Hermite 多项式参数曲线 $(x(t), y(t))$,使得 $x(t)$ 于参数区间 $[0, 1]$ 上满足

$$x(0) = x_0, \ x(1) = x_1, \ x'(0) = \alpha_0, \ x'(1) = \alpha_1,$$

且 $y(t)$ 于区间 $[0, 1]$ 上满足

$$y(0) = y_0, \ y(1) = y_1, \ y'(0) = \beta_0, \ y'(1) = \beta_1.$$

利用三次 Hermite 多项式插值方法,我们不难算出所求的逼近参数曲线为

$$\begin{cases} x(t)=[2(x_0-x_1)+(\alpha_0+\alpha_1)]t^3+[3(x_1-x_0)-(\alpha_1+2\alpha_0)]t^2+\alpha_0t+x_0, \\ y(t)=[2(y_0-y_1)+(\beta_0+\beta_1)]t^3+[3(y_1-y_0)-(\beta_1+2\beta_0)]t^2+\beta_0t+y_0, \ t\in[0,1]. \end{cases}$$

$$(2)$$

目前广泛应用于计算机图形学、通过编程实现以及容易控制形状的逼近参数曲线是所谓的 Bézier 曲线,这类曲线可以看作是由上述三次 Hermite 多项式参数曲线演变而来,其中参数区间端点处的导数分别取为原来的 3 倍. 换言之,我们定义点 (x_0,y_0)、(x_1,y_1) 的导点分别为 $(x_0+\alpha_0,y_0+\beta_0)$、$(x_1-\alpha_1,y_1-\beta_1)$,求三次 Hermite 多项式参数曲线 $(x(t),y(t))$,使得 $x(t),y(t)$ 于参数区间 $[0,1]$ 上分别满足

$$x(0)=x_0, \ x(1)=x_1, \ x'(0)=3\alpha_0, \ x'(1)=3\alpha_1, \tag{3}$$

$$y(0)=y_0, \ y(1)=y_1, \ y'(0)=3\beta_0, \ y'(1)=3\beta_1. \tag{4}$$

事实上,由(2)式,我们得到满足 Hermite 插值条件(3)式与(4)式的参数曲线

$$\begin{aligned} x(t)&=[2(x_0-x_1)+3(\alpha_0+\alpha_1)]t^3+[3(x_1-x_0)-3(\alpha_1+2\alpha_0)]t^2+3\alpha_0t+x_0 \\ &=x_0\cdot(1-t)^3+(x_0+\alpha_0)\cdot3(1-t)^2t+(x_1-\alpha_1)\cdot3(1-t)t^2+x_1\cdot t^3, \\ y(t)&=[2(y_0-y_1)+(\beta_0+\beta_1)]t^3+[3(y_1-y_0)-(\beta_1+2\beta_0)]t^2+\beta_0t+y_0 \\ &=y_0\cdot(1-t)^3+(y_0+\beta_0)\cdot3(1-t)^2t+(y_1-\beta_1)\cdot3(1-t)t^2+y_1\cdot t^3, \end{aligned}$$

即为所求的三次(四阶)**Bézier 曲线**

$$\begin{cases} x(t)=x_0B_{0,3}(t)+(x_0+\alpha_0)B_{1,3}(t)+(x_1-\alpha_1)B_{2,3}(t)+x_1B_{3,3}(t), \\ y(t)=y_0B_{0,3}(t)+(y_0+\beta_0)B_{1,3}(t)+(y_1-\beta_1)B_{2,3}(t)+y_1B_{3,3}(t), \ t\in[0,1], \end{cases}$$

其中三次 Bernstein 多项式为

$$B_{0,3}(t)=(1-t)^3, \ B_{0,3}(t)=3(1-t)^2t, \ B_{0,3}(t)=3(1-t)t^2, \ B_{0,3}(t)=t^3, \ t\in[0,1],$$

依次连接 (x_0,y_0)、$(x_0+\alpha_0,y_0+\beta_0)$、$(x_1-\alpha_1,y_1-\beta_1)$、$(x_1,y_1)$ 得到的多边形称之为控制多边形. 有关 Bézier 曲线更多内容介绍可见[4].

例 2　设参数区间 $[0,1]$ 端点对应的参数曲线上的点分别为 $(0,0)$,$(1,0)$,相应的切线斜率分别为 $1,-1$,试引入不同的导点,并构造 Bézier 曲线.

解　由于参数曲线 $(x(t),y(t))$ 于 $A(0,0)$,$D(1,0)$ 处的切线斜率分别为

$$\frac{\mathrm{d}y}{\mathrm{d}x}\Big|_{t=0}=\frac{y'(0)}{x'(0)}=1, \ \frac{\mathrm{d}y}{\mathrm{d}x}\Big|_{t=1}=\frac{y'(1)}{x'(1)}=-1,$$

故取点 $(0,0)$,$(1,0)$ 的导点分别为 $B(\alpha_0,\alpha_0)$,$C(1+\alpha_1,-\alpha_1)$,则 $ABCD$ 为控制多边形.

于是,(i) 若取 $B(0.25,0.25)$、$C(0.75,0.25)$,则由(8)式得到 Bézier 曲线为

$$\Gamma_1:\begin{cases} x(t)=\dfrac{1}{4}t(-2t^2+3t+3), \\ y(t)=-\dfrac{3}{4}t(t-1), \ t\in[0,1]. \end{cases}$$

(ii) 若取 $B(1,1)$、$C(0.75,0.25)$,则推导出 Bézier 曲线为

$$\Gamma_2: \begin{cases} x(t) = \dfrac{1}{4}t(7t^2 - 15t + 12), \\ y(t) = \dfrac{3}{4}t(3t^2 - 7t + 4), t \in [0, 1]. \end{cases}$$

(iii) 若取 $B(1, 1)$、$C(2, -1)$，则相应的 Bézier 曲线为

$$\Gamma_3: \begin{cases} x(t) = -2t^3 + 3t, \\ y(t) = 3t(2t^2 - 3t + 1), t \in [0, 1]. \end{cases}$$

Bézier 曲线 $\Gamma_i(i = 1, 2, 3)$ 分别如图 4.11 至图 4.13 所示.

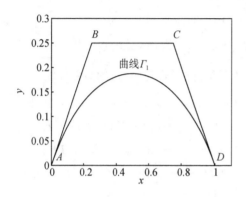

图 4.11　例 2(i) 中 Bézier 曲线

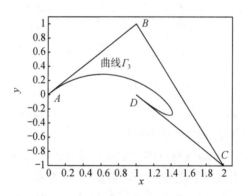

图 4.12　例 2(ii) 中 Bézier 曲线

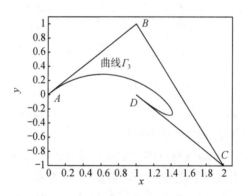

图 4.13　例 2(iii) 中 Bézier 曲线

由图可知,当 $|\alpha_0|$ 越大,曲线越靠近点 $(0, 0)$,当 $|\alpha_1|$ 越大,曲线越靠近点 $(1, 1)$.

习 题 四

1. 当 $x = 1, -1, 2$ 时, $f(x) = 0, -3, 4$, 求 $f(x)$ 二次插值多项式

(1) 用单项式基底;

(2) 用拉格朗日插值基底;

(3) 用牛顿基底.

证明三种方法得到的多项式是相同的.

2. 给出 $f(x) = -\ln x$ 的数值表如下：

x	0.4	0.5	0.6	0.7	0.8
$\ln x$	$-0.916\,291$	$-0.693\,147$	$-0.510\,826$	$-0.356\,675$	$-0.223\,144$

用线性插值及二次插值计算 $\ln 0.54$ 的近似值.

3. 设 x_j 为互异结点，$(j = 0, 1, \cdots n)$，求证：

(1) $\sum\limits_{j=0}^{n} x_j^k l_j(x) \equiv x^k (k = 0, 1, \cdots n)$；

(2) $\sum\limits_{j=0}^{n} (x_j - x)^k l_j(x) \equiv 0 (k = 1, 2, \cdots n)$.

4. 设 $f(x) \in C^2[a, b]$ 且 $f(a) = f(b) = 0$，求证：

$$\max_{a \leqslant x \leqslant b} |f(x)| \leqslant \frac{1}{8}(b-a)^2 \max_{a \leqslant x \leqslant b} |f''(x)|.$$

5. 证明 n 阶均差有下列性质：

(1) 若 $F(x) = cf(x)$，则 $F[x_0, x_1, \cdots x_n] = cf[x_0, x_1, \cdots x_n]$；

(2) 若 $F(x) = f(x) + g(x)$，则 $F[x_0, x_1, \cdots x_n] = f[x_0, x_1, \cdots x_n] + g[x_0, x_1, \cdots x_n]$.

6. 求次数小于等于 3 的多项式 $P(x)$，使满足条件

$$P(x_0) = f(x_0), P'(x_0) = f'(x_0),$$
$$P''(x_0) = f''(x_0), P(x_1) = f(x_1).$$

7. 求次数小于等于 3 的多项式 $P(x)$，使满足条件

$$P(0) = 0, \quad P'(0) = 1, \quad P(1) = 1, \quad P'(1) = 2,$$

8. 证明两点三次埃尔米特插值余项是

$$R_3(x) = f^{(4)}(\xi)(x - x_k)^2 (x - x_{k+1})^2 / 4!, \quad \xi \in (x_k, x_{k+1}),$$

并由此求出分段三次埃尔米特插值的误差限.

9. 求 $f(x) = x^2$ 在 $[a, b]$ 上的分段线性插值函数 $I_h(x)$，并估计误差.

10. 给定数据表如下：

x_j	0.25	0.30	0.39	0.45	0.53
y_j	0.500 0	0.547 7	0.624 5	0.670 8	0.728 0

试求三次样条插值 $S(x)$，并满足条件：

(1) $S'(0.25) = 1.000\,0$, $S'(0.53) = 0.686\,8$；

(2) $S''(0.25) = S''(0.53) = 0$.

离散与连续形式的最佳逼近

引例 虎克定律（Hooke's Law）表明：若作用力施于均匀材质的弹簧，则弹簧拉伸后的长度与作用力大小呈线性函数. 记此线性函数为 $F(x) = k(x - x_0)$，其中 $F(l)$ 表示拉伸后的长度为 l 时的作用力大小，常数 x_0 表示无外力作用时弹簧的自然长度，k 为弹簧常数.

假使我们需要确定自然长度为 $x_0 = 5.3$ 时的弹簧常数，我们施于作用力大小 $F = 2$、4、6 时，测得弹簧长度分别为 $l = 7.0$、9.4、12.3，于是容易发现所得的一组数据 $(0, 5.3)$、$(2, 7.0)$、$(4, 9.4)$、$(6, 12.3)$ 并不共线. 与其采用其中任意一对数据来确定弹簧常数，倒不如寻求一条直线"最佳"逼近所有数据，从而确定弹簧常数，这样显得更加合理. 本章将探讨这种类型的"最佳"逼近.

逼近理论的研究涉及两方面主要问题. 一个问题是，给定一个函数，如何寻求一类"简单"函数，如多项式，来逼近给定函数. 另一个问题是，给定若干数据，如何寻求某类"最佳"函数来逼近这些数据点.

上述两个问题在第四章均有所触及. 如展开点 x_0 处的 Taylor 多项式是 x_0 邻域内具有 $n+1$ 阶可微函数的一个很好的近似函数；而 Lagrange 插值多项式，或更一般地，切触多项式（osculatory polynomial），都可被视为某些数据的逼近函数. 本章，我们将分别从离散形式与连续形式介绍最佳逼近方法，包括最佳平方逼近、最佳一致逼近、有理函数逼近、三角函数逼近等.

5.1 离散形式的最小二乘拟合

5.1.1 最小二乘拟合直线

给定一组数据如表 5.1 所示，寻求这些数据的拟合函数.

表 5.1 待拟合的数据

x_i	1	2	3	4	5	6	7	8	9	10
y_i	1.3	3.5	4.2	5.0	7.0	8.8	10.1	12.5	13.0	15.6

我们不难发现，这些数据近似分布在一条直线上. 因此，我们拟寻求某种意义下的"最佳"直线来拟合它们.

设上述问题中诸 x_i 处逼近直线上的函数值为 $a_0 + a_1 x_i$，相应的被逼函数值为 y_i，寻求"最佳"逼近线性函数主要有以下三种提法.

方案一. 最大最小问题（minimax problem）：如何寻求绝对值意义下最佳线性逼近函

数,使得

$$E_\infty(a_0, a_1) = \max_{1 \leqslant i \leqslant 10} \{ | y_i - (a_0 + a_1 x_i) | \}$$

达到最小? 这类问题不可用初等方法解决,需构造逼近算子,具体参见[1].

方案二. 如何寻求最佳线性逼近函数,使得**绝对偏差**(absolute deviation)

$$E_1(a_0, a_1) = \sum_{i=1}^{10} | y_i - (a_0 + a_1 x_i) |$$

达到最小?

为了取得最小值,我们需要考虑驻点. 令绝对偏差函数关于未知系数的 a_0、a_1 的偏导数同时为 0,即

$$\begin{cases} \dfrac{\partial}{\partial a_0} \displaystyle\sum_{i=1}^{10} | y_i - (a_0 + a_1 x_i) | = 0, \\ \dfrac{\partial}{\partial a_1} \displaystyle\sum_{i=1}^{10} | y_i - (a_0 + a_1 x_i) | = 0. \end{cases}$$

由于绝对偏差函数于分段点处未必可导,故上述求导存在困难,我们不再深入探讨此法.

方案三. 考虑**最小二乘拟合法**,其中逼近误差由给定函数值与相应点处的逼近线性函数值的差的平方和来表示. 换言之,如何寻求未知系数,使得最小二乘误差

$$E_2(a_0, a_1) = \sum_{i=1}^{10} \left[y_i - (a_0 + a_1 x_i) \right]^2$$

达到最小?

广而言之,设一组数据为 $\{x_i, y_i\}_{i=1}^m$,寻求最小二乘拟合直线,使得关于未知系数 a_0、a_1 的总误差

$$E \equiv E_2(a_0, a_1) = \sum_{i=1}^m \left[y_i - (a_0 + a_1 x_i) \right]^2$$

达到最小.

由此,令

$$\begin{cases} \dfrac{\partial E}{\partial a_0} = 2 \displaystyle\sum_{i=1}^m [y_i - (a_0 + a_1 x_i)](-1) = 0, \\ \dfrac{\partial E}{\partial a_1} = 2 \displaystyle\sum_{i=1}^m [y_i - (a_0 + a_1 x_i)](-x_i) = 0, \end{cases}$$

简化得到法方程组(normal equations)为

$$\begin{pmatrix} m & \displaystyle\sum_{i=1}^m x_i \\ \displaystyle\sum_{i=1}^m x_i & \displaystyle\sum_{i=1}^m x_i^2 \end{pmatrix} \begin{pmatrix} a_0 \\ a_1 \end{pmatrix} = \begin{pmatrix} \displaystyle\sum_{i=1}^m y_i \\ \displaystyle\sum_{i=1}^m x_i y_i \end{pmatrix}, \tag{1}$$

当系数矩阵可逆时,解之得到唯一解

$$a_0 = \left(\sum_{i=1}^{m} x_i^2 \sum_{i=1}^{m} y_i - \sum_{i=1}^{m} x_i y_i \sum_{i=1}^{m} x_i\right) / \left(m\sum_{i=1}^{m} x_i^2 - \sum_{i=1}^{m} x_i\right), \tag{2}$$

$$a_1 = \left(m\sum_{i=1}^{m} x_i y_i - \sum_{i=1}^{m} x_i \sum_{i=1}^{m} y_i\right) / \left(m\sum_{i=1}^{m} x_i^2 - \sum_{i=1}^{m} x_i\right). \tag{3}$$

例 1 设一组数据如表 5.2 所示,试求其最小二乘拟合直线 $p_1(x)$.

表 5.2 例 1 中最小二乘直线拟合信息

x_i	y_i	x_i^2	$x_i y_i$
1	1.3	1	1.3
2	3.5	4	7.0
3	4.2	9	12.6
4	5.0	16	20.0
5	7.0	25	35.0
6	8.8	36	52.8
7	10.1	49	70.7
8	12.5	64	100.0
9	13.0	81	117.0
10	15.6	100	156
55	81.0	385	572.4

解 由(1)式,我们将表 5.1 扩充至表 5.2,于是由(2)、(3)式算出

$$a_0 = \frac{385 \times 81 - 55 \times 572.4}{10 \times 385 - 55^2} = -0.360,$$

$$a_1 = \frac{10 \times 572.4 - 55 \times 81}{10 \times 385 - 55^2} = 1.538,$$

故所求最小二乘拟合直线为 $p_1(x) = 1.538x - 0.36$.
如图 1 所示,不难算出总误差

$$E = \sum_{i=1}^{10} [y_i - p_1(x_i)]^2 \approx 2.34.$$

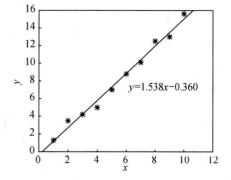

图 5.1 例 1 中的最小二乘拟合直线

5.1.2 最小二乘拟合多项式

下面我们考虑更一般的最小二乘拟合高次多项式的寻求方法(图 5.1).设数据为 $\{(x_i, y_i)\}_{i=1}^{m}$,寻求次数 $< m-1$ 的多项式 $p_n(x) = \sum_{i=0}^{n} a_i x^i$,使得

$$E_2 = \sum_{i=1}^{m} \left[y_i - p_n(x_i) \right]^2 = \min.$$

我们将 E_2 展开,得到

$$E_2 = \sum_{i=1}^{m} \left[y_i - p_n(x_i) \right]^2$$
$$= \sum_{i=1}^{m} y_i^2 - 2 \sum_{i=1}^{m} p_n(x_i) y_i + \sum_{i=1}^{m} p_n(x_i)^2.$$

结合 $p_n(x)$ 的表达式,将 E_2 对未知系数诸 a_k 求偏导数,得到

$$\frac{\partial E_2}{\partial a_k} = -2 \sum_{i=1}^{m} x_i^k y_i + 2 \sum_{i=1}^{m} (a_0 + a_1 x_i + \cdots + a_n x_i^n) x_i^k, \ i = 0, 1, \cdots, n.$$

类似于寻求最小二乘拟合直线过程,我们令偏导数为 0,化简上式得到

$$\sum_{i=1}^{m} (a_0 + a_1 x_i + \cdots + a_n x_i^n) x_i^k = \sum_{i=1}^{m} x_i^k y_i,$$

即

$$\left(\sum_{i=1}^{m} x_i^k, \sum_{i=1}^{m} x_i^{k+1}, \cdots, \sum_{i=1}^{m} x_i^{k+n} \right) \begin{pmatrix} a_0 \\ a_1 \\ \vdots \\ a_n \end{pmatrix} = \sum_{i=1}^{m} x_i^k y_i, \ k = 0, 1, \cdots, n. \tag{4}$$

当诸 x_i 互异时,法方程组有唯一解.

例 2 设一组数据 $\{x_i, y_i\}_{i=1}^{5}$ 如表 5.3 所示,试求其最小二乘拟合二次多项式.

表 5.3 例 2 中最小二乘拟合多项式信息

i	1	2	3	4	5
x_i	0	0.25	0.50	0.75	1.00
y_i	1.000 0	1.284 0	1.648 7	2.117 0	2.718 3

解 易知 $n = 2$,$m = 5$,设所求最小二乘拟合二次多项式为 $p_2(x) = a_0 + a_1 x + a_2 x^2$,由(4)得到关于未知系数 a_0、a_1、a_2 的线性方程组

$$\begin{pmatrix} 5 & 2.5 & 1.875 \\ 2.5 & 1.875 & 1.562 5 \\ 1.875 & 1.562 5 & 1.382 8 \end{pmatrix} \begin{pmatrix} a_0 \\ a_1 \\ a_2 \end{pmatrix} = \begin{pmatrix} 8.768 0 \\ 5.451 4 \\ 4.401 5 \end{pmatrix},$$

解得

$$a_0 = 1.005 1, \ a_1 = 0.864 68, \ a_2 = 0.843 16.$$

故所求二次多项式为 $p_2(x) = 1.005 1 + 0.864 68x + 0.843 16x^2$,如图 5.2 所示,且总误差为

$$E_2 = \sum_{i=1}^{5} \left[y_i - p_2(x_i) \right]^2 = 2.74 \times 10^{-4}.$$

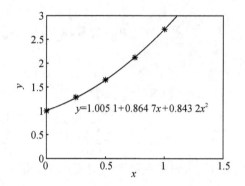

图 5.2   例 2 中最小二乘拟合二次多项式

5.1.3   可转化为最小二乘直线拟合的函数逼近

若一组数据呈近似指数曲线分布时,则考虑如下形式的指数函数(或幂函数)拟合

$$y = be^{ax}, \tag{5}$$

或

$$y = bx^a. \tag{6}$$

若按下述最小二乘拟合的思路进行推导,则将带来困难. 事实上,对(5)、(6)式,分别寻求系数 a、b,使得

$$E = \sum_{i=1}^{m} (y_i - be^{ax_i})^2 = \min,$$

与

$$E = \sum_{i=1}^{m} (y_i - bx_i^a)^2 = \min.$$

于是分别得到相应的法方程组为

$$\begin{cases} 0 = \dfrac{\partial E}{\partial a} = 2\sum_{i=1}^{n} (y_i - be^{ax_i})(-bx_i e^{ax_i}), \\ 0 = \dfrac{\partial E}{\partial b} = 2\sum_{i=1}^{n} (y_i - be^{ax_i})(-e^{ax_i}), \end{cases}$$

与

$$\begin{cases} 0 = \dfrac{\partial E}{\partial a} = 2\sum_{i=1}^{m} (y_i - bx_i^a)(-b(\ln x_i)x_i^a), \\ 0 = \dfrac{\partial E}{\partial b} = 2\sum_{i=1}^{n} (y_i - be^{ax_i})(-x_i^a), \end{cases}$$

显然,很难通过上述方程组求解系数.

若采用以下对数形式,则上述问题迎刃而解. 具体而言,对(5)、(6)式,分别令

$$\ln y = \ln b + ax,$$

与

$$\ln y = \ln b + a \ln x.$$

显然上式中，$\ln y$ 与 x，$\ln y$ 与 $\ln x$ 分别呈线性函数关系，故可分别求出 $\ln b$ 与 a，进而求出 b 与 a 的值.

值得注意的是，对原问题而言，上述对数处理方法并不是最小二乘拟合方法，可以视为通过求解非线性方程组而得到的指数函数（或幂函数）拟合的近似解法.

例 3 设一组数据 $\{x_i, y_i\}_{i=1}^5$ 如表 5.4 前三列所示，试求其指数函数拟合.

表 5.4 例 3 中函数拟合信息

i	x_i	y_i	$\ln y_i$	x_i^2	$x_i \ln y_i$
1	1.00	5.10	1.629	1.000 0	1.629
2	1.25	5.79	1.756	1.562 5	2.195
3	1.50	6.53	1.876	2.250 0	2.814
4	1.75	7.45	2.008	3.062 5	3.514
5	2.00	8.46	2.135	4.000 0	4.270
	$\Sigma = 7.5$		$\Sigma = 9.404$	$\Sigma = 11.875$	$\Sigma = 14.422$

解 设其拟合指数函数为 $y = be^{ax}$，或 $\ln y = \ln b + ax$，则由(1)，将表 5.4 扩充至第六列. 利用(2)、(3)算出

$$\begin{cases} a = \dfrac{5 \times 14.422 - 7.5 \times 9.404}{5 \times 11.875 - 7.5^2} \approx 0.505\,6, \\ \ln b = \dfrac{11.875 \times 9.404 - 14.422 \times 7.5}{5 \times 11.875 - 7.5^2} \\ \qquad \approx 1.122 \Rightarrow b = 3.071, \end{cases}$$

由此得到拟合指数函数为 $y = 3.071e^{0.505\,6x}$，如图 5.3 所示.

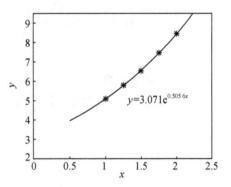

图 5.3 例 3 中指数函数拟合图形

5.2 正交多项式与最佳平方逼近

5.2.1 最佳平方逼近多项式

上节考虑了离散数据的最小二乘拟合问题，本节将介绍针对连续函数的最小二乘逼近，也称最佳平方逼近.

设函数 $f(x) \in C[a, b]$，如何寻求次数 $\leqslant n$ 的多项式 $p_n(x)$，使得逼近误差 $\int_a^b [f(x) - p_n(x)]^2 \mathrm{d}x$ 最小?

令多项式

$$p_n(x) = \sum_{k=0}^n a_k x^k \in \mathbf{P}_n,$$

则逼近误差可视为关于未知系数诸 a_k 的多元函数

$$E \equiv E(a_0, a_1, \cdots, a_n) = \int_a^b \left[f(x) - \sum_{k=0}^n a_k x^k \right]^2 \mathrm{d}x,$$

于是上述问题可以转化为**最小二乘逼近**（或**最佳平方逼近**）：如何寻求未知系数诸 a_k，使得

$$E(a_0, a_1, \cdots, a_n) = \int_a^b \left[f(x) - \sum_{k=0}^n a_k x^k \right]^2 \mathrm{d}x \ \text{最小},$$

易知其必要条件是逼近误差 E 关于诸系数 a_k 的偏导数均为 0，即

$$\frac{\partial E}{\partial a_k} = 0, \ k = 0, 1, \cdots, n.$$

利用 $p_n(x)$ 表达式，有

$$\frac{\partial E}{\partial a_k} = -2 \int_a^b \left[f(x) - (a_0 + a_1 x + \cdots + a_n x^n) \right] x^k \mathrm{d}x,$$

于是得到关于 $n+1$ 个未知系数诸 a_k 的法方程组

$$\left(\int_a^b x^k \mathrm{d}x, \int_a^b x^{k+1} \mathrm{d}x, \cdots, \int_a^b x^{k+n} \mathrm{d}x \right) \begin{pmatrix} a_0 \\ a_1 \\ \vdots \\ a_n \end{pmatrix} = \int_a^b f(x) x^k \mathrm{d}x, \ k = 0, 1, \cdots, n. \tag{1}$$

例1 试求函数 $f(x) = \sin \pi x$ 于 $[0, 1]$ 上的最小二乘逼近二次多项式.

解 设所求二次多项式为 $p_2(x) = a_0 + a_1 x + a_2 x^2$，则由法方程组(1)式得到

$$\begin{pmatrix} 1 & \dfrac{1}{2} & \dfrac{1}{3} \\[2mm] \dfrac{1}{2} & \dfrac{1}{3} & \dfrac{1}{4} \\[2mm] \dfrac{1}{3} & \dfrac{1}{4} & \dfrac{1}{5} \end{pmatrix} \begin{pmatrix} a_0 \\ a_1 \\ a_2 \end{pmatrix} = \begin{pmatrix} \dfrac{2}{\pi} \\[2mm] \dfrac{1}{\pi} \\[2mm] \dfrac{\pi^2 - 4}{\pi^3} \end{pmatrix},$$

解得

$$a_0 = \frac{12\pi^2 - 120}{\pi^3} \approx -0.050\,465, \ a_1 = -a_2 = \frac{720 - 60\pi^2}{\pi^3} \approx 4.122\,51,$$

由此，$p_2(x) = -0.050\,465 + 4.122\,51x - 4.122\,51x^2$，如图 5.4 所示.

例 1 表明，为了寻求最小二乘逼近问题中的 $n+1$ 个未知系数诸 a_i，需要求解一个 $n+1$ 阶线性方程组，其系数矩阵元素形如

$$\int_a^b x^{j+k} \mathrm{d}x = \frac{b^{j+k+1} - a^{j+k+1}}{j+k+1}.$$

此系数矩阵称为 Hilbert 矩阵. 当 n 较大时，它是高度病态的，因此直接求解法方程组相当困难.

另外,类似于 Lagrange 插值多项式"牵一发而动全身",我们不能通过已算出的低次多项式 $p_n(x)$ 来计算高次多项式 $p_{n+1}(x)$.

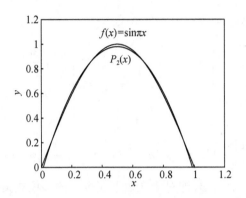

图 5.4 例 1 中最佳平方逼近多项式

于是,我们需要考虑新的方法来解决最小二乘逼近问题. 为便于讨论,我们先给出一些概念.

定义 1 称函数组 $\{\varphi_i(x)\}_{i=0}^{n}$ 于 $[a,b]$ 上线性无关,若对线性组合 $\sum_{i=0}^{n} c_i\varphi_i(x) \equiv 0, \forall x \in [a,b]$,恒有诸 $c_i = 0$ 成立. 反之,称函数组 $\{\varphi_i(x)\}_{i=0}^{n}$ 于 $[a,b]$ 上线性相关.

定理 1 设诸 $\varphi_k(x)$ 为 k 次多项式,则 $\{\phi_k(x)\}_{k=0}^{n} (\phi_0 \neq 0)$ 于任意 $[a,b]$ 上线性无关.

证 设诸 $c_k \in R$,使得 n 次多项式

$$p(x) = \sum_{k=0}^{n} c_k\phi_k(x) \equiv 0, \forall x \in [a,b].$$

这意味着 $p(x) \equiv 0, x \in [a,b]$,从而 $p(x)$ 最高次数项的系数即 x^n 的系数必为 0,而 x^n 只能出现在 $c_n\varphi_n(x)$,故 $c_n = 0$,于是 $p(x) = \sum_{k=0}^{n-1} c_k\varphi_k(x)$.

同理,$p(x) = \sum_{k=0}^{n-1} c_k\phi_k(x) \equiv 0, x \in [a,b]$ 意味着 $p(x)$ 最高次数项的系数即 x^{n-1} 的系数必为 0,故 $c_{n-1} = 0$. 以此类推,$c_{n-2} = c_{n-3} = \cdots = c_0 = 0$. 因此 $\{\varphi_k(x)\}_{k=0}^{n}$ 线性无关. 证毕.

例 2 设 $\phi_0(x) = 2$,$\phi_1(x) = x - 3$,$\phi_2(x) = x^2 + 2x + 7$,$q(x) = a_0 + a_1x + a_2x^2$,试求出 c_0,c_1,c_2,使得 $q(x) = \sum_{k=0}^{2} c_k\varphi_k(x)$.

解 由定理 1 知,诸 $\varphi_i(x)$ 于 $\forall[a,b]$ 上线性无关,且

$$q(x) = \sum_{k=0}^{2} c_k\phi_k(x) = (\phi_0, \phi_1, \phi_2)(c_0, c_1, c_2)^T$$

$$= (1, x, x^2)\begin{pmatrix} 2 & -2 & 7 \\ 0 & 1 & 2 \\ 0 & 0 & 1 \end{pmatrix}\begin{pmatrix} c_0 \\ c_1 \\ c_2 \end{pmatrix},$$

又

$$q(x) = a_0 + a_1 x + a_2 x^2 = (1, x, x^2)(a_0, a_1, a_2)^T,$$

故由 $\{1, x, x^2\}$ 线性无关得到

$$\begin{pmatrix} 2 & -2 & 7 \\ 0 & 1 & 2 \\ 0 & 0 & 1 \end{pmatrix} \begin{pmatrix} c_0 \\ c_1 \\ c_2 \end{pmatrix} = \begin{pmatrix} a_0 \\ a_1 \\ a_2 \end{pmatrix} \Rightarrow \begin{pmatrix} c_0 \\ c_1 \\ c_2 \end{pmatrix} = \begin{pmatrix} \dfrac{a_0}{2} + \dfrac{3a_1}{2} - \dfrac{13a_2}{2} \\ a_1 - 2a_2 \\ a_2 \end{pmatrix},$$

即 $q(x) = \left(\dfrac{a_0}{2} + \dfrac{3a_1}{2} - \dfrac{13a_2}{2}\right)\phi_0(x) + (a_1 - 2a_2)\phi_1(x) + a_2\phi_2(x)$.

由例 2 可以推广到一般情形,即对于次数不超过 n 的多项式集合 $\mathbf{P}_n$,得出如下结论.

定理 2 若 $\{\varphi_k(x)\}_{k=0}^n$ 为 $\mathbf{P}_n$ 中的一组线性无关的多项式,则 $\mathbf{P}_n$ 中任意一个多项式都可以唯一表示成诸 $\varphi_k(x)$ 的线性组合.

定义 2 可积函数 $\omega(x)$ 称为区间 I 上的权函数,若对 $\forall x \in I$,$\omega(x) \geqslant 0$,且在 I 的任意子区间上,$\omega(x)$ 不恒为 0.

我们之所以引入权函数,是因为考虑到区间上各点所占权重可能不同. 例如,$(-1, 1)$ 内权函数 $\omega(x) = \dfrac{1}{\sqrt{1-x^2}}$ 表明区间中点 $x = 0$ 处权重较小,而接近 1 的 $|x|$ 处权重较大,如图 5.5 所示.

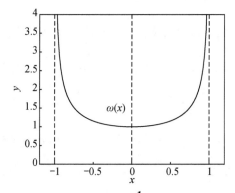

图 5.5 权函数 $\omega(x) = \dfrac{1}{\sqrt{1-x^2}}$, $x \in (-1, 1)$

设 $\{\varphi_k(x)\}_{k=0}^n$ 为区间 $[a, b]$ 上线性无关函数组,$\omega(x)$ 为区间 $[a, b]$ 上的权函数,则对 $f(x) \in C[a, b]$,寻求函数 $p(x) = \sum\limits_{k=0}^n a_k \varphi_k(x)$,使得逼近误差

$$E(a_0, a_1, \cdots, a_n) = \int_a^b \omega(x)\left[f(x) - \sum_{k=0}^n a_k \varphi_k(x)\right]^2 \mathrm{d}x \text{ 最小}, \qquad (2)$$

特别地,本节伊始所讨论的最小二乘逼近问题中,$\omega(x) = 1$,$\phi_k(x) = x^k$,$k = 0, 1, \cdots, n$.

考虑到 (2) 式成立的必要条件

$$0 = \frac{\partial E}{\partial a_i} = 2\int_a^b \omega(x)[f(x) - \sum_{k=0}^n a_k \phi_k(x)]\phi_i(x)\mathrm{d}x,$$

我们得到法方程组

$$\left(\int_a^b \omega\phi_0\phi_i\mathrm{d}x, \int_a^b \omega\phi_1\phi_i\mathrm{d}x, \cdots, \int_a^b \omega\phi_n\phi_i\mathrm{d}x\right)\begin{pmatrix} a_0 \\ a_1 \\ \vdots \\ a_n \end{pmatrix} = \int_a^b \omega f\phi_i\mathrm{d}x, \ i = 0, 1, \cdots, n.$$

若函数组诸 $\varphi_i(x)$ 满足正交性条件

$$\int_a^b \omega(x)\phi_k(x)\phi_i(x)\mathrm{d}x = \begin{cases} 0, & \text{当 } i \neq k, \\ \alpha_i > 0, & \text{当 } i = k, \end{cases} \tag{3}$$

则相应的法方程组为

$$a_i\int_a^b \omega(x)\,(\phi_i(x))^2\mathrm{d}x = a_i\alpha_i, \ i = 0, 1, \cdots, n.$$

易解得

$$a_i = \frac{1}{\alpha_i}\int_a^b \omega(x)f(x)\phi_i(x)\mathrm{d}x, \ i = 0, 1, \cdots, n.$$

由此可见,选择满足正交性条件(3)的函数组对于解决最小二乘逼近问题大有裨益. 下面将研究这类函数组.

定义 3　$\{\varphi_k(x)\}_{k=0}^n$ 称为 $[a, b]$ 上关于权函数 $\omega(x)$ 的正交函数组,若满足

$$\int_a^b \omega(x)\phi_k(x)\phi_i(x)\mathrm{d}x = \begin{cases} 0, & \text{当 } i \neq k, \\ \alpha_k > 0, & \text{当 } i = k. \end{cases}$$

特别地,若 $\alpha_k = 1(k = 0, 1, \cdots, n)$,则称 $\{\varphi_k(x)\}_{k=0}^n$ 为 $[a, b]$ 上关于权函数 $\omega(x)$ 的标准正交函数组.

由此我们得到如下结论.

定理 3　若 $\{\varphi_k(x)\}_{k=0}^n$ 为 $[a, b]$ 上关于权函数 $\omega(x)$ 的正交函数组,则函数 $f(x)$ 于 $[a, b]$ 上关于权函数 $\omega(x)$ 的最小二乘逼近函数为

$$p(x) = \sum_{k=0}^n a_k\varphi_k(x),$$

其中对 $k = 0, 1, \cdots, n$,

$$a_k = \frac{\int_a^b \omega(x)f(x)\phi_k(x)\mathrm{d}x}{\int_a^b \omega(x)\,(\phi_k(x))^2\mathrm{d}x} = \frac{1}{\alpha_k}\int_a^b \omega(x)f(x)\phi_k(x)\mathrm{d}x.$$

5.2.2　正交多项式组的 Gram-Schmidt 正交化方法

虽然定义 3 与定理 3 涉及更广泛函数类的正交函数组,但我们这里仅考虑正交多项式

组. 下面的定理叙述了如何构造 $[a, b]$ 上关于权函数 $\omega(x)$ 的正交多项式组,这一过程被称为 Gram-Schmidt 正交化方法.

定理 4 设多项式函数组 $\{\varphi_k(x)\}_{k=0}^n$,权函数 $\omega(x)$,则 Gram-Schmidt 正交化过程为

$$\phi_0(x) = 1, \ \phi_1(x) = x - \beta_1, \ x \in [a, b],$$

其中

$$\beta_1 = \frac{\displaystyle\int_a^b x\omega(x)\left[\varphi_0(x)\right]^2 \mathrm{d}x}{\displaystyle\int_a^b \omega(x)\left[\varphi_0(x)\right]^2 \mathrm{d}x},$$

当 $k \geqslant 2$ 时,

$$\varphi_k(x) = (x - \beta_k)\varphi_{k-1}(x) - \gamma_k\varphi_{k-2}(x), \ x \in [a, b],$$

其中

$$\beta_k = \frac{\displaystyle\int_a^b x\omega(x)\left[\varphi_{k-1}(x)\right]^2 \mathrm{d}x}{\displaystyle\int_a^b \omega(x)\left[\varphi_{k-1}(x)\right]^2 \mathrm{d}x}, \ \gamma_k = \frac{\displaystyle\int_a^b x\omega(x)\varphi_{k-1}(x)\varphi_{k-2}(x)\mathrm{d}x}{\displaystyle\int_a^b \omega(x)\left[\varphi_{k-2}(x)\right]^2 \mathrm{d}x}.$$

定理 4 提供了一种构造正交多项式组的递推方法,故可由数学归纳法加以证明.

推论 1 对 $n > 0$,按定理 4 得到的正交多项式组 $\{\varphi_k(x)\}_{k=0}^n$ 于 $[a, b]$ 上线性无关,且对任意次数 $k < n$ 的多项式 $q_k(x)$,恒有

$$\int_a^b \omega(x)q_k(x)\phi_n(x)\mathrm{d}x = 0$$

成立.

证 易知诸 $\varphi_k(x) \in \mathbf{P}_k$,故由定理 1 知,$\{\varphi_k(x)\}_{k=0}^n$ 于 $[a, b]$ 上线性无关.

令 $\forall q_k(x) \in \mathbf{P}_k$,则由定理 2 知,存在一组常数诸 c_j,使得 $q_k(x) = \displaystyle\sum_{j=0}^k c_j\varphi_j(x)$. 于是,

$$\int_a^b \omega(x)q_k(x)\phi_n(x)\mathrm{d}x = \sum_{j=0}^k c_j\int_a^b \omega(x)\phi_j(x)\phi_n(x)\mathrm{d}x = \sum_{j=0}^k c_j \cdot 0 = 0.$$

例 3 试求 $[-1, 1]$ 上关于权函数 $\omega(x) = 1$ 的 Legendre 多项式前六项 $\{P_n(x)\}_{n=0}^5$.

解 由定理 4,$P_0(x) = 1$,

$$\beta_1 = \frac{\displaystyle\int_{-1}^1 x\mathrm{d}x}{\displaystyle\int_{-1}^1 \mathrm{d}x} = 0 \Rightarrow P_1(x) = (x - \beta_1)P_0(x) = x,$$

$$\beta_2 = \frac{\displaystyle\int_{-1}^1 x^3\mathrm{d}x}{\displaystyle\int_{-1}^1 x^2\mathrm{d}x} = 0, \ \gamma_2 = \frac{\displaystyle\int_{-1}^1 x^2\mathrm{d}x}{\displaystyle\int_{-1}^1 1\mathrm{d}x} = \frac{1}{3} \Rightarrow P_2(x) = (x - \beta_2)P_1(x) - \gamma_2 P_0(x) = x^2 - \frac{1}{3}.$$

同理计算得到

$$\beta_3 = 0,\ c_3 = \frac{4}{15} \Rightarrow P_3(x) = xP_2(x) - \frac{4}{15}P_1(x) = x^3 - \frac{3}{5}x,$$

$$P_4(x) = x^4 - \frac{6}{7}x^2 + \frac{3}{35},\ P_5(x) = x^5 - \frac{10}{9}x^3 + \frac{5}{21},$$

如图 5.6 所示.

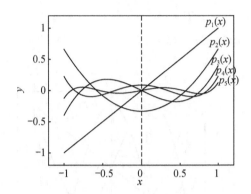

图 5.6　Legendre 多项式

5.3　Chebyshev 多项式与最佳一致逼近

5.3.1　Chebyshev 多项式

Chebyshev 多项式组 $\{T_n(x)\}$ 于 $(-1,\ 1)$ 内关于权函数 $\omega(x) = \dfrac{1}{\sqrt{1-x^2}}$ 正交,虽然利用上节 Gram-Schmidt 正交化方法可以得到,但采用下述定义形式显得更为简单.

对 $x \in [-1,\ 1]$,定义

$$T_n(x) = \cos(n\arccos x),\ n \geqslant 0. \tag{1}$$

单从(1)式,很难看出 $T_n(x)$ 是关于 x 的多项式函数,但下面的分析将说明 $T_n(x)$ 的确是多项式. 易知

$$T_0(x) = \cos 0 = 1,\ T_1(x) = \cos(\arccos x) = x.$$

对 $n \geqslant 1$,令 $\theta = \arccos x$,则(1)式为

$$T_n[\theta(x)] \equiv T_n(\theta) = \cos(n\theta),\ \theta \in [0,\ \pi].$$

于是我们得到

$$T_{n+1}(\theta) = \cos(n\theta)\cos\theta - \sin(n\theta)\sin\theta,\ T_{n-1}(\theta) = \cos(n\theta)\cos\theta + \sin(n\theta)\sin\theta,$$

将上述两式相加,得到

$$T_{n+1}(\theta) = 2\cos(n\theta)\cos\theta - T_{n-1}(\theta),$$

即

$$T_{n+1}(x) = 2x\cos(n\arccos x) - T_{n-1}(x),\ n \geqslant 1.$$

总之,我们得到 Chebyshev 多项式的递推关系式

$$\begin{cases} T_0(x) = 1, \ T_1(x) = x, \\ T_{n+1}(x) = 2xT_n(x) - T_{n-1}(x), \ n \geqslant 1. \end{cases} \tag{2}$$

显然(2)式表明 $T_n(x)$ 是首项系数为 2^{n-1} 的 $n(n \geqslant 1)$ 次多项式,特别地,

$$T_2(x) = 2xT_1(x) - T_0(x) = 2x^2 - 1,$$
$$T_3(x) = 2xT_2(x) - T_1(x) = 4x^3 - 3x,$$
$$T_4(x) = 2xT_3(x) - T_2(x) = 8x^4 - 8x^2 + 1,$$

如图 5.7 所示.

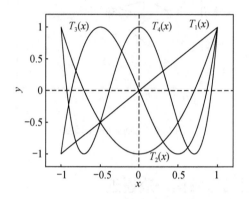

图 5.7　Chebyshev 多项式

接下来,我们验证按(1)式定义的 Chebyshev 多项式组 $\{T_n(x)\}$ 满足如下正交性:

$$\int_{-1}^{1} \frac{T_n(x)T_m(x)}{\sqrt{1-x^2}} \mathrm{d}x = \begin{cases} 0, & \text{当 } n \neq m \text{ 时}, \\ \dfrac{\pi}{2}, & \text{当 } n = m \geqslant 1 \text{ 时}, \\ \pi, & \text{当 } n = m = 0 \text{ 时}. \end{cases}$$

事实上,令 $\theta = \arccos x$, $x \in (-1, 1)$,则 $\mathrm{d}\theta = -\dfrac{1}{\sqrt{1-x^2}}\mathrm{d}x$,

$$\int_{-1}^{1} \frac{T_n(x)T_m(x)}{\sqrt{1-x^2}} \mathrm{d}x = -\int_{\pi}^{0} \cos(n\theta)\cos(m\theta)\mathrm{d}\theta = \int_{0}^{\pi} \cos(n\theta)\cos(m\theta)\mathrm{d}\theta.$$

设 $n \neq m$,利用三角恒等式

$$\cos(n\theta)\cos(m\theta) = \frac{1}{2}\big[\cos(n+m)\theta + \cos(n-m)\theta\big],$$

我们有

$$\int_{-1}^{1} \frac{T_n(x)T_m(x)}{\sqrt{1-x^2}} \mathrm{d}x = \frac{1}{2}\int_{0}^{\pi} \cos((n+m)\theta)\mathrm{d}\theta + \frac{1}{2}\int_{0}^{\pi} \cos((n-m)\theta)\mathrm{d}\theta$$
$$= \left[\frac{1}{2(n+m)}\sin((n+m)\theta) + \frac{1}{2(n-m)}\sin((n-m)\theta)\right]_{0}^{\pi}$$
$$= 0.$$

同理可证,当 $n = m \geqslant 1$ 时,

$$\int_{-1}^{1} \frac{T_n^2(x)}{\sqrt{1-x^2}} \mathrm{d}x = \frac{\pi}{2},$$

且易知 $\int_{-1}^{1} \frac{T_0^2(x)}{\sqrt{1-x^2}} \mathrm{d}x = \pi.$

5.3.2　最佳一致逼近多项式

考虑到 Chebyshev 多项式 $T_n(x)$ 具有**最小零偏差**性质,我们将其应用于解决如下两类问题:

问题 I　如何选择插值节点的最优分布,使得 Lagrange 插值的绝对误差达到最小?

问题 II　如何选择较低次数的逼近多项式,使其与被逼函数的绝对误差不超过事先给定的允许误差? 其中允许误差包含较高次数的逼近多项式与被逼函数之间的绝对误差.

为了说明 Chebyshev 多项式 $T_n(x)$ 具有**最小零偏差**性质,我们需要分析其零点与极值.

定理 1　$n(n \geqslant 1)$ 次 Chebyshev 多项式 $T_n(x)$ 于 $(-1, 1)$ 内有 n 个互异实零点

$$x_k^* = \cos\left(\frac{2k-1}{2n}\pi\right), \quad k = 1, 2, \cdots, n,$$

且于 $[-1, 1]$ 上有极值

$$T_n(\tilde{x}_i) = (-1)^i, \quad i = 0, 1, \cdots, n,$$

其中

$$\tilde{x}_i = \cos\left(\frac{i\pi}{n}\right), \quad i = 0, 1, \cdots, n.$$

证　由 $\arccos x \in (0, \pi)$ 知,

$$\cos(n \arccos x) = 0 \Rightarrow n \arccos x = k\pi - \frac{\pi}{2} \Rightarrow x_k^* = \frac{2k-1}{2n}\pi, \quad k = 1, 2, \cdots, n.$$

而 $T_n(x)$ 为 n 次多项式,实零点最多 n 个,故所求的诸 x_k^* 为 $T_n(x)$ 的全部互异实零点.

又因为

$$T_n'(x) = \frac{\mathrm{d}}{\mathrm{d}x}(\cos(n \arccos x)) = \frac{n \sin(n \arccos x)}{\sqrt{1-x^2}}, \quad x \in (-1, 1),$$

所以

$$T_n'(x) = 0 \Rightarrow n \arccos x = i\pi \Rightarrow \tilde{x}_i = \frac{i\pi}{n}, \quad i = 1, 2, \cdots, n-1,$$

而 $T_n'(x)$ 为 $n-1$ 次多项式,故上述诸 $\tilde{x}_i$ 为 $T_n'(x)$ 的全部互异实零点.

又由于对 $i = 0, 1, \cdots, n$,有

$$T_n(\tilde{x}_i) = \cos\left(n \arccos\left(\cos\frac{i\pi}{n}\right)\right) = \cos(i\pi) = (-1)^i,$$

故当 i 为奇数时，$T_n(x)$ 取最小值，而当 i 为偶数时，$T_n(x)$ 取最大值. 证毕.

设 $\widetilde{T}_n(x)$ 是首项系数为 1 的 n 次 Chebyshev 多项式，则由上述分析可知，

$$\widetilde{T}_0(x) = 1, \quad \widetilde{T}_n(x) = \frac{1}{2^{n-1}} T_n(x), \ (n \geqslant 1) \tag{3}$$

且满足递推关系式

$$\begin{cases} \widetilde{T}_2(x) = x\widetilde{T}_1(x) - \dfrac{1}{2}\widetilde{T}_0(x), \\[2mm] \widetilde{T}_{n+1}(x) = x\widetilde{T}_n(x) - \dfrac{1}{4}\widetilde{T}_{n-1}(x), \ n \geqslant 2, \end{cases}$$

其中 $\widetilde{T}_0(x) = 1$，$\widetilde{T}_1(x) = x$. Chebyshev 多项式 $\widetilde{T}_i(x)(i = 1, 2, \cdots, 5)$ 如图 5.7 所示.

由 $\widetilde{T}_n(x)$ 与 $T_n(x)$ 之间的关系式(3)知，$\widetilde{T}_n(x)(n \geqslant 1)$ 于 $(-1, 1)$ 内有 n 个互异实零点

$$x_k^* = \cos\left(\frac{2k-1}{2n}\pi\right), \ k = 1, 2, \cdots, n$$

且于 $[-1, 1]$ 上有极值

$$\widetilde{T}_n(\tilde{x}_i) = \frac{(-1)^i}{2^{n-1}}, \ i = 0, 1, \cdots, n, \tag{4}$$

其中

$$\tilde{x}_i = \cos\left(\frac{i\pi}{n}\right), \ i = 0, 1, \cdots, n.$$

记 $\widetilde{\mathbf{P}}_n$ 表示首项系数为 1 的次数不超过 n 的多项式集合. (4)式表明 $\widetilde{T}_n(x)$ 具有**最小零偏差性质**，即为 x 轴的**最佳一致逼近多项式**，这是 $\widetilde{T}_n(x)$ 与 $\widetilde{\mathbf{P}}_n$ 中其他多项式的的显著区别.

定理 2 对首项系数为 1 的任意 n 次多项式 $p_n(x) \in \widetilde{\mathbf{P}}_n$，首项系数为 1 的 n 次 Chebyshev 多项式 $\widetilde{T}_n(x)(n \geqslant 1)$ 具有**最小零偏差性质**:

$$\max_{x \in [-1, 1]} | p_n(x) | \geqslant \max_{x \in [-1, 1]} | \widetilde{T}_n(x) | = \frac{1}{2^{n-1}},$$

且等式成立当且仅当 $p_n(x) \equiv \widetilde{T}_n(x)$.

证 假使对任意 n 次多项式 $p_n(x) \in \widetilde{\mathbf{P}}_n$，满足

$$\max_{x \in [-1, 1]} | p_n(x) | \leqslant \frac{1}{2^{n-1}} = \max_{x \in [-1, 1]} | \widetilde{T}_n(x) |.$$

令 $q(x) = \widetilde{T}_n(x) - p_n(x)$，因 $\widetilde{T}_n(x)$ 与 $p_n(x)$ 都是首项系数为 1 的 n 次多项式，故 $q(x) \in \mathbf{P}_n$. 而且于 $\widetilde{T}_n(x)$ 的最值点诸 $\tilde{x}_i$ 处，有

又由假设条件知

$$| p_n(\tilde{x}_i) | \leqslant \frac{1}{2^{n-1}}, \ i = 0, 1, \cdots, n,$$

故

$$q(\widetilde{x}_i) \begin{cases} \leqslant 0, & \text{当 } i \text{ 为奇数时,} \\ \geqslant 0, & \text{当 } i \text{ 为偶数时.} \end{cases}$$

因 $q(x) \in C[-1, 1]$，故由零点定理知，至少存在 $\xi_i \in (\widetilde{x}_i, \widetilde{x}_{i+1}) \subset (-1, 1)$，$i = 0$，$1, \cdots, n-1$，使得诸 $f(\xi_i) = 0$. 鉴于 $q(x)$ 为次数不超过 $n-1$ 的多项式，故 $q(x) \equiv 0$，即 $\widetilde{T}_n(x) \equiv p_n(x)$，证毕.

对于问题 I，本定理可用于解决插值节点最优分布问题，使得 Lagrange 插值余项的绝对值达到最小. 区间 $[-1, 1]$ 上 Lagrange 插值定理可以表述为：设插值节点 x_0，x_1，$\cdots$，x_n 互异，则对每一个 $x \in [-1, 1]$，至少存在 $\xi(x) \in (-1, 1)$，使得

$$f(x) - L_n(x) = \frac{f^{(n+1)}(\xi(x))}{(n+1)!} \prod_{i=0}^{n} (x - x_i),$$

其中 $L_n(x)$ 为插值节点诸 x_i 上的 Lagrange 插值多项式.

一般而言，插值余项中 $\xi(x)$ 难以控制，因此为了减少逼近误差，我们可以选择插值节点诸 x_i 的最优分布，使得插值余项中

$$| (x - x_0)(x - x_1) \cdots (x - x_n) | = \min \tag{5}$$

于 $[-1, 1]$ 上一致成立. 鉴于 $(x - x_0)(x - x_1) \cdots (x - x_n)$ 是首项系数为 1 的 $n+1$ 次多项式，故当 $(x - x_0)(x - x_1) \cdots (x - x_n) \equiv \widetilde{T}_{n+1}(x)$ 时，(5)式便一致成立. 此时，插值节点诸 x_i 取为 $\widetilde{T}_{n+1}(x)$ 的 $n+1$ 个互异实零点，即

$$x_k = x_k^* = \cos \frac{(2k+1)\pi}{2(n+1)}, \ k = 0, 1, \cdots, n.$$

于是(5)式于 $[-1, 1]$ 上一致成立意味着对一切插值节点诸 $x_k \in [-1, 1]$，恒有

$$\max_{x \in [-1, 1]} | (x - x_0)(x - x_1) \cdots (x - x_n) | \geqslant \max_{x \in [-1, 1]} | (x - x_0^*)(x - x_1^*) \cdots (x - x_n^*) | = \frac{1}{2^n}$$

于 $[-1, 1]$ 上一致成立，故而有下列推论成立.

推论 1　设 $L_n(x)$ 为次数不超过 n 的插值多项式，其插值节点为 $n+1$ 次 Chebyshev 多项式 $T_{n+1}(x)$ 的互异实零点，则对一切 $f(x) \in C^{n+1}[-1, 1]$，恒有

$$\max_{x \in [-1, 1]} | f(x) - L_n(x) | \leqslant \frac{1}{2^n \cdot (n+1)!} \max_{x \in [-1, 1]} | f^{(n+1)}(x) |$$

成立.

值得注意的是，上述结论可以推广到一般闭区间 $[a, b]$，只要作一个线性变换

$$x = \frac{b-a}{2}t + \frac{b+a}{2}, \ t \in [-1, 1]$$

即可，其中插值节点为

$$x_k^* = \frac{b-a}{2}t_k^* + \frac{b+a}{2}, \ k = 0, 1, \cdots, n, \tag{6}$$

且 Chebyshev 多项式 $T_{n+1}(x)$ 的互异实零点为

$$t_k^* = \cos \frac{(2k+1)\pi}{2(n+1)},\ k = 0,\ 1,\ \cdots,\ n.$$

例 1　设 $f(x) = xe^x$, $x \in [0, 1.5]$, 试求分别基于等距插值节点 $x_0 = 0.0$, $x_1 = 0.5$, $x_2 = 1.0$, $x_3 = 1.5$ 与相应的 4 次 Chebyshev 多项式零点的 Lagrange 插值多项式.

解　设 $[0, 1.5]$ 上的 Chebyshev 多项式 4 个零点为 $x_k^*(k = 0, 1, 2, 3)$. 由于 $[-1, 1]$ 上 4 次 Chebyshev 多项式的零点为

$$t_0^* = \cos \frac{\pi}{8} \approx 0.923\,9,\ t_1^* = \cos \frac{3\pi}{8} \approx 0.382\,7,$$

$$t_2^* = \cos \frac{5\pi}{8} \approx -0.382\,7,\ t_3^* = \cos \frac{7\pi}{8} \approx -0.923\,9.$$

于是利用 (6) 式, 由 $x_k^* = \frac{3}{4}t_k^* + \frac{3}{4}$ 算出 $[0, 1.5]$ 上诸 x_k^* 如表 1 第三列所示, 并算出相应的函数值诸 $f(x_k)$ 与 $f(x_k^*)$, 分别如表 5.5 第二、四列所示.

故先算出基于等距节点诸 x_k 的 Lagrange 插值多项式

$$L_3(x) = 1.387\,5x^3 + 0.057\,570x^2 + 1.273\,0x,$$

其中相应的 Lagrange 基函数为

$$\begin{cases} l_0(x) = -1.333\,3x^3 + 4.000\,0x^2 - 3.666\,7x + 1.000\,0, \\ l_1(x) = 4.000\,0x^3 - 10.000\,0x^2 + 6.000\,0x, \\ l_2(x) = -4.000\,0x^3 + 8.000\,0x^2 - 3.000\,0x, \\ l_3(x) = 1.333\,3x^3 - 2.000\,0x^2 + 0.666\,67x. \end{cases}$$

再算出基于 Chebyshev 多项式零点诸 x_k^* 的 Lagrange 插值多项式

$$L_3^*(x) = 1.381\,1x^3 + 0.044\,652x^2 + 1.303\,1x - 0.014\,352,$$

其中相应的 Lagrange 基函数为

$$\begin{cases} l_0^*(x) = 1.814\,2x^3 - 2.824\,9x^2 + 1.026\,4x - 0.049\,728, \\ l_1^*(x) = -4.379\,9x^3 + 8.597\,7x^2 - 3.402\,6x + 0.167\,05, \\ l_2^*(x) = 4.379\,9x^3 - 11.112x^2 + 7.173\,8x - 0.374\,15, \\ l_3^*(x) = -1.814\,2x^3 + 5.339\,0x^2 - 4.797\,6x + 1.256\,8. \end{cases}$$

表 5.5　例 1 中基于 Chebyshev 多项式零点的 Lagrange 插值信息

x_i	$f(x_i)$	x_i^*	$f(x_i^*)$
$x_0 = 0.0$	0.000 00	$x_0^* = 1.442\,91$	6.107 83
$x_1 = 0.5$	0.824 361	$x_1^* = 1.037\,01$	2.925 17
$x_2 = 1.0$	2.718 28	$x_2^* = 0.462\,99$	0.735 60
$x_3 = 1.5$	6.722 53	$x_0^* = 0.057\,09$	0.060 444

对于问题 Ⅱ, 我们可以借助 Chebyshev 多项式来寻求较低次逼近多项式, 使其与被逼函

数的绝对误差不超过事先给定的允许误差,其中允许误差包含较高次数逼近多项式的绝对误差.

设任意 n 次被逼多项式 $p_n(x) = \sum_{i=0}^{n} a_i x^i$, $x \in [-1, 1]$,寻求次数不超过 $n-1$ 的逼近多项式 $p_{n-1}(x) \in \mathbf{P}_{n-1}$,使得

$$\max_{x \in [-1, 1]} | p_n(x) - p_{n-1}(x) | = \min \tag{7}$$

于 $[-1, 1]$ 上一致成立.

注意到 $\dfrac{p_n(x) - p_{n-1}(x)}{a_n}$ 是首项为 1 的 n 次多项式,故由定理 2 可知,

$$\max_{x \in [-1, 1]} \left| \frac{p_n(x) - p_{n-1}(x)}{a_n} \right| \geqslant \frac{1}{2^{n-1}},$$

且等式成立当且仅当

$$\frac{p_n(x) - p_{n-1}(x)}{a_n} = \widetilde{T}_n(x),$$

这意味着

$$p_{n-1}(x) = p_n(x) - a_n \widetilde{T}_n(x),$$

此时,(7)式为

$$\min = \max_{x \in [-1, 1]} | p_n(x) - p_{n-1}(x) | = | a_n | \cdot \max_{x \in [-1, 1]} \left| \frac{p_n(x) - p_{n-1}(x)}{a_n} \right| = \frac{| a_n |}{2^{n-1}}.$$

例 2 设函数 $f(x) = \mathrm{e}^x$, $x \in [-1, 1]$,给定允许误差 $\varepsilon = 0.05$,结合 $f(x)$ 的 4 阶 Maclaurin 多项式 $p_4(x)$ 的绝对误差,试求 $[-1, 1]$ 上**最佳一致逼近**于 $p_4(x)$ 的次数不超过 3 的多项式 $p_3(x)$,并分析其绝对误差.

解 易算出的 4 阶 Maclaurin 多项式为

$$p_4(x) = 1 + x + \frac{x^2}{2} + \frac{x^3}{6} + \frac{x^4}{24},$$

其截断误差绝对值

$$| R_4(x) | = \frac{| f^{(5)}(\xi(x)) x^5 |}{120} \leqslant \frac{e}{120} \approx 0.023, \ x \in [-1, 1].$$

于是 $[-1, 1]$ 上最佳一致逼近于 $p_4(x)$ 的次数不超过 3 的多项式

$$p_3(x) = p_4(x) - \frac{1}{24} \widetilde{T}_4(x) = 1 + x + \frac{x^2}{2} + \frac{x^3}{6} + \frac{x^4}{24} - \frac{1}{24}\left(x^4 - x^2 + \frac{1}{8}\right)$$

$$= \frac{x^3}{6} + \frac{13}{24}x^2 + x + \frac{191}{192},$$

此时

$$| p_4(x) - p_3(x) | = \left| \frac{1}{24} \widetilde{T}_4(x) \right| \leqslant \frac{1}{24} \cdot \frac{1}{2^3} = \frac{1}{192} \leqslant 0.005\,3,$$

故有

$$
\begin{aligned}
\mid f(x) - p_3(x) \mid &= \mid f(x) - p_4(x) + p_4(x) - p_3(x) \mid \\
&\leqslant \mid f(x) - p_4(x) \mid + \mid p_4(x) - p_3(x) \mid \\
&\leqslant 0.023 + 0.005\,3 = 0.028\,3 < 0.05.
\end{aligned}
$$

误差函数 $f(x) - p_4(x)$、$f(x) - p_3(x)$、$p_4(x) - p_3(x)$ 如图 5.8 所示.

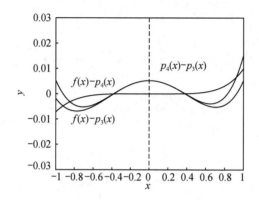

图 5.8　例 2 中最佳一致逼近多项式的误差

5.4　有理函数逼近

5.4.1　Padé 逼近

代数多项式类函数应用于逼近具有以下显著优点:
1) 给定任意允许误差,总存在一些多项式于闭区间上逼近任意连续函数;
2) 多项式于任意点处的函数值容易算出;
3) 多项式的导数与积分都存在且易确定.

然而,多项式应用于逼近的不足在于容易出现振荡情形,这经常会导致多项式逼近误差限明显超出平均逼近误差,这是因为误差限是由最大逼近误差确定的. 我们现在考虑逼近误差于逼近区间上传播更为平缓的方法,这包括有理函数逼近.

我们定义 N 次有理函数 $r(x)$ 形如

$$
r(x) = \frac{p(x)}{q(x)},
$$

其中 $p(x)$、$q(x)$ 为多项式,且二者次数之和 $\deg p(x) + \deg q(x) = N$.

易知多项式是特殊的有理函数,此时分母 $q(x) = 1$. 对于相同的计算量而言,当有理函数的分子分母具有相同或相近的次数时,有理函数逼近效果要优于多项式(这里基于假设除法计算量与乘法计算量相同). 有理函数的另一个优点在于它能有效地逼近区间内无穷间断点附近的函数,而多项式逼近往往不容接受.

设 $r(x)$ 为 N 次有理函数形如

$$
r(x) = \frac{p(x)}{q(x)} = \frac{p_0 + p_1 x + \cdots + p_n x^n}{q_0 + q_1 x + \cdots + q_m x^m},
$$

$r(x)$ 逼近于闭区间 I 上含 $x=0$ 的函数 $f(x)$. $r(x)$ 于 I 上含 $x=0$ 意味着分母中 $q_0 \neq 0$. 事实上,我们可以令 $q_0=1$. 若 $q_0 \neq 1$,我们分别以 $p(x)/q_0$、$q(x)/q_0$ 代替 $p(x)$、$q(x)$,因此,当采用 $r(x)$ 逼近 $f(x)$ 时,共有 $N+1$ 个待定参数 $q_1, q_2, \cdots, q_m$ 及 $p_1, p_2, \cdots, p_n$.

Padé 逼近方法可以被视为 Taylor 多项式逼近向有理函数的推广形式,即寻求 $N+1$ 个未知参数 $q_1, q_2, \cdots, q_m$ 及 $p_1, p_2, \cdots, p_n$,使得

$$f(x) - r(x) = O(x^{N+1}),$$

即

$$f^{(k)}(0) = r^{(k)}(0), \ k=0, 1, \cdots, N.$$

特别地,当 $n=N$, $m=0$ 时,Padé 逼近即为 N 阶 Maclaurin 多项式.

注意到

$$f(x) - r(x) = f(x) - \frac{p(x)}{q(x)} = \frac{f(x) \sum\limits_{i=0}^{m} q_i x^i - \sum\limits_{i=0}^{n} p_i x^i}{q(x)},$$

假设函数 $f(x)$ 具有 Maclaurin 级数展开式 $f(x) = \sum\limits_{i=0}^{\infty} a_i x^i$,则

$$f(x) - r(x) = \frac{\sum\limits_{i=0}^{\infty} a_i x^i \cdot \sum\limits_{i=0}^{m} q_i x^i - \sum\limits_{i=0}^{n} p_i x^i}{q(x)}. \tag{1}$$

我们的目标是为了确定 $N+1$ 个未知参数 $q_1, q_2, \cdots, q_m$ 及 $p_1, p_2, \cdots, p_n$,使得

$$f^{(k)}(0) - r^{(k)}(0) = 0, \ k=0, 1, \cdots, N,$$

这等价于 $f(x)$ 具有 $N+1$ 重零点 $x=0$. 因此,我们选择 $q_1, q_2, \cdots, q_m$ 及 $p_1, p_2, \cdots, p_n$,使得(1)式右端的分子

$$(a_0 + a_1 x + \cdots)(q_0 + q_1 x + \cdots + q_m x^m) - (p_0 + p_1 x + \cdots + p_n x^n)$$

不含次数 $\leqslant N$ 的项. 我们将上式中诸 x^k 项的系数表示为 $\left(\sum\limits_{i=0}^{k} a_i q_{k-i}\right) - p_k$. 为简化计算,我们令 $p_{n+1} = p_{n+2} = \cdots = p_N = 0$ 及 $q_{m+1} = q_{m+2} = \cdots = q_N = 0$. 于是,为了得到 Padé 逼近有理函数,我们需要求解关于 $N+1$ 个未知参数 $q_1, q_2, \cdots, q_m$ 及 $p_1, p_2, \cdots, p_n$ 的线性方程组

$$\sum_{i=0}^{k} a_i q_{k-i} = p_k, \ k=0, 1, \cdots, N,$$

或等价写成

$$\begin{pmatrix} a_0 & & & & & & \\ a_1 & a_0 & & & & & \\ a_2 & a_1 & a_0 & & & & \\ & \cdots & & \ddots & & & \\ a_k & a_{k-1} & a_{k-2} & \cdots & a_0 & & \\ & \cdots & & & & \ddots & \\ a_N & a_{N-1} & a_{N-2} & \cdots & & & a_0 \end{pmatrix} \begin{pmatrix} 1 \\ q_1 \\ q_2 \\ \vdots \\ q_k \\ \vdots \\ q_N \end{pmatrix} = \begin{pmatrix} 1 \\ p_1 \\ p_2 \\ \vdots \\ p_k \\ \vdots \\ p_N \end{pmatrix},$$

其中

$$q_0 = 1, \ q_{m+1} = q_{m+2} = \cdots = q_N = 0, \ p_{n+1} = p_{n+2} = \cdots = p_N = 0.$$

例 1 利用函数 $f(x) = \mathrm{e}^{-x}$ 的 Maclaurin 级数,试求 $f(x)$ 的 5 次 Padé 逼近有理函数,其中分子分母的次数分别为 $n = 3$,$m = 2$.

解 易算出 $f(x) = \mathrm{e}^{-x}$ 的 Maclaurin 级数为

$$\mathrm{e}^{-x} = \sum_{k=0}^{\infty} \frac{(-1)^k}{k!} x^k, \ x \in \mathbf{R}.$$

设其 Padé 逼近有理函数为

$$r(x) = \frac{p_0 + p_1 x + p_2 x^2 + p_3 x^3}{1 + q_1 x + q_2 x^2},$$

于是令表达式

$$\left(1 - x + \frac{x^2}{2} - \frac{x^3}{6} + \frac{x^4}{24} - \frac{x^5}{120} + \cdots\right)(1 + q_1 x + q_2 x^2) - (p_0 + p_1 x + p_2 x^2 + p_3 x^3)$$

中 $x^k (k = 0, 1, \cdots, 5)$ 项系数为 0,得到

$$\begin{pmatrix} 1 & & & & & \\ -1 & 1 & & & & \\ \frac{1}{2} & -1 & 1 & & & \\ -\frac{1}{6} & \frac{1}{2} & -1 & 1 & & \\ \frac{1}{24} & -\frac{1}{6} & \frac{1}{2} & -1 & 1 & \\ -\frac{1}{120} & \frac{1}{24} & -\frac{1}{6} & \frac{1}{2} & -1 & 1 \end{pmatrix} \begin{pmatrix} 1 \\ q_1 \\ q_2 \\ 0 \\ 0 \\ 0 \end{pmatrix} = \begin{pmatrix} p_0 \\ p_1 \\ p_2 \\ p_3 \\ 0 \\ 0 \end{pmatrix},$$

解之得到

$$\begin{cases} p_0 = 1, \ p_1 = -\dfrac{3}{5}, \ p_2 = \dfrac{3}{20}, \ p_3 = -\dfrac{1}{60}, \\ q_1 = \dfrac{2}{5}, \ q_2 = \dfrac{1}{20}, \end{cases}$$

于是所求 Padé 逼近有理函数为

$$r(x) = \frac{1 - \dfrac{3}{5}x + \dfrac{3}{20}x^2 - \dfrac{1}{60}x^3}{1 + \dfrac{2}{5}x + \dfrac{1}{20}x^2}.$$

记 $f(x) = \mathrm{e}^{-x}$ 的 5 阶 Maclaurin 多项式为

$$p_5(x) = 1 - x + \frac{x^2}{2} - \frac{x^3}{6} + \frac{x^4}{24} - \frac{x^5}{120},$$

我们分别算出 e^{-x}、$p_5(x)$、$r(x)$ 于等距节点上的函数值及其绝对误差,如表 5.6 所示,并绘

出误差函数 $f(x)-p_5(x)$、$f(x)-r(x)$ 如图 5.9 所示,Padé 逼近 $r(x)$ 优于多项式 $p_5(x)$.

表 5.6 例 1 中 Padé 逼近函数与 Maclaurin 多项式信息

x	e^{-x}	$p_5(x)$	$\lvert \mathrm{e}^{-x}-p_5(x) \rvert$	$r(x)$	$\lvert \mathrm{e}^{-x}-r(x) \rvert$
0.2	0.818 730 75	0.818 730 67	8.64×10^{-8}	0.818 730 75	7.55×10^{-9}
0.4	0.670 320 05	0.670 314 67	5.38×10^{-6}	0.670 319 63	4.11×10^{-7}
0.6	0.548 811 64	0.548 752 00	5.96×10^{-5}	0.548 807 63	4.00×10^{-6}
0.8	0.449 328 96	0.449 002 67	3.26×10^{-4}	0.449 309 66	1.93×10^{-5}
1.0	0.367 879 44	0.366 666 67	1.21×10^{-3}	0.367 816 09	6.33×10^{-5}

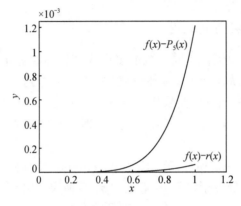

图 5.9 例 1 中 Padé 逼近函数与 Maclaurin 多项式的逼近误差

接下来我们分析例 1 中 $p_5(x)$ 与 $r(x)$ 的计算量. 由秦久韶算法,多项式 $p_5(x)$ 可写成

$$p_5(x)=\left(\left(\left(\left(-\frac{1}{120}x+\frac{1}{24}\right)x-\frac{1}{6}\right)x+\frac{1}{2}\right)x-1\right)x+1,$$

易知计算 $p_5(x)$ 需要 5 次乘法与 5 次加/减法. 由内嵌表示法,有理函数 $r(x)$ 可以表示为

$$r(x)=\frac{\left(\left(-\frac{1}{60}x+\frac{3}{20}\right)x-\frac{3}{5}\right)x+1}{\left(\frac{1}{20}x+\frac{2}{5}\right)x+1},$$

故计算 $r(x)$ 需要 5 次乘法、5 次加/减法及 1 次除法. 因此, $p_5(x)$ 的计算量小于 $r(x)$. 然而,若将 $r(x)$ 表示成

$$r(x)=\frac{1-\frac{3}{5}x+\frac{3}{20}x^2-\frac{1}{60}x^3}{1+\frac{2}{5}x+\frac{1}{20}x^2}=\frac{-\frac{1}{3}x^3+3x^2-12x+20}{x^2+8x+20}$$

$$=-\frac{1}{3}x+\frac{17}{3}+\frac{\left(-\frac{152}{3}x-\frac{280}{3}\right)}{x^2+8x+20}=-\frac{1}{3}x+\frac{17}{3}+\frac{-\frac{152}{3}}{\dfrac{x^2+8x+20}{x+\frac{35}{19}}},$$

即

$$r(x) = -\frac{1}{3}x + \frac{17}{3} + \cfrac{-\dfrac{152}{3}}{x + \dfrac{117}{19} + \cfrac{3\,125/361}{x + \dfrac{35}{19}}}, \qquad (2)$$

则按(2)式计算 $r(x)$ 需 0 次乘法、5 次加/减法及 2 次除法,故计算 $p_5(x)$ 所需的四则运算量超过计算 $r(x)$.

形如(2)式的有理函数逼近称为连分式逼近. 由于连分式表达形式的计算高效性,连分式逼近已然成为经典的逼近方法之一.

5.4.2 Chebyshev 有理函数逼近

虽然例 1 中有理函数逼近优于同次数的多项式,但 Padé 逼近有理函数 $r(x)$ 逼近误差限的变化幅度依旧较大,从 $x = 0.2$ 处的不超过 8×10^{-9} 到 $x = 1.0$ 处的 7×10^{-5},而 Maclaurin 多项式 $p_5(x)$ 的逼近误差限从 $x = 0.2$ 处不超过 9×10^{-8} 到 $x = 1.0$ 处 1.21×10^{-3},这主要是因为 $f(x) = \mathrm{e}^{-x}$ 的 Padé 逼近有理函数的建立是基于其 Maclaurin 多项式的.

为了得到有理函数的一致逼近,我们采用 Chebyshev 多项式类. 一般地,**Chebyshev 有理函数逼近**方法的关键之处在于将 Padé 逼近中 x^k 替换成 k 次 Chebyshev 多项式 $T_k(x)$.

设函数 $f(x)$ 的 N 次 **Chebyshev 逼近有理函数**形如

$$r_T(x) = \frac{\displaystyle\sum_{k=0}^{n} p_k T_k(x)}{\displaystyle\sum_{k=0}^{m} q_k T_k(x)},$$

其中 $N = n + m$, $q_0 = 1$.

设函数 $f(x)$ 可以展开成 Chebyshev 级数形式

$$f(x) = \sum_{k=0}^{\infty} a_k T_k(x),$$

于是

$$f(x) - r_T(x) = \sum_{k=0}^{\infty} a_k T_k(x) - \frac{\displaystyle\sum_{k=0}^{n} p_k T_k(x)}{\displaystyle\sum_{k=0}^{m} q_k T_k(x)},$$

或

$$f(x) - r_T(x) = \frac{\displaystyle\sum_{k=0}^{\infty} a_k T_k(x) \cdot \sum_{k=0}^{m} q_k T_k(x) - \sum_{k=0}^{n} p_k T_k(x)}{\displaystyle\sum_{k=0}^{m} q_k T_k(x)}. \qquad (3)$$

为了确定上式中 $N+1$ 个未知系数 q_1, q_2, $\cdots$, q_m 及 p_1, p_2, $\cdots$, p_n，我们令（7）式右端 $T_k(x)(k=0,1,\cdots,N)$ 的系数为 0. 换言之，展开式

$$(a_0 T_0(x) + a_1 T_1(x) + a_2 T_2(x) + \cdots)(T_0(x) + q_1 T_1(x) + \cdots + q_m T_m(x))$$
$$-(p_0 T_0(x) + p_1 T_1(x) + \cdots + p_n T_n(x))$$

不含有 $T_k(x)(k=0,1,\cdots,N)$ 项.

但是，Chebyshev 有理函数逼近的建立较 Padé 逼近更显得复杂. 一方面，分母 $q(x)$ 与函数 $f(x)$ 的 Chebyshev 级数的乘积包含两两相乘的 Chebyshev 多项式的乘积. 令人鼓舞的是，我们可以通过三角函数恒等式加以解决，即

$$T_i(x) + T_j(x) = \frac{1}{2}\big[T_{i+j}(x) + T_{|i-j|}(x)\big].$$

另一方面，我们很难准确算出函数 $f(x)$ 的 Chebyshev 级数. 虽然我们从理论上易知，若

$$f(x) = \sum_{i=0}^{\infty} a_i T_i(x),$$

则由 Chebyshev 多项式的正交性得到诸系数

$$\begin{cases} a_0 = \dfrac{1}{\pi}\displaystyle\int_{-1}^{1}\dfrac{f(x)}{\sqrt{1-x^2}}\mathrm{d}x, \\[3mm] a_k = \dfrac{2}{\pi}\displaystyle\int_{-1}^{1}\dfrac{f(x)T_k(x)}{\sqrt{1-x^2}}\mathrm{d}x, \ (k\geqslant 1). \end{cases}$$

但实际上，我们很难计算出上述积分的准确结果，因此，我们取而代之的是数值积分结果.

例 2　设函数 $f(x)=\mathrm{e}^{-x}$, $x\in[-1,1]$，试求 $f(x)$ 的 5 次 Chebyshev 逼近多项式与 5 次 Che-byshev 逼近有理函数，其中分子分母的次数分别为 $n=3$，$m=2$.

解　设函数 $f(x)$ 的 5 次 Chebyshev 逼近多项式为

$$\tilde{p}_5(x) = \sum_{i=0}^{5} a_i T_i(x),$$

则由（10）式计算出诸系数 a_i，从而得到

$$\tilde{p}_5(x) = 1.266066 T_0(x) - 1.130318 T_1(x) + 0.2714952 T_2(x)$$
$$- 0.04433685 T_3(x) + 0.005474231 T_4(x) - 0.0005429156 T_5(x).$$

设 $f(x)$ 的 5 次 Chebyshev 逼近有理函数为

$$r_T(x) = \frac{\displaystyle\sum_{k=0}^{3} p_k T_k(x)}{\displaystyle\sum_{k=0}^{2} q_k T_k(x)},$$

其中 $q_0=1$.

于是由展开式

$$\tilde{p}_5(x)(T_0(x) + q_1 T_1(x) + q_2 T_2(x)) - (p_0 T_0(x) + p_1 T_1(x) + p_2 T_2(x) + p_3 T_3(x))$$

得到它们的系数满足

$$
\begin{cases}
T_0(x): 1.266\,066 - 0.565\,159q_1 + 0.135\,748\,5q_2 = p_0 \\
T_1(x): -1.130\,318 + 1.401\,814q_1 - 0.587\,328q_2 = p_1 \\
T_2(x): 0.271\,495 - 0.587\,328q_1 + 1.268\,803q_2 = p_2 \\
T_3(x): -0.044\,337 + 0.138\,485q_1 - 0.565\,431q_2 = p_3 \\
T_4(x): 0.005\,474 - 0.022\,440q_1 + 0.135\,748q_2 = 0 \\
T_5(x): -0.000\,543 + 0.002\,737q_1 - 0.022\,169q_2 = 0.
\end{cases}
$$

解之可得

$$
r_T(x) = \frac{1.055\,270T_0(x) - 0.613\,029\,9T_1(x) + 0.077\,481\,99T_2(x) - 0.004\,505\,791T_3(x)}{T_0(x) + 0.378\,320\,6T_1(x) + 0.022\,214\,06T_2(x)}.
$$

注意到 Chebyshev 多项式 $T_0(x) = 1$, $T_1(x) = x$, $T_2(x) = 2x^2 - 1$, $T_3(x) = 4x^3 - 3x$,则有

$$
r_T(x) = \frac{0.977\,788\,3 - 0.599\,512\,5x + 0.154\,964x^2 - 0.018\,023\,16x^3}{0.977\,785\,9 + 0.378\,320\,6x + 0.044\,428\,11x^2},
$$

结合例 1 中 e^{-x} 的 5 次 Padé 逼近 $r(x)$,我们计算出函数 e^{-x}, $r(x)$, $r_T(x)$ 于等距节点处的函数值及绝对误差,如表 5.7 所示,并绘出误差 $f(x) - r(x)$、$f(x) - r_T(x)$ 如图 5.10 所示.

表 5.7　例 2 中 Padé 逼近与 Chebyshev 有理逼近的误差数据

x	e^{-x}	$r_T(x)$	$\lvert e^{-x} - r_T(x) \rvert$	$r(x)$	$\lvert e^{-x} - r(x) \rvert$
0.2	0.818\,730\,75	0.818\,724\,29	6.46×10^{-6}	0.818\,730\,75	7.55×10^{-9}
0.4	0.670\,320\,05	0.670\,312\,28	7.76×10^{-6}	0.670\,319\,63	4.11×10^{-7}
0.6	0.548\,811\,64	0.548\,812\,20	5.66×10^{-7}	0.548\,807\,63	4.00×10^{-6}
0.8	0.449\,328\,96	0.449\,337\,58	8.62×10^{-6}	0.449\,309\,66	1.93×10^{-5}
1.0	0.367\,879\,44	0.367\,871\,37	8.07×10^{-6}	0.367\,816\,09	6.33×10^{-5}

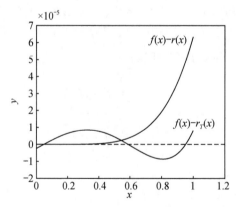

图 5.10　例 2 中 Chebyshev 逼近与 Padé 逼近有理函数的逼近误差

5.5 三角多项式逼近

5.5.1 连续形式的最佳平方逼近三角多项式

正弦与余弦函数组用以表示任意函数的应用最早起源于 18 世纪 50 年代人们对于弦振动运动的研究,此问题由 Jean d'Alembert 提出,最终被大数学家 Leonhard Euler 解决. 但正弦与余弦函数的无穷项求和应用由 Daniel Bernoulli 第一次提出,即为现在我们所熟知的 Fourier 级数. 早在十九世纪,Joseph Fourier 应用此级数研究了热传导问题,并建立了一套完备的理论体系.

对于 Fourier 级数,我们首先注意到,对每一个正整数 n,函数列 $\{\varphi_0, \varphi_1, \cdots, \varphi_{2n-1}\}$,

$$\begin{cases} \phi_0(x) = \dfrac{1}{2}, \ \phi_k(x) = \cos kx, (k = 1, 2, \cdots, n) \\ \phi_{n+k}(x) = \sin kx, (k = 1, 2, \cdots, n-1) \end{cases}$$

于 $[-\pi, \pi]$ 上关于权函数 $\omega(x) \equiv 1$ 正交. 事实上,对任意整数 j,上述函数列中两两互异函数的乘积于 $[-\pi, \pi]$ 上的定积分为 0,且这些乘积的计算基于以下三角函数恒等式

$$\sin \alpha \sin \beta = \frac{1}{2}[\cos(\alpha - \beta) - \cos(\alpha + \beta)],$$

$$\cos \alpha \cos \beta = \frac{1}{2}[\cos(\alpha - \beta) + \cos(\alpha + \beta)],$$

$$\sin \alpha \cos \beta = \frac{1}{2}[\sin(\alpha - \beta) + \sin(\alpha + \beta)].$$

记 T_n 为三角函数 $\varphi_0, \varphi_1, \cdots, \varphi_{2n-1}$ 的所有线性组合构造的集合,即 $T_n = \text{span}\{\varphi_0, \varphi_1, \cdots, \varphi_{2n-1}\}$,我们称之为次数不超过 n 的三角多项式空间.

对于函数 $f(x) \in C[-\pi, \pi]$,我们试寻求连续形式的**最小二乘逼近(最佳平方逼近)**三角多项式 $S_n(x) \in \mathbf{T}_n$ 形如

$$S_n(x) = \frac{a_0}{2} + a_n \cos nx + \sum_{k=1}^{n-1}(a_n \cos kx + b_n \sin kx).$$

鉴于函数组 $\{\varphi_0, \varphi_1, \cdots, \varphi_{2n-1}\}$ 于 $[-\pi, \pi]$ 上关于权函数 $\omega(x) \equiv 1$ 正交,我们利用5.2节定理 3,计算得到诸系数

$$\begin{cases} a_k = \dfrac{1}{\pi}\int_{-\pi}^{\pi} f(x)\cos kx \, dx, \ (k = 0, 1, \cdots, n), \\ b_k = \dfrac{1}{\pi}\int_{-\pi}^{\pi} f(x)\sin kx \, dx, \ (k = 1, 2, \cdots, n-1). \end{cases}$$

我们称 $\lim\limits_{n \to \infty} S_n(x)$ 为 $f(x)$ 的 Fourier 级数和. Fourier 级数可用于刻画物理现象中的常微分与偏微分方程的解.

例 1 设函数 $f(x) = |x|, x \in (-\pi, \pi)$,试求 $f(x)$ 的最小二乘逼近三角多项式 $S_n(x) \in \mathbf{T}_n$.

解 易知诸系数

$$a_0 = \frac{1}{\pi}\int_{-\pi}^{\pi} \mid x \mid \mathrm{d}x = -\frac{1}{\pi}\int_{-\pi}^{0} x\mathrm{d}x + \frac{1}{\pi}\int_{0}^{\pi} x\mathrm{d}x = \frac{2}{\pi}\int_{0}^{\pi} x\mathrm{d}x = \pi,$$

$$a_k = \frac{1}{\pi}\int_{-\pi}^{\pi} \mid x \mid \cos kx\,\mathrm{d}x = \frac{2}{\pi}\int_{0}^{\pi} x\cos kx\,\mathrm{d}x = \frac{2}{\pi k^2}[(-1)^{k-1}],(k=1,2,\cdots,n),$$

$$b_k = \frac{1}{\pi}\int_{-\pi}^{\pi} \mid x \mid \sin kx\,\mathrm{d}x = 0,(k=1,2,\cdots,n-1),$$

则

$$S_n(x) = \frac{\pi}{2} + \frac{2}{\pi}\sum_{k=1}^{n}\frac{(-1)^k-1}{k^2}\cos kx.$$

特别地,

$$S_0(x) = \frac{\pi}{2},\ S_1(x) = \frac{\pi}{2} - \frac{4}{\pi}\cos x = S_2(x),\ S_3(x) = \frac{\pi}{2} - \frac{4}{\pi}\cos x - \frac{4}{9\pi}\cos 3x,$$

函数 $\mid x \mid$、$S_i(x)(i=0,1,2,3)$ 如图 5.11 所示,相应的诸绝对误差 $f(x)-S_i(x)$ 如图 5.12 所示.

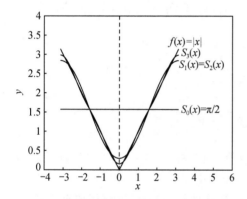

图 5.11 例 1 中最佳平方逼近三角多项式   **图 5.12** 例 1 中最佳平方逼近三角多项式的逼近误差

故函数 $f(x)$ 的 Fourier 级数为

$$S(x) = \lim_{n\to\infty}S_n(x) = \frac{\pi}{2} + \frac{2}{\pi}\sum_{k=1}^{\infty}\frac{(-1)^k-1}{k^2}\cos kx,$$

由于对任意的 k 与 x,恒有 $\mid \cos kx \mid \leqslant 1$ 成立,故级数收敛,即对任意 x,上述 $S(x)$ 总存在.

5.5.2 离散形式的最小二乘拟合三角多项式

我们可以类似地考虑离散形式的最小二乘三角多项式逼近(拟合).

设 $2m$ 个数据点组 $\{(x_j,y_j)\}_{j=0}^{2m-1}$,其中横坐标诸 x_j 为闭区间上的等距节点. 为方便计,我们设闭区间为 $[-\pi,\pi]$,等距节点为

$$x_j = -\pi + \left(\frac{j}{m}\right)\pi,\ j=0,1,\cdots,2m-1. \tag{1}$$

若考虑的闭区间不是 $[-\pi,\pi]$,则可以通过线性变换进行转换,最后变量还原.

离散形式的最小二乘三角多项式逼近（拟合）的目的是寻求三角多项式 $S_n(x) \in \mathbf{T}_n$，使得

$$E(S_n) = \sum_{j=0}^{2m-1} \left[y_j - S_n(x_j) \right]^2 = \min,$$

这等价于寻求 $2n-1$ 个未知系数 $a_k(k = 0, 1, \cdots, n)$ 及 $b_k(k = 1, 2, \cdots, n-1)$，使得逼近误差

$$E(S_n) = \sum_{j=0}^{2m-1} \left[y_j - \left(\frac{a_0}{2} + a_n \cos nx_j + \sum_{k=1}^{n-1} (a_k \cos kx_j + b_k \sin kx_j) \right) \right]^2 = \min.$$

我们可以利用三角函数组 $\{\varphi_0, \varphi_1, \cdots, \varphi_{2n-1}\}$ 关于 $[-\pi, \pi]$ 上等距节点组 $\{x_j\}_{j=0}^{2m-1}$ 的正交性来确定上述未知系数，即对于自然数 $k \neq l$，恒有

$$\sum_{j=0}^{2m-1} \phi_k(x_j) \phi_l(x_j) = 0 \tag{2}$$

成立.

为了验证三角函数组的正交性，我们需要应用下述引理.

引理 1 若整数 r 不是 $2m$ 的整数倍，则

$$\sum_{j=0}^{2m-1} \cos rx_j = 0, \quad \sum_{j=0}^{2m-1} \sin rx_j = 0.$$

进一步，若 r 不是 m 的整数倍，则

$$\sum_{j=0}^{2m-1} (\cos rx_j)^2 = m, \quad \sum_{j=0}^{2m-1} (\sin rx_j)^2 = m.$$

事实上，由 Euler 公式，对任意实数 z，

$$e^{iz} = \cos z + i \sin z,$$

其中 $i^2 = -1$.

于是由(1)式得到

$$\sum_{j=0}^{2m-1} \cos rx_j + i \sum_{j=0}^{2m-1} \sin rx_j = \sum_{j=0}^{2m-1} (\cos rx_j + i \sin rx_j) = \sum_{j=0}^{2m-1} e^{irx_j} = e^{-ir\pi} \sum_{j=0}^{2m-1} e^{ir\frac{j\pi}{m}},$$

其中

$$e^{irx_j} = e^{ir\left(-\pi + \frac{j\pi}{m}\right)} = e^{-ir\pi} \cdot e^{ir\frac{j\pi}{m}}.$$

由题设整数 r 不是 $2m$ 的整数倍知，$e^{ir\pi/m} \neq 1$，于是上式中

$$\sum_{j=0}^{2m-1} e^{ir\frac{j\pi}{m}} = \frac{1 - (e^{ir\pi/m})^{2m}}{1 - e^{ir\pi/m}} = \frac{1 - e^{i2r\pi}}{1 - e^{ir\pi/m}} = 0,$$

故

$$\sum_{j=0}^{2m-1} \cos rx_j + i \sum_{j=0}^{2m-1} \sin rx_j = 0 \Rightarrow \sum_{j=0}^{2m-1} \cos rx_j = 0, \quad \sum_{j=0}^{2m-1} \sin rx_j = 0.$$

进一步,若整数 r 不是 m 的整数倍,则

$$\sum_{j=0}^{2m-1}(\cos rx_j)^2 = \sum_{j=0}^{2m-1}\frac{1}{2}(1+\cos 2rx_j) = \frac{1}{2}\sum_{j=0}^{2m-1}1 + \frac{1}{2}\sum_{j=0}^{2m-1}\cos 2rx_j = \frac{1}{2}(2m+0) = m,$$

且

$$\sum_{j=0}^{2m-1}(\sin rx_j)^2 = \sum_{j=0}^{2m-1}\frac{1}{2}(1-\cos 2rx_j) = \frac{1}{2}(2m-0) = m.$$

我们可以利用引理 1 来验证诸 $\varphi_k(x)$ 的正交性(2)式. 例如,我们考虑

$$\sum_{j=0}^{2m-1}\varphi_k(x_j)\varphi_{n+l}(x_j) = \sum_{j=0}^{2m-1}(\cos kx_j)(\sin lx_j),$$

由于

$$(\cos kx_j)(\sin lx_j) = \frac{1}{2}\big[\sin(k+l)x_j + \sin(l-k)x_j\big],$$

整数 $k+l$, $l-k$ 都不是 $2m$ 的整数倍,故由引理 1 知

$$\sum_{j=0}^{2m-1}(\cos kx_j)(\sin lx_j) = \frac{1}{2}\sum_{j=0}^{2m-1}\sin(k+l)x_j + \frac{1}{2}\sum_{j=0}^{2m-1}\sin(l-k)x_j = 0.$$

定理 1　若存在 T_n 中三角多项式

$$S_n(x) = \frac{a_0}{2} + a_n\cos nx + \sum_{k=1}^{n-1}(a_n\cos kx + b_n\sin kx),$$

使得

$$E \equiv E(a_0, \cdots, a_n, b_1, \cdots, b_{n-1}) = \sum_{j=0}^{2m-1}\big[y_j - S_n(x_j)\big]^2 = \min,$$

则诸系数

$$\begin{cases} a_k = \dfrac{1}{m}\sum_{j=0}^{2m-1}y_j\cos kx_j, & (k=0,1,\cdots,n), \\[3mm] b_k = \dfrac{1}{m}\sum_{j=0}^{2m-1}y_j\sin kx_j, & (k=1,2,\cdots,n-1). \end{cases}$$

事实上,类似于 5.1 节与 5.2 节中离散形式的最小二乘函数逼近(拟合)的证明过程,我们令逼近误差 E 关于诸系数 a_k、b_k 的偏导数均为 0,再利用形如(2)式的正交性与引理 1,我们可以证明定理 1. 例如,由

$$0 = \frac{\partial E}{\partial b_k} = 2\sum_{j=0}^{2m-1}(y_j - S_n(x_j))(-\sin kx_j),$$

我们得到

$$0 = \sum_{j=0}^{2m-1}y_j\sin kx_j - \sum_{j=0}^{2m-1}S_n(x_j)\sin kx_j$$
$$= \sum_{j=0}^{2m-1}y_j\sin kx_j - \frac{a_0}{2}\sum_{j=0}^{2m-1}\sin kx_j - a_n\sum_{j=0}^{2m-1}(\sin kx_j)(\cos nx_j)$$

$$- \sum_{j=0}^{2m-1} \big(\sum_{l=1}^{n-1} a_l \cos lx_j \big)(\sin kx_j) - \sum_{j=0}^{2m-1} \big(\sum_{\substack{l=1 \\ l \neq k}}^{n-1} b_l \sin lx_j \big)(\sin kx_j) - \sum_{j=0}^{2m-1} b_k (\sin kx_j)^2$$

$$= \sum_{j=0}^{2m-1} y_j \sin kx_j - b_k \sum_{j=0}^{2m-1} (\sin kx_j)^2 = \sum_{j=0}^{2m-1} y_j \sin kx_j - b_k \cdot m,$$

于是

$$b_k = \frac{1}{m} \sum_{j=0}^{2m-1} y_j \sin kx_j, \quad k = 1, 2, \cdots, n-1,$$

其中上述推导过程中

$$\sum_{j=0}^{2m-1} \big(\sum_{l=1}^{n-1} a_l \cos lx_j \big)(\sin kx_j) + \sum_{j=0}^{2m-1} \big(\sum_{\substack{l=1 \\ l \neq k}}^{n-1} b_l \sin lx_j \big)(\sin kx_j)$$

$$= \sum_{l=1}^{n-1} a_l \sum_{j=0}^{2m-1} (\sin kx_j \cos lx_j) + \sum_{\substack{l=1 \\ l \neq k}}^{n-1} b_l \sum_{j=0}^{2m-1} (\sin lx_j \sin kx_j) = 0.$$

例 2 设函数 $y = f(x) = x^4 - 3x^3 + 2x^2 - \tan x(x-2), x \in [0, 2]$，数据点 $\{(x_j, y_j)\}_{j=0}^9$，试求这些数据点的最小二乘逼近三角多项式 $S_3(x)$，其中 $x_j = \dfrac{j}{5}$，$y_j = f(x_j)$.

解 令线性变换 $t = \pi(x-1), x \in [0, 2]$，则 $t \in [-\pi, \pi]$. 记 $t_j = \pi(x_j - 1)$，于是变换后的数据点为 $\left\{ \left(t_j, f\left(1 + \dfrac{t_j}{\pi}\right) \right) \right\}_{j=0}^9$.

设所求的最小二乘逼近三角多项式为

$$S_3(t) = \frac{a_0}{2} + a_3 \cos 3t + \sum_{k=1}^2 (a_k \cos kt + b_k \sin kt),$$

则由定理 2 得到诸系数

$$\begin{cases} a_k = \dfrac{1}{5} \sum_{j=0}^9 f\left(1 + \dfrac{t_j}{\pi}\right) \cos kx_j, & (k = 0, 1, 2, 3), \\[2mm] b_k = \dfrac{1}{5} \sum_{j=0}^9 f\left(1 + \dfrac{t_j}{\pi}\right) \sin kx_j, & (k = 1, 2), \end{cases}$$

代入得到

$$\begin{aligned} S_3(t) = {} & 0.762\,01 + 0.771\,77 \cos t + 0.017\,423 \cos 2t + 0.006\,567\,3 \cos 3t \\ & - 0.386\,76 \sin t + 0.047\,806 \sin 2t, \ t \in [-\pi, \pi], \end{aligned}$$

即

$$\begin{aligned} S_3(x) = {} & 0.762\,01 + 0.771\,77 \cos \pi(x-1) + 0.017\,423 \cos 2\pi(x-1) + 0.006\,567\,3 \\ & \cdot \cos 3\pi(x-1) - 0.386\,76 \sin \pi(x-1) + 0.047\,806 \sin 2\pi(x-1), x \in [0, 2]. \end{aligned}$$

为更好地观察逼近效果，我们计算出函数 $f(x)$、$S_3(x)$ 于 $[0, 2]$ 上等距节点处的函数值及绝对误差如表 5.8 所示，并绘出 $f(x)$、$S_3(x)$ 如图 5.13 所示、误差 $f(x) - S_3(x)$ 如图

5.14 所示.

表 5.8　例 2 中最小二乘拟合三角多项式信息

x	$f(x)$	$S_3(x)$	$\mid f(x) - S_3(x) \mid$
0.125	0.264 40	0.240 60	2.38×10^{-2}
0.375	0.840 81	0.851 54	1.07×10^{-2}
0.625	1.361 50	1.362 48	9.74×10^{-4}
0.875	1.612 82	1.604 06	8.75×10^{-3}
1.125	1.366 72	1.375 66	8.94×10^{-3}
1.375	0.716 97	0.715 45	1.52×10^{-3}
1.625	0.079 09	0.069 29	9.80×10^{-3}
1.875	$-0.145\ 76$	$-0.123\ 02$	2.27×10^{-2}

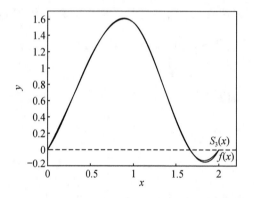

图 5.13　例 2 中最小二乘拟合三角多项式

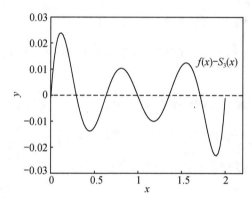

图 5.14　例 2 中最小二乘拟合三角多项式的逼近误差

5.6　快速 Fourier 变换

5.6.1　三角多项式插值

在 5.5.2 节中,我们确定了基于 $2m$ 个数据点 $\{(x_j, y_j)\}_{j=0}^{2m-1}$ 的离散形式最小二乘逼近(拟合) n 次三角多项式,其中横坐标 $x_j = -\pi + j\pi/m$, $j = 0, 1, \cdots, 2m-1$.

记三角多项式空间 $T_m = \mathrm{span}\{\varphi_0, \varphi_1, \cdots, \varphi_{2m-1}\}$,其中

$$\begin{cases} \phi_0(x) = \dfrac{1}{2}, \quad \phi_k(x) = \cos kx, \quad k = 1, 2, \cdots, m, \\ \phi_{n+k} = \sin kx, \quad k = 1, 2, \cdots, m-1. \end{cases}$$

T_m 中基于 $2m$ 个数据点的插值三角多项式与最小二乘拟合三角多项式类似,这是因为我们寻求最小二乘逼近(拟合)三角多项式 $S_m(x) \in T_m$ 的目的是使误差

$$E(S_m) = \sum_{j=0}^{2m-1} (y_j - S_m(x_j))^2 = \min,$$

而寻求插值三角多项式的目的是使误差为 0,此时
$$S_m(x_j) = y_j, \ j = 0, \ 1, \ \cdots, \ 2m - 1.$$

由于
$$\sum_{j=0}^{2m-1} (\cos mx_j)^2 = \sum_{j=0}^{2m-1} \frac{1}{2}(1 + \cos 2mx_j) = \sum_{j=0}^{2m-1} \frac{1}{2}(1+1) = 2m,$$

故所考虑的插值三角多项式 $S_m(x) \in T_m$ 可写成如下形式
$$S_m(x) = \frac{a_0 + a_m \cos mx}{2} + \sum_{k=1}^{m-1} (a_k \cos kx + b_k \sin kx),$$

其中
$$\begin{cases} a_k = \dfrac{1}{m} \displaystyle\sum_{j=0}^{2m-1} y_j \cos kx_j, \ k = 0, \ 1, \ \cdots, \ m, \\ b_k = \dfrac{1}{m} \displaystyle\sum_{j=0}^{2m-1} y_j \sin kx_j, \ k = 1, \ 2, \ \cdots, \ m-1. \end{cases}$$

研究表明,当插值节点诸 x_j 呈等距分布时,插值三角多项式可以达到很高的逼近精度. 三角多项式插值技术已广泛应用于图像处理、量子力学、光学等领域,然而在二十世纪六十年代中期之前,这一技术还尚未得以广泛应用,这主要是因为其四则运算的计算量太大. 若采用直接法计算诸系数,大约需要 $(2m)^2$ 次乘法与 $(2m)^2$ 次加/减法,于是处理几千个数据点时,所需的计算量将达到几百万.

5.6.2 快速 Fourier 变换算法

令人欣喜的是,1965 年,J. M. Cooley 与 J. W. Tukey 于期刊 Mathmatics of Computation 上发表了一篇关于计算插值三角多项式系数的新方法. 当 m 充分大时,采用此法计算插值三角多项式诸系数仅需要大约 $O(m \log_2 m)$ 次乘法与 $O(m \log_2 m)$ 次加/减法,因此处理几千个数据点时,所需的计算量由原来的几百万降为几千个.

这种方法被称为 **Cooley-Tukey 算法**或**快速 Fourier 变换算法**. 利用快速 Fourier 变换算法,我们不必计算诸系数 a_k 与 b_k,而是计算变换
$$F(x) = \frac{1}{m} \sum_{k=0}^{2m-1} c_k e^{ikx}$$

中系数
$$c_k = \sum_{j=0}^{2m-1} y_j e^{ik\pi j/m}, \ k = 0, \ 1, \ \cdots, \ 2m-1. \tag{1}$$

一旦算出诸系数 c_k,我们也就确定了诸系数 a_k 与 b_k.
事实上,由 Euler 公式,
$$e^{iz} = \cos z + i \sin z,$$

对 $k = 0, \ 1, \ \cdots, \ m$,有

$$\frac{1}{m}c_k(-1)^k = \frac{1}{m}c_k e^{-ik\pi} = \frac{1}{m}\sum_{j=0}^{2m-1}y_j e^{ik\pi j/m} \cdot e^{-ik\pi} = \frac{1}{m}\sum_{j=0}^{2m-1}y_j e^{ik(-\pi+\pi j/m)}$$

$$= \frac{1}{m}\sum_{j=0}^{2m-1}y_j e^{ikx_j} = \frac{1}{m}\sum_{j=0}^{2m-1}y_j(\cos kx_j + i\sin kx_j),$$

故

$$a_k + ib_k = \frac{(-1)^k}{m}c_k.$$

为了记号统一,(4)式中 $b_0 = b_m = 0$,这不影响插值三角多项式的计算结果.

设 $m = 2^p$, $p \in \mathbf{Z}^+$,则对 $k = 0, 1, \cdots, m-1$,我们有

$$c_k + c_{k+m} = \sum_{j=0}^{2m-1}y_j e^{ik\pi\frac{j}{m}} \cdot (1+e^{im\pi\frac{j}{m}}) = \sum_{j=0}^{2m-1}y_j e^{ik\pi\frac{j}{m}} \cdot (1+(-1)^j) = 2\sum_{l=0}^{m-1}y_{2l}e^{ik\pi\frac{2l}{m}},$$

$$c_k - c_{k+m} = \sum_{j=0}^{2m-1}y_j e^{ik\pi\frac{j}{m}} \cdot (1-e^{im\pi\frac{j}{m}}) = \sum_{j=0}^{2m-1}y_j e^{ik\pi\frac{j}{m}} \cdot (1-(-1)^j) = 2\sum_{l=0}^{m-1}y_{2l+1}e^{ik\pi\frac{2l+1}{m}},$$

于是对 $k = 0, 1, \cdots, m-1$,

$$c_k + c_{k+m} = 2\sum_{j=0}^{m-1}y_{2j}e^{\frac{ik\pi(2j)}{m}}, \tag{2}$$

$$c_k - c_{k+m} = 2e^{\frac{ik\pi}{m}}\sum_{j=0}^{m-1}y_{2j+1}e^{\frac{ik\pi(2j)}{m}}. \tag{3}$$

接下来,我们分析计算诸系数的四则运算量. 我们知道,共有 $2m$ 个系数 $c_1, c_2, \cdots,$ c_{2m-1} 需要计算,若采用直接法(1)式计算每个系数,则需要 $2m$ 次复数乘法与 $2m-1$ 次加/减法,故共需要 $(2m)^2$ 次复数乘法与 $2m(2m-1)$ 次加/减法. 而对每个 $0 \leqslant k \leqslant m-1$,计算(2)式与(3)式分别需要 m 次与 $m+1$ 次复数乘法,故计算(2)式与(3)式共需要 $m^2 + (m+1)m$ 次复数乘法. 类似地,通过(2)式与(3)式计算诸系数共需要 $2(m-1)m+m = 2m^2-m$ 次加/减法. 我们将这一过程记为 $r = 1$.

受(1)式推导(2)式与(3)式的启发,我们将(2)式与(3)式中的求和项分别展开成两个和式,此时新和式中 j 取值从 0 到 $m/2-1$. 具体而言,对 $r = 2$,我们令

$$d_k^{(0)} = \sum_{j=0}^{m-1}y_{2j}e^{\frac{ik\pi(2j)}{m}}, \quad d_k^{(1)} = \sum_{j=0}^{m-1}y_{2j+1}e^{\frac{ik\pi(2j)}{m}}.$$

我们注意到,对 $k = 0, 1, \cdots, m/2-1$,有

$$d_k^{(0)} + d_{k+\frac{m}{2}}^{(0)} = \sum_{j=0}^{m-1}y_{2j}e^{\frac{ik\pi(2j)}{m}} \cdot (1+e^{\frac{i\pi(2j)m/2}{m}}) = \sum_{j=0}^{m-1}y_{2j}e^{\frac{ik\pi(2j)}{m}} \cdot (1+(-1)^j) = 2\sum_{l=0}^{m/2-1}y_{4l}e^{\frac{ik\pi(4l)}{m}},$$

$$d_k^{(0)} - d_{k+\frac{m}{2}}^{(0)} = \sum_{j=0}^{m-1}y_{2j}e^{\frac{ik\pi(2j)}{m}} \cdot (1-e^{\frac{i\pi(2j)m/2}{m}}) = \sum_{j=0}^{m-1}y_{2j}e^{\frac{ik\pi(2j)}{m}} \cdot (1-(-1)^j) = 2\sum_{l=0}^{m/2-1}y_{4l+2}e^{\frac{ik\pi(4l+2)}{m}},$$

于是

$$d_k^{(0)} + d_{k+\frac{m}{2}}^{(0)} = 2\sum_{j=0}^{m/2-1}y_{4j}e^{\frac{ik\pi(4j)}{m}}, \tag{4}$$

$$d_k^{(0)} - d_{k+\frac{m}{2}}^{(0)} = 2\mathrm{e}^{\frac{ik\pi \cdot 2}{m}} \cdot \sum_{j=0}^{m/2-1} y_{4j+2}\, \mathrm{e}^{\frac{ik\pi(4j)}{m}}. \tag{5}$$

类似地,我们有

$$
\begin{aligned}
d_k^{(1)} + d_{k+\frac{m}{2}}^{(1)} &= \sum_{j=0}^{m-1} y_{2j+1}\, \mathrm{e}^{\frac{ik\pi(2j)}{m}} \cdot (1 + \mathrm{e}^{\frac{i\pi(2j)m/2}{m}}) = \sum_{j=0}^{m-1} y_{2j+1}\, \mathrm{e}^{\frac{ik\pi(2j)}{m}} \cdot (1 + (-1)^j) \\
&= 2\sum_{l=0}^{m/2-1} y_{4l+1}\, \mathrm{e}^{\frac{ik\pi(4l)}{m}}, \\
d_k^{(1)} - d_{k+\frac{m}{2}}^{(1)} &= \sum_{j=0}^{m-1} y_{2j+1}\, \mathrm{e}^{\frac{ik\pi(2j)}{m}} \cdot (1 - \mathrm{e}^{\frac{i\pi(2j)m/2}{m}}) = \sum_{j=0}^{m-1} y_{2j+1}\, \mathrm{e}^{\frac{ik\pi(2j)}{m}} \cdot (1 - (-1)^j) \\
&= 2\sum_{l=0}^{m/2-1} y_{4l+3}\, \mathrm{e}^{\frac{ik\pi(4l+2)}{m}},
\end{aligned}
$$

故 $k = 0, 1, \cdots, m/2 - 1$,我们有

$$d_k^{(1)} + d_{k+\frac{m}{2}}^{(1)} = 2\sum_{j=0}^{m/2-1} y_{4j+1}\, \mathrm{e}^{\frac{ik\pi(4j)}{m}}, \tag{6}$$

$$d_k^{(1)} - d_{k+\frac{m}{2}}^{(1)} = 2\mathrm{e}^{\frac{ik\pi \cdot 2}{m}} \cdot \sum_{j=0}^{m/2-1} y_{4j+3}\, \mathrm{e}^{\frac{ik\pi(4j)}{m}}. \tag{7}$$

不难得知,计算(4)式与(6)式分别需要 $\dfrac{m}{2} \cdot \dfrac{m}{2}$ 次复数乘法,而计算(5)式与(7)式分别需要 $\dfrac{m}{2} \cdot \left(\dfrac{m}{2} + 1\right)$ 次复数乘法,故计算(4)式至(7)式共需要

$$2\left[\frac{m}{2} \cdot \frac{m}{2} + \frac{m}{2} \cdot \left(\frac{m}{2} + 1\right)\right] = m^2 + m$$

次复数乘法.

考虑到再将(4)式至(7)式代入(2)式与(3)式来计算诸系数 c_k,则累计需要

$$2\left[\frac{m}{2} \cdot \frac{m}{2} + \frac{m}{2} \cdot \left(\frac{m}{2} + 1\right)\right] + m = m^2 + m + m = m^2 + 2m$$

次复数乘法. 类似地,我们利用(4)式至(7)式来计算诸系数 c_k,共需要

$$4 \cdot \left(\frac{m}{2} - 1\right) \cdot \frac{m}{2} + \left(\frac{m}{2} \cdot 2 + m\right) = m^2$$

次加/减法.

接着,我们沿着上述思路,将(4)式至(7)式中的求和项分别展开成两个和式,注意此时新和式中 j 取值从 0 到 $m/4 - 1$. 对 $r = 3$,令

$$\mathrm{e}_k^{(0)} = \sum_{j=0}^{m/2-1} y_{4j}\, \mathrm{e}^{\frac{ik\pi(4j)}{m}}, \quad \mathrm{e}_k^{(1)} = \sum_{j=0}^{m/2-1} y_{4j+1}\, \mathrm{e}^{\frac{ik\pi(4j)}{m}}, \quad \mathrm{e}_k^{(2)} = \sum_{j=0}^{m/2-1} y_{4j+2}\, \mathrm{e}^{\frac{ik\pi(4j)}{m}}, \quad \mathrm{e}_k^{(3)} = \sum_{j=0}^{m/2-1} y_{4j+3}\, \mathrm{e}^{\frac{ik\pi(4j)}{m}},$$

则对 $k = 0, 1, \cdots, m/4 - 1$,及 $\alpha = 0, 1, 2, 3$,我们有

$$
\begin{aligned}
\mathrm{e}_k^{(\alpha)} + \mathrm{e}_{k+\frac{m}{2}}^{(\alpha)} &= \sum_{j=0}^{m/2-1} y_{4j+\alpha}\, \mathrm{e}^{\frac{ik\pi(4j)}{m}} \cdot (1 + \mathrm{e}^{\frac{i\pi(4j)m/4}{m}}) = \sum_{j=0}^{m/2-1} y_{4j+\alpha}\, \mathrm{e}^{\frac{ik\pi(4j)}{m}} \cdot (1 + (-1)^j) \\
&= 2\sum_{l=0}^{m/4-1} y_{4 \cdot 2l+\alpha}\, \mathrm{e}^{\frac{ik\pi(8l)}{m}},
\end{aligned}
$$

$$e_k^{(a)} - e_{k+\frac{m}{2}}^{(a)} = \sum_{j=0}^{m/2-1} y_{4j+a} e^{\frac{ik\pi(4j)}{m}} \cdot (1 - e^{\frac{i\pi(4j)m/4}{m}}) = \sum_{j=0}^{m/2-1} y_{4j+a} e^{\frac{ik\pi(4j)}{m}} \cdot (1-(-1)^j)$$

$$= 2 \sum_{l=0}^{m/4-1} y_{4(2l+1)+a} e^{\frac{ik\pi \cdot 4(2l+1)}{m}},$$

即对 $k = 0, 1, \cdots, m/4-1$，及 $\alpha = 0, 1, 2, 3$，我们得到

$$e_k^{(a)} + e_{k+\frac{m}{2}}^{(a)} = 2 \sum_{j=0}^{m/4-1} y_{8j+a} e^{\frac{ik\pi(8j)}{m}}, \tag{8}$$

$$e_k^{(a)} - e_{k+\frac{m}{2}}^{(a)} = 2 e^{\frac{ik\pi \cdot 4}{m}} \cdot \sum_{j=0}^{m/4-1} y_{8j+4+a} e^{\frac{ik\pi(8j)}{m}}, \tag{9}$$

易知，计算(8)式（$\alpha = 0, 1, 2, 3$）需要 $4 \cdot \left(\frac{m}{4}\right)^2$ 次复数乘法，而计算(9)式（$\alpha = 0, 1, 2, 3$）需要 $4 \cdot \frac{m}{4}\left(\frac{m}{4}+1\right)$ 次复数乘法. 另一方面，若将(8)式至(9)式代入(4)式至(7)式，进而代入(2)式与(3)式来计算诸系数，还需要 $2m$ 次复数乘法，故此时计算诸系数共需要

$$4 \cdot \frac{m}{4} \cdot \frac{m}{4} + 4 \cdot \frac{m}{4}\left(\frac{m}{4}+1\right) + 2m = \frac{m^2}{2} + 3m$$

次复数乘法. 类似地，我们按此过程计算诸系数需要

$$8 \cdot \left[\left(\frac{m}{4}-1\right) \cdot \frac{m}{4}\right] + \left(4 \cdot \frac{m}{4} + 2m\right) = \frac{m^2}{2} + m$$

次加/减法.

由条件 $m = 2^p$，$p \in \mathbf{Z}^+$，结合 j 的变化范围不难递推地得知，如此按二分展开下去共有 $p+1$ 步. 我们利用数学归纳法不难证明，对第一步，即 $r=1$，我们计算诸系数 c_k 需要 $2m^2 + m$ 次复数乘法与 $2m^2 - m$ 次加/减法；对 $r=2$，需要 $m^2 + 2m$ 次复数乘法与 m^2 次加/减法；对 $r=3$，需要 $m^2/2 + 3m$ 次复数乘法与 $m^2/2 + m$ 次加/减法；如此对 $r=r$，需要 $m^2/(2^{r-2}) + m \cdot r$ 次复数乘法与 $m^2/(2^{r-2}) + (r-2) \cdot m$ 次加/减法；直到最后 $r = p+1$，需要 $m(p+3) = m\log_2 m + 3m$ 次复数乘法与 $m(p+1) = m\log_2 m + m$ 次加/减法. 这也就说明了当 m 充分大时，采用快速 Fourier 变换方法计算插值三角多项式诸系数仅需要大约 $O(m\log_2 m)$ 次乘法与 $O(m\log_2 m)$ 次加/减法，为方便阅读，我们按快速 Fourier 变换方法来计算诸系数 c_k 的四则运算量列于表 5.9 中.

表 5.9　快速 Fourier 变换算法的计算复杂性

二分次数	诸系数 c_k 的复数乘法量	诸系数 c_k 的加/减法量
$r=1$	$2m^2 + m$	$2m^2 - m$
$r=2$	$m^2 + 2m$	m^2
$r=3$	$\frac{m^2}{2} + 3m$	$\frac{m^2}{2} + m$
…	…	…
r	$\frac{m^2}{2^{r-2}} + m \cdot r$	$\frac{m^2}{2^{r-2}} + m \cdot (r-2)$

二分次数	诸系数 c_k 的复数乘法量	诸系数 c_k 的加/减法量
…	…	…
$r = p+1$	$m(p+3)$	$m(p+1)$

为了更好地比较直接法与快速 Fourier 变换方法确定诸系数 c_k 的计算量,我们取 $m = 2^{10} = 1\,024$,则按(4)式直接计算,大约需要 $(2m)^2 = 2\,048^2 \approx 4\,200\,000$ 次复数乘法与 $(2m)(2m-1) = 2\,048 \times 2\,047 = 4\,192\,256$ 加/减法,而采用快速 Fourier 变换方法计算,其复数乘法与加/减法运算量分别减至约 $m\log_2 m + 3m = 13\,312$、$m\log_2 m + m = 11\,264$.

例 1　设 8 个数据点 $\{(x_j,\,y_j)\}_{j=0}^{7}$,其中插值节点 $x_j = -\pi + j\pi/4$,$j = 0, 1, \cdots, 7$,试利用快速 Fourier 变换计算插值三角多项式诸系数,并分析运算量.

解　由题设知,$2m = 8 = 2^3 = 2^{p+1}$. 设经过这些数据点的插值三角多项式为

$$S_4(x) = \frac{a_0 + a_4\cos 4x}{2} + \sum_{k=1}^{3}(a_k\cos kx + b_k\sin kx),$$

其中系数

$$a_k = \frac{1}{4}\sum_{j=0}^{7} y_j\cos kx_j, \quad b_k = \frac{1}{4}\sum_{j=0}^{7} y_j\sin kx_j, \quad k = 0, 1, 2, 3, 4.$$

定义变换

$$F(x) = \frac{1}{4}\sum_{j=0}^{7} c_k \mathrm{e}^{ikx},$$

其中系数

$$c_k = \sum_{j=0}^{7} y_j \mathrm{e}^{\frac{ik\pi j}{4}}, \quad k = 0, 1, \cdots, 7.$$

于是对 $k = 0, 1, \cdots, 4$,有

$$\frac{1}{4}c_k \mathrm{e}^{-ik\pi} = a_k + ib_k.$$

若采用(1)式直接计算,则有

$$
\begin{pmatrix} c_0 \\ c_1 \\ c_2 \\ c_3 \\ c_4 \\ c_5 \\ c_6 \\ c_7 \end{pmatrix} =
\begin{pmatrix}
1 & 1 & 1 & 1 & 1 & 1 & 1 & 1 \\
1 & \dfrac{i+1}{\sqrt{2}} & i & \dfrac{i-1}{\sqrt{2}} & -1 & -\dfrac{i+1}{\sqrt{2}} & -i & -\dfrac{i-1}{\sqrt{2}} \\
1 & i & -1 & -i & 1 & i & -1 & -i \\
1 & \dfrac{i-1}{\sqrt{2}} & -i & \dfrac{i+1}{\sqrt{2}} & -1 & -\dfrac{i-1}{\sqrt{2}} & i & -\dfrac{i+1}{\sqrt{2}} \\
1 & -1 & 1 & -1 & 1 & -1 & 1 & -1 \\
1 & -\dfrac{i+1}{\sqrt{2}} & i & -\dfrac{i-1}{\sqrt{2}} & -1 & \dfrac{i+1}{\sqrt{2}} & -i & \dfrac{i-1}{\sqrt{2}} \\
1 & -i & -1 & i & 1 & -i & -1 & i \\
1 & -\dfrac{i-1}{\sqrt{2}} & -i & -\dfrac{i+1}{\sqrt{2}} & -1 & \dfrac{i-1}{\sqrt{2}} & i & \dfrac{i+1}{\sqrt{2}}
\end{pmatrix}
\begin{pmatrix} y_0 \\ y_1 \\ y_2 \\ y_3 \\ y_4 \\ y_5 \\ y_6 \\ y_7 \end{pmatrix}.
$$

易见, 上述诸系数 c_j 的计算共需 $8 \times 8 = 64$ 次复数乘法与 $7 \times 8 = 56$ 次加/减法.

若采用快速 Fourier 变换的方法, 我们考虑 $r = 1$ 时,

$$d_0 = \frac{1}{2}(c_0 + c_4) = y_0 + y_2 + y_4 + y_6, \quad d_1 = \frac{1}{2}(c_0 - c_4) = y_1 + y_3 + y_5 + y_7,$$

$$d_2 = \frac{1}{2}(c_1 + c_5) = y_0 + iy_2 - y_4 - iy_6, \quad d_3 = \frac{1}{2}(c_1 - c_5) = \frac{i+1}{\sqrt{2}}(y_1 + iy_3 - y_5 - iy_7),$$

$$d_4 = \frac{1}{2}(c_2 + c_6) = y_0 - y_2 + y_4 - y_6, \quad d_5 = \frac{1}{2}(c_2 - c_6) = i(y_1 - y_3 + y_5 - y_7),$$

$$d_6 = \frac{1}{2}(c_3 + c_7) = y_0 - iy_2 - y_4 + iy_6, \quad d_7 = \frac{1}{2}(c_3 - c_7) = \frac{i-1}{\sqrt{2}}(y_1 - iy_3 - y_5 + iy_7).$$

再考虑 $r = 2$ 的情形,

$$e_0 = \frac{1}{2}(d_0 + d_4) = y_0 + y_4, \quad e_1 = \frac{1}{2}(d_0 - d_4) = y_2 + y_6,$$

$$e_2 = \frac{1}{2}(id_1 + d_5) = i(y_1 + y_5), \quad e_3 = \frac{1}{2}(id_1 - d_5) = i(y_3 + y_7),$$

$$e_4 = \frac{1}{2}(d_2 + d_6) = y_0 - y_4, \quad e_5 = \frac{1}{2}(d_2 - d_6) = i(y_2 - y_6),$$

$$e_6 = \frac{1}{2}(id_3 + d_7) = \frac{i-1}{\sqrt{2}}(y_1 - y_5), \quad e_7 = \frac{1}{2}(id_3 - d_7) = \frac{i(i-1)}{\sqrt{2}}(y_3 - y_7).$$

最后考虑 $r = 3$ 时, 有

$$f_0 = \frac{1}{2}(e_0 + e_4) = y_0, \quad f_1 = \frac{1}{2}(e_0 - e_4) = y_4,$$

$$f_2 = \frac{1}{2}(ie_1 + e_5) = iy_2, \quad f_3 = \frac{1}{2}(ie_1 - e_5) = iy_6,$$

$$f_4 = \frac{1}{2}\left[\frac{i+1}{\sqrt{2}}e_2 + e_6\right] = \frac{i-1}{\sqrt{2}}y_1, \quad f_5 = \frac{1}{2}\left[\frac{i+1}{\sqrt{2}}e_2 - e_6\right] = \frac{i-1}{\sqrt{2}}y_5,$$

$$f_6 = \frac{1}{2}\left[\frac{i-1}{\sqrt{2}}e_3 + e_7\right] = -\frac{i+1}{\sqrt{2}}y_3, \quad f_7 = \frac{1}{2}\left[\frac{i-1}{\sqrt{2}}e_3 - e_7\right] = -\frac{i+1}{\sqrt{2}}y_7.$$

而我们的目标是为了计算诸系数 c_k, 故反观上述计算过程, 我们总结如下:

第 1 步

$$f_0 = y_0, \quad f_1 = y_4, \quad f_2 = iy_2, \quad f_3 = iy_6,$$

$$f_4 = \frac{i-1}{\sqrt{2}}y_1, \quad f_5 = \frac{i-1}{\sqrt{2}}y_5, \quad f_6 = -\frac{i+1}{\sqrt{2}}y_3, \quad f_7 = -\frac{i+1}{\sqrt{2}}y_7.$$

第 2 步

$$e_0 = f_0 + f_1, \quad e_1 = -i(f_2 + f_3), \quad e_2 = \frac{-i+1}{\sqrt{2}}(f_4 + f_5), \quad e_3 = \frac{-i-1}{\sqrt{2}}(f_6 + f_7),$$

$$e_4 = f_0 - f_1, \quad e_5 = f_2 - f_3, \quad e_6 = f_4 - f_5, \quad e_7 = f_6 - f_7.$$

第 3 步

$$d_0 = e_0 + e_1, \quad d_1 = -i(d_2 + d_3), \quad d_2 = e_4 + e_5, \quad d_3 = -i(e_6 + e_7),$$
$$d_4 = e_0 - e_1, \quad d_5 = e_2 - e_3, \quad d_6 = e_4 - e_5, \quad d_7 = e_6 - e_7.$$

第 4 步

$$c_0 = d_0 + d_1, \quad c_1 = d_2 + d_3, \quad c_2 = d_4 + d_5, \quad c_3 = d_6 + d_7,$$
$$c_4 = d_0 - d_1, \quad c_5 = d_2 - d_3, \quad c_6 = d_4 - d_5, \quad c_7 = d_6 - d_7.$$

其中每步的计算量如表 5.10 所示,故整个计算过程需要 24 次复数乘法与 24 次加/减法.

表 5.10　例 1 中快速 Fourier 变换的计算量

步骤	复数乘法运算量	加/减法运算量
1	8	0
2	8	8
3	8	8
4	0	8
总数	24	24

同时上述最后一步也表明,对任意 $m = 2^p \in \mathbf{Z}^+$,系数 $\{c_k\}_{k=0}^{2m-1}$ 是由上一步的 $\{d_k\}_{k=0}^{2m-1}$ 直接算出,而不需要复数乘法,即对 $k = 0, 1, \cdots, m-1$,

$$c_k = d_{2k} + d_{2k+1}, \quad c_{k+m} = d_{2k} - d_{2k+1}.$$

例 2　设函数 $f(x) = x^4 - 3x^3 + 2x^2 - \tan x(x-2), x \in [0, 2]$,8 个数据点 $\{(x_j, y_j)\}_{j=0}^7$,其中插值节点诸 $x_j = j/4$,$y_j = f(x_j)$,试求其 4 次插值三角多项式.

解　令线性变换 $t = \pi(x-1)$,则 $t_j = \pi(x_j - 1)$,数据点相应为 $\{(t_j, y_j)\}_{j=0}^7$,设相应的插值三角多项式为

$$S_4(t) = \frac{a_0 + a_4 \cos 4t}{2} + \sum_{k=1}^{3} (a_k \cos kt + b_k \sin kt), \quad t \in [-\pi, \pi],$$

算出插值系数如表 5.11 所示,则插值三角多项式为

$\tilde{S}_4(t) = 0.761\,979 + 0.771\,841\cos t + 0.017\,303\,7\cos 2t + 0.006\,863\,04\cos 3t$

$\quad\quad - 0.000\,578\,545\cos 4t - 0.386\,374\sin t + 0.046\,875\,0\sin 2t - 0.011\,373\,8\sin 3t.$

表 5.11　例 2 中三角多项式插值系数

k	0	1	2	3	4
a_k	1.523 960	0.771 841	0.017 303 7	0.006 863 04	−0.001 157 09
b_k		−0.386 374	0.046 875 0	−0.011 373 8	

故所求 4 次插值三角多项式为

$$S_4(x) = 0.761\,979 + 0.771\,841\cos\pi(x-1) + 0.017\,303\,7\cos2\pi(x-1)$$
$$+ 0.006\,863\,04\cos3\pi(x-1) - 0.000\,578\,545\cos4\pi(x-1)$$
$$- 0.386\,374\sin\pi(x-1) + 0.046\,875\,0\sin2\pi(x-1)$$
$$- 0.011\,373\,8\sin3\pi(x-1),$$

即

$$S_4(x) = 0.761\,979 - 0.771\,841\cos\pi x + 0.017\,303\,7\cos2\pi x$$
$$- 0.006\,863\,04\cos3\pi x - 0.000\,578\,545\cos4\pi x + 0.386\,374\sin\pi x$$
$$+ 0.046\,875\,0\sin2\pi x + 0.011\,373\,8\sin3\pi x,\ x\in[0,\,2].$$

我们算出等距节点处的函数值 $f(x)$、$S_4(x)$、$|f(x)-S_4(x)|$ 如表 5.12 所示,最后绘出函数 $S_4(x)$、$f(x)-S_4(x)$ 的图形,分别如图 5.15 与 5.16 所示.

表 5.12　例 2 中三角多项式插值的误差

x	$f(x)$	$S_4(x)$	$|f(x)-S_4(x)|$
0.125	0.264 398	0.250 012	$1.438\,5\times10^{-2}$
0.375	0.840 811	0.846 469	$5.657\,7\times10^{-3}$
0.625	1.361 50	1.358 24	$3.266\,8\times10^{-3}$
0.875	1.612 82	1.615 15	$2.332\,4\times10^{-3}$
1.125	1.366 72	1.364 71	$2.016\,3\times10^{-3}$
1.375	0.716 693	0.719 309	$2.335\,1\times10^{-3}$
1.625	0.079 092 5	0.074 957 2	$4.135\,3\times10^{-3}$
1.875	$-0.145\,759$	$-0.133\,013$	$1.274\,6\times10^{-2}$

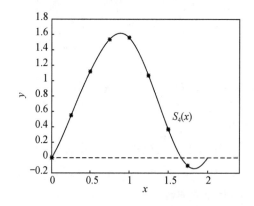

图 5.15　例 2 中插值三角多项式

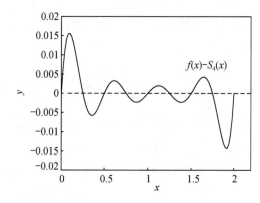

图 5.16　例 2 中三角多项式插值的误差

习 题 五

1. 求下列数据的一次最小平方多项式.

《第五章 离散与连续形式的最佳逼近》（页边竖排标题）

i	1	2	3	4	5
x_i	0	0.25	0.5	0.75	1.00
y_i	1.000 0	1.284 0	1.648 7	2.117 0	2.718 3

2. 下列数据是函数 $f(x) = e^x$ 的数据,

i	1	2	3	4	5
x_i	0	0.25	0.50	0.75	1.00
y_i	1.000 0	1.284 0	1.648 7	2.117 0	2.718 3

试求二次及四次最小多项式,并判断是否较高次数的最小平方多项式的结果更好.

3. 求下列图表中数据的 1, 2, 3, 4 次最小平方多项式.

i	0	1	2	3	4	5
x_i	0	0.15	0.31	0.5	0.6	0.75
y_i	1.0	1.004	1.031	1.117	1.223	1.422

哪一种次数是最佳的最小平方近似(即有最小误差)?并证明.

4. 下表为 30 位学生的作业及期末考试成绩,求出最小平方直线来近似这组数据,并以此直线预测期末考试要达到 A(90%)以及 D(60%)标准时,作业应有的成绩.

作业	期末考试	作业	期末考试	作业	期末考试
302	45	343	83	234	51
325	72	290	74	337	53
285	54	326	76	351	100
339	54	233	57	339	67
334	79	254	45	343	83
322	65	323	83	314	42
331	99	337	99	344	79
279	63	337	70	185	59
316	65	304	62	340	75
347	99	319	66	316	45

5. 在某化学反应中,由实验得分解物浓度与实践关系如下:

时间 t/s	0	5	10	15	20	25	35	40	45	50	55
浓度 $y/(\times 10^{-4})$	0	1.27	2.16	2.85	3.44	3.87	4.15	4.58	4.58	4.62	4.64

用最小二乘法求 $y = f(t)$.

6. 为了找出在 Great Barrier 礁做鱼类抽样调查时,数的数量与种类的关系,P. Sale 及 R. Dybdahl 将两年间的抽样调查数据(列入下表),作线性最小平方多项式近似,表中 x 为鱼的数量,y 为鱼的种类.

x	y	x	y	x	y
13	11	29	12	60	14
15	10	30	14	62	21
16	11	31	16	64	21
21	12	36	17	70	24
22	12	40	13	72	17
23	13	42	14	100	23
25	13	55	22	130	34

求此数据的线性最小平方多项式.

7. 下面的资料是 1970 年 3 月提交与美国参议院反托拉斯委员会,说明各种等级汽车在碰撞时伤亡比例,求此数据的最佳最小平方近似直线.

车型	车重	伤亡率(%)
1 美国豪华型	4 800 磅	3.1
2 美国中级型	3 700 磅	4.0
3 美国经济型	3 400 磅	5.2
4 美国轻便型	2 800 磅	6.4
5 外国轻便型	1 900 磅	9.6

8. 在下列函数 $f(x)$ 的指定区间内,求 $f(x)$ 的一次最小平方近似多项式.

(a) $f(x) = x^2 - 2x + 3, [0, 1]$.

(b) $f(x) = x^3 - 1, [0, 2]$.

(c) $f(x) = \dfrac{1}{x}, [1, 3]$.

(d) $f(x) = e^{-x}, [0, 1]$.

(e) $f(x) = \cos \pi x, [0, 1]$.

(f) $f(x) = \ln x, [1, 2]$.

9. 利用 Gram-Schmidt 正交化计算 L_1、L_2 和 L_3,其中 $\{L_0(x), L_1(x), L_2(x), L_3(x)\}$ 是定义在 $(0, \infty)$ 上的一组正交多项式,其权函数 $w(x) = e^{-x}$,且 $L_0(x) \equiv 1$. 由这种方法得到的多项式称为 **Laguerre 多项式**.

10. 利用 Gram-Schmidt 正交化求函数 $f(x) = \cos x, 0 \leqslant x \leqslant 1; w(x) = 1$ 的三次最小平方近似多项式.

11. 以 $\widetilde{T}_3$ 的零解,对下列函数及其区间求二阶插值多项式.

(a) $f(x) = e^x, [-1, 1]$; (b) $f(x) = \sin x, [0, \pi]$;

(c) $f(x) = \ln x, [1, 2]$; (d) $f(x) = 1 + x, [0, 1]$;

12. 将下列有理函数以连分数形式表示.

(a) $\dfrac{x^2 + 3x + 2}{x^2 - x + 1}$, (b) $\dfrac{4x^2 + 3x - 7}{2x^3 + x^2 - x + 5}$, (c) $\dfrac{4x^4 + 3x^2 - 7x + 5}{x^5 - 2x^4 + 3x^3 + 6}$.

13. 以 $m = 4$ 求 $f(x) = e^x \cos 2x$ 在区间 $[-\pi, \pi]$ 上的离散形式的最小二乘拟合三角多项式 $S_3(x)$.

14. 设 $f(x) = x^2$,试求 $f(x)$ 在区间 $[-\pi, \pi]$ 上的最佳平方逼近三角多项式 $S_2(x)$.

第六章

数值微分与数值积分

引例 波纹状屋顶材料是将平滑矩形状铝板压制成准线为正弦波函数,母线为矩形宽边的柱面所得到的. 如果压制铝板所得到的柱面准线正弦波函数的高为 1,波长为 2π,试问如何求出所需要的原矩形铝板的长? 事实上,设正弦波函数 $f(x) = \sin x$, $x \in [0, 48]$,则所求的矩形长为 $f(x)$ 于区间上的弧长,即

$$L = \int_0^{48} \sqrt{1 + (f'(x))^2}\,\mathrm{d}x = \int_0^{48} \sqrt{1 + (\cos x)^2}\,\mathrm{d}x.$$

因此,求原矩形铝板的长的问题便转化为计算上述积分. 虽然正弦函数属于最常见的函数之一,但上述弧长的计算公式为第二类椭圆积分,这是初等方法所无法计算的.

本章我们将探讨解决不易计算的定积分问题的近似方法. 在第三章,我们采用代数多项式逼近任意一组数据的原因在于,给定闭区间上的任意连续函数,总存在多项式一致逼近它. 而且多项式的导数与积分容易计算,因此,我们自然想到,采用逼近多项式来计算定积分与导数值的近似值.

6.1 数值微分

6.1.1 基于 Lagrange 多项式的数值微分

我们已经熟知,函数 $f(x)$ 于 x_0 点处的导数定义为

$$f'(x_0) = \lim_{h \to 0} \frac{f(x_0 + h) - f(x_0)}{h},$$

当 h 充分小时,我们可以利用

$$\frac{f(x_0 + h) - f(x_0)}{h}$$

来近似计算导数值 $f'(x_0)$. 虽然这种近似方法容易想到,但是由于舍入误差的存在,它并不实用,然后,我们可以由此得到启发开展研究.

为了近似计算 $f'(x_0)$,我们设 $x_0 \in (a, b)$,$x_1 = x_0 + h$,h 充分小使得 $x_1 \in (a, b)$,且 $f(x) \in C^2[a, b]$,构造函数 $f(x)$ 于互异插值节点 x_0,x_1 上的 1 次 Lagrange 多项式 $p_{0,1}(x)$,于是

$$f(x) = p_{0,1}(x) + \frac{(x-x_0)(x-x_1)}{2!}f''(\xi(x))$$

$$= \frac{f(x_0)(x-x_0-h)}{-h} + \frac{f(x_0+h)(x-x_0)}{h} + \frac{(x-x_0)(x-x_0-h)}{2}f''(\xi(x)),$$

其中 $\xi(x) \in (a, b)$.

对上式两边求导得到

$$f'(x) = \frac{f(x_0+h)-f(x_0)}{h} + D_x\left[\frac{(x-x_0)(x-x_0-h)}{2}f''(\xi(x))\right]$$

$$= \frac{f(x_0+h)-f(x_0)}{h} + \frac{2(x-x_0)-h}{2}f''(\xi(x))$$

$$+ \frac{(x-x_0)(x-x_0-h)}{2}D_x(f''(\xi(x))),$$

于是

$$f'(x_0) = \frac{f(x_0+h)-f(x_0)}{h}.$$

由于 $D_x f''(\xi(x))$ 未知，所以我们无法估计截断误差. 但是，当 $x = x_0$ 时，$D_x f''(\xi(x))$ 前的系数为 0，于是化简得到

$$f'(x_0) = \frac{f(x_0+h)-f(x_0)}{h} - \frac{h}{2}f''(\xi), \tag{1}$$

我们称(1)式当 $h > 0$ 时为**向前差分公式**，当 $h < 0$ 时为**向后差分公式**.

例 1 设 $f(x) = \ln x$，$x_0 = 1.8$，试利用向前差分公式计算 $f'(1.8)$，其中步长分别取 $h = 0.1, 0.01, 10^{-3}$.

解 易知

$$f'(x) \approx \frac{f(1.8+h)-f(1.8)}{h},$$

截断误差的绝对值

$$\frac{|hf''(\xi)|}{2} = \frac{|h|}{2\xi^2} \leqslant \frac{|h|}{2 \times 1.8^2}, \xi \in (1.8, 1.8+h),$$

近似计算结果如表 6.1 所示，而 $f'(x) = \frac{1}{x}$，真值 $f'(1.8) = 0.555\,55\cdots$.

表 6.1 例 1 中导数逼近及误差

h	$f(1.8+h)$	$\dfrac{f(1.8+h)-f(1.8)}{h}$	$\dfrac{|h|}{2 \times (1.8)^2}$
0.1	0.641 853 89	0.540 672 2	0.015 432 1
0.01	0.593 326 85	0.554 018 0	0.001 543 2
0.001	0.588 342 07	0.555 401 3	0.000 154 3

为了得到更一般的导数近似计算公式,我们设区间 I 上的 $n+1$ 个两两互异的插值节点 $\{x_0, x_1, \cdots, x_n\}$,$f(x) \in C^{n+1}(I)$,由 Lagrange 插值定理,

$$f(x) = \sum_{k=0}^{n} f(x_k) l_k(x) + \frac{(x-x_0)\cdots(x-x_n)}{(n+1)!} f^{(n+1)}(\xi(x)),$$

其中 $\xi(x) \in I$,诸 $l_k(x)$ 为 Lagrange 基函数. 对上式两边求导,得到

$$f'(x) = \sum_{k=0}^{n} f(x_k) l'_k(x) + D_x\left[\frac{(x-x_0)\cdots(x-x_n)}{(n+1)!}\right] f^{(n+1)}(\xi(x))$$

$$+ \frac{(x-x_0)\cdots(x-x_n)}{(n+1)!} D_x[f^{(n+1)}(\xi(x))].$$

当 $x = x_j (j = 0, 1, \cdots, n)$ 时,易知

$$f'(x_j) = \sum_{k=0}^{n} f(x_k) l'_k(x_j) + \frac{f^{(n+1)}(\xi(x_j))}{(n+1)!} \prod_{\substack{k=0 \\ k \neq j}}^{n} (x_j - x_k), \qquad (2)$$

我们称之为近似计算 $f'(x_j)$ 的 **$n+1$ 点公式**.

下面给出常用的 3 点与 5 点公式,首先推导 3 点公式并考虑截断误差.

由

$$l_0(x) = \frac{(x-x_1)(x-x_2)}{(x_0-x_1)(x_0-x_2)},$$

得到

$$l'_0(x) = \frac{2x-x_1-x_2}{(x_0-x_1)(x_0-x_2)},$$

类似地,

$$l'_1(x) = \frac{2x-x_0-x_2}{(x_1-x_0)(x_1-x_2)}, \quad l'_2(x) = \frac{2x-x_0-x_1}{(x_2-x_0)(x_2-x_1)},$$

故由(2)式得到

$$f'(x_j) = f(x_0) \cdot \frac{2x_j-x_1-x_2}{(x_0-x_1)(x_0-x_2)} + f(x_1) \cdot \frac{2x_j-x_0-x_2}{(x_1-x_0)(x_1-x_2)}$$

$$+ f(x_2) \cdot \frac{2x_j-x_0-x_1}{(x_2-x_0)(x_2-x_1)} + \frac{1}{6} f^{(3)}(\xi_j) \prod_{\substack{k=0 \\ k \neq j}}^{2} (x_j - x_k), \qquad (3)$$

其中 $\xi_j \in I(x_0, x_1, x_2) \subset I$,$j = 0, 1, 2$.

当插值节点 x_0, x_1, x_2 为等距时,即 $x_1 = x_0 + h$,$x_2 = x_0 + 2h$,$h \neq 0$,(3)式尤为常用. 下面我们将考虑等距节点情形的导数近似计算公式

$$f'(x_0) = \frac{1}{h}\left[-\frac{3}{2}f(x_0) + 2f(x_1) - \frac{1}{2}f(x_2)\right] + \frac{h^2}{3} f^{(3)}(\xi_0),$$

$$f'(x_1) = \frac{1}{h}\left[-\frac{1}{2}f(x_0) + \frac{1}{2}f(x_2)\right] - \frac{h^2}{6} f^{(3)}(\xi_1),$$

$$f'(x_2) = \frac{1}{h}\left[\frac{1}{2}f(x_0) - 2f(x_1) + \frac{3}{2}f(x_2)\right] + \frac{h^2}{3} f^{(3)}(\xi_2).$$

由于 $x_1 = x_0 + h$, $x_2 = x_0 + 2h$, 上述三式分别等价于

$$f'(x_0) = \frac{1}{h}\left[-\frac{3}{2}f(x_0) + 2f(x_0 + h) - \frac{1}{2}f(x_0 + 2h)\right] + \frac{h^2}{3}f^{(3)}(\xi_0),$$

$$f'(x_0 + h) = \frac{1}{h}\left[-\frac{1}{2}f(x_0) + \frac{1}{2}f(x_0 + 2h)\right] - \frac{h^2}{6}f^{(3)}(\xi_1),$$

$$f'(x_0 + 2h) = \frac{1}{h}\left[\frac{1}{2}f(x_0) - 2f(x_0 + h) + \frac{3}{2}f(x_0 + 2h)\right] + \frac{h^2}{3}f^{(3)}(\xi_2),$$

即

$$f'(x_0) = \frac{1}{2h}\left[-3f(x_0) + 4f(x_0 + h) - f(x_0 + 2h)\right] + \frac{h^2}{3}f^{(3)}(\xi_0),$$

$$f'(x_0) = \frac{1}{2h}\left[-f(x_0 - h) + f(x_0 + h)\right] - \frac{h^2}{6}f^{(3)}(\xi_1),$$

$$f'(x_0) = \frac{1}{2h}\left[f(x_0 - 2h) - 4f(x_0 - h) + 3f(x_0)\right] + \frac{h^2}{3}f^{(3)}(\xi_2).$$

将 h 替换成 $-h$, 则上述第一式与第三式等价, 此时得到两个 3 点公式

$$f'(x_0) = \frac{1}{2h}\left[-3f(x_0) + 4f(x_0 + h) - f(x_0 + 2h)\right] + \frac{h^2}{3}f'''(\xi_0), \tag{4}$$

$$f'(x_0) = \frac{1}{2h}\left[f(x_0 + h) - f(x_0 - h)\right] - \frac{h^2}{6}f'''(\xi_1), \tag{5}$$

其中 $\xi_0 \in I(x_0, x_0 + 2h)$, $\xi_1 \in I(x_0 - h, x_0 + h)$.

不难发现, (4)式与(5)式的截断误差皆为 $O(h^2)$, 且(5)式截断误差是(4)式截断误差的一半. 计算(5)式需要 x_0 两侧的插值节点 $x_0 - h$, $x_0 + h$ 处的信息, 而计算(4)式需要同侧三点 x_0, $x_0 + h$, $x_0 + 2h$ 处的信息, 因此适合应用于区间端点处.

类似地, 我们得到 5 点公式

$$f'(x_0) = \frac{1}{12h}\left[f(x_0 - 2h) - 8f(x_0 - h) + 8f(x_0 + h) - f(x_0 + 2h)\right] + \frac{h^4}{30}f^{(5)}(\xi_0), \tag{6}$$

$$f'(x_0) = \frac{1}{12h}\left[-25f(x_0) + 48f(x_0 + h) - 36f(x_0 + 2h) + 16f(x_0 + 3h)\right. $$
$$\left. - 3f(x_0 + 4h)\right] + \frac{h^4}{5}f^{(5)}(\xi_1), \tag{7}$$

其中 $\xi_0 \in I(x_0 - 2h, x_0 + 2h)$, $\xi_1 \in I(x_0, x_0 + 4h)$, (7)式可应用于区间左端点 ($h > 0$) 与右端点 ($h < 0$) 处.

例 2 设函数 $f(x) = xe^x$, 给定插值节点处函数值如表 6.2 所示, 试利用 3 点、5 点公式近似计算 $f'(2.0)$.

表 6.2　例 2 中插值信息

x	1.8	1.9	2.0	2.1	2.2
$f(x)$	10.889 365	12.703 199	14.778 112	17.148 957	19.855 030

解 利用 3 点公式(4)式与 $h = 0.1, -0.1$，分别得到

$$f'(2.0) = \frac{1}{0.2} \times [-3f(2.0) + 4f(2.1) - f(2.2)] \approx 22.032\,310,$$

$$f'(2.0) = -\frac{1}{0.2} \times [-3f(2.0) + 4f(1.9) - f(1.8)] \approx 22.054\,525,$$

利用 3 点公式(5)式与 $h = 0.1, 0.2$，分别得到

$$f'(2.0) = \frac{1}{0.2} \times [f(2.1) - f(1.9)] \approx 22.228\,790,$$

$$f'(2.0) = \frac{1}{0.4} \times [f(2.2) - f(1.8)] \approx 22.414\,163,$$

而 $f'(x) = (x+1)e^x$，真值 $f'(2.0) = 22.167\,168\cdots$，故上述四种近似计算结果相应的误差分别为 1.35×10^{-1}，1.13×10^{-1}，-6.16×10^{-2}，-2.47×10^{-1}.

利用 5 点公式(6)式与 $h = 0.1$，得到

$$f'(2.0) = \frac{1}{1.2} \times [f(1.8) - 8f(1.9) + 8f(2.1) - f(2.2)] \approx 22.166\,996,$$

相应误差为 1.69×10^{-4}.

我们也可以考虑高阶导数值的近似计算方法，此时为避免计算过程的冗长，我们借助于 Taylor 公式，得到

$$f(x_0 + h) = f(x_0) + f'(x_0)h + \frac{1}{2}f''(x_0)h^2 + \frac{1}{6}f'''(x_0)h^3 + \frac{1}{24}f^{(4)}(\xi_1)h^4,$$

$$f(x_0 - h) = f(x_0) - f'(x_0)h + \frac{1}{2}f''(x_0)h^2 - \frac{1}{6}f'''(x_0)h^3 + \frac{1}{24}f^{(4)}(\xi_{-1})h^4,$$

其中 $\xi_{-1} \in (x_0 - h, x_0), \xi_1 \in (x_0, x_0 + h)$.

将两式相加，消去 $f'(x_0)$ 项，得到

$$f(x_0 + h) + f(x_0 - h) = 2f(x_0) + f''(x_0)h^2 + \frac{1}{24}[f^{(4)}(\xi_{-1}) + f^{(4)}(\xi_1)]h^4.$$

于是

$$f''(x_0) = \frac{1}{h^2}[f(x_0 - h) - 2f(x_0) + f(x_0 + h)] - \frac{h^2}{24}[f^{(4)}(\xi_{-1}) + f^{(4)}(\xi_1)].$$

设 $f^{(4)}(x) \in C[x_0 - h, x_0 + h]$，则至少存在 $\xi \in [\xi_{-1}, \xi_1]$，使得

$$f^{(4)}(\xi) = \frac{1}{2}[f^{(4)}(\xi_{-1}) + f^{(4)}(\xi_1)],$$

进而

$$f''(x_0) = \frac{1}{h^2}[f(x_0 - h) - 2f(x_0) + f(x_0 + h)] - \frac{h^2}{12}f^{(4)}(\xi), \tag{8}$$

其中 $\xi \in (x_0 - h, x_0 + h)$.

例 3 设函数 $f(x) = x\mathrm{e}^x$，试分别求当 $h = 0.1$ 与 0.2 时 $f''(2.0)$ 的近似值.

解 利用(8)式，当 $h = 0.1$ 与 0.2 时，分别得到

$$f''(2.0) \approx \frac{1}{0.01} \times [f(1.9) - 2f(2.0) + f(2.1)] \approx 29.593\,200,$$

$$f''(2.0) \approx \frac{1}{0.04} \times [f(1.8) - 2f(2.0) + f(2.2)] \approx 29.704\,275.$$

易知 $f''(x) = (x+2)\mathrm{e}^x$，真值 $f''(2.0) = 29.556\,224\cdots$，则近似计算的误差分别为 -3.70×10^{-2} 与 -1.48×10^{-1}.

6.1.2 误差与数值微分

数值微分研究的重要内容之一是分析舍入误差与截断误差在近似计算中所起的作用. 我们以 3 点公式

$$f'(x_0) = \frac{1}{2h}[f(x_0+h) - f(x_0-h)] - \frac{h^2}{6}f'''(\xi_1)$$

为例，设计算 $f(x_0+h)$ 与 $f(x_0-h)$ 时产生舍入误差分别为 $e(x_0+h)$ 与 $e(x_0-h)$，此时近似值分别为 $\tilde{f}(x_0+h)$ 与 $\tilde{f}(x_0-h)$，则

$$f(x_0+h) = \tilde{f}(x_0+h) + e(x_0+h),$$

$$f(x_0-h) = \tilde{f}(x_0-h) + e(x_0-h).$$

于是总误差

$$f'(x_0) - \frac{\tilde{f}(x_0+h) - \tilde{f}(x_0-h)}{2h} = \frac{e(x_0+h) - e(x_0-h)}{2h} - \frac{h^2}{6}f'''(\xi_1),$$

它包括舍入误差与截断误差两部分.

设舍入误差的绝对值上界 $\varepsilon > 0$，即

$$|e(x_0 \pm h)| \leqslant \varepsilon,$$

且 $|f'''(x)| \leqslant M, x \in I(x_0-h, x_0+h)$，则

$$\left| f'(x_0) - \frac{\tilde{f}(x_0+h) - \tilde{f}(x_0-h)}{2h} \right| \leqslant \frac{\varepsilon}{h} + \frac{h^2}{6}M,$$

因此，当 h 减小时，截断误差减小而舍入误差增大，进一步分析易知当 $h = \sqrt[3]{3\varepsilon/M}$ 时，总误差绝对值上界

$$e(h) = \frac{\varepsilon}{h} + \frac{h^2}{6}M$$

达到最小.

例 4 试利用表 6.3 中的信息求 $f'(0.900)$ 的近似值，其中 $f(x) = \sin x$.

表 6.3　例 4 中数值微分数据

x	$\sin x$	x	$\sin x$
0.800	0.717 36	0.901	0.783 95
0.850	0.751 28	0.902	0.784 57
0.880	0.770 74	0.905	0.786 43
0.890	0.777 07	0.910	0.789 50
0.895	0.780 21	0.920	0.795 60
0.898	0.782 08	0.950	0.813 42
0.899	0.782 70	1.000	0.841 47

解　由表 6.3 中信息,可令节点处函数值的舍入误差限为 $\varepsilon = 0.000\,005$,为使总误差的绝对值上界达到最小,取

$$h = \sqrt[3]{\frac{3 \times 5 \times 10^{-6}}{0.696\,71}} \approx 0.028,$$

为了比较近似计算结果,我们利用差分公式

$$f'(0.900) \approx \frac{f(0.900 + h) - f(0.900 - h)}{2h}$$

算出 $f'(0.900)$,其结果如表 6.4 所示,不难发现,理论分析与实际近似计算结果相符合.

表 6.4　例 4 中数值微分结果与误差

h	$f'(0.900)$ 的近似值	绝对误差
0.001	0.625 00	0.003 39
0.002	0.622 50	0.000 89
0.005	0.622 00	0.000 39
0.010	0.621 50	$-0.000\,11$
0.020	0.621 50	$-0.000\,11$
0.050	0.621 40	$-0.000\,21$
0.100	0.620 55	$-0.001\,06$

6.2　Richardson 外推法

6.2.1　基于外推法的数值微分

Richardson 外推法旨在利用低阶公式来推得高精度结果,它适用于误差形式已知,如依赖于步长 h 的逼近方法. 设对 $h \neq 0$,我们利用公式 $N(h)$ 来逼近未知函数 M,其截断误差形如

$$M - N(h) = K_1 h + K_2 h^2 + K_3 h^3 + \cdots,$$

其中 K_1，K_2，K_3，$\cdots$ 为常数.

由于截断误差为 $O(h)$，因此只要诸 K_i 的绝对值不是相差太大，我们便有

$$M - N(0.1) \approx 0.1 K_1, \quad M - N(0.01) \approx 0.01 K_1,$$

一般地，$M - N(h) \approx K_1 h$.

外推法的目的是寻求一种简单的方法，利用精度不高的误差项 $O(h)$ 得到具有更高精度的截断误差. 例如，我们将利用公式 $N(h)$ 推得截断误差为 $O(h^2)$ 的近似公式 $\hat{N}(h)$，即

$$M - \hat{N}(h) = \hat{K}_2 h^2 + \hat{K}_3 h^3 + \cdots,$$

其中 $\hat{K}_2$，$\hat{K}_3$，$\cdots$ 为常数，于是我们得到

$$M - \hat{N}(0.1) \approx 0.01 \hat{K}_2, \quad M - \hat{N}(0.01) \approx 0.0001 \hat{K}_2.$$

若常数 K_1，K_2 的绝对值相差不是太大，则 $\hat{N}(h)$ 近似效果要比 $N(h)$ 更好. 以此类推，我们利用 $\hat{N}(h)$ 可以推得截断误差为 $O(h^3)$ 的近似公式.

下面我们将具体考虑函数 M 的近似公式与截断误差

$$M = N(h) + K_1 h + K_2 h^2 + K_3 h^3 + \cdots. \tag{1}$$

由于上述公式对所有正数 h 都成立，我们将 $h/2$ 替代(1)式中 h，得到

$$M = N\left(\frac{h}{2}\right) + K_1 \cdot \frac{h}{2} + K_2 \cdot \frac{h^2}{4} + K_3 \cdot \frac{h^3}{8} + \cdots, \tag{2}$$

再由(2)式的 2 倍减去(1)式得到

$$M = \left[N\left(\frac{h}{2}\right) + \left(N\left(\frac{h}{2}\right) - N(h) \right) \right] + K_2 \cdot \left(\frac{h^2}{2} - h^2 \right) + K_3 \cdot \left(\frac{h^3}{4} - h^3 \right) + \cdots.$$

令 $N_1(h) \equiv N(h)$，记

$$N_2(h) = N_1\left(\frac{h}{2}\right) + \left(N_1\left(\frac{h}{2}\right) - N_1(h) \right),$$

于是

$$M = N_2(h) - \frac{K_2}{2} h^2 - \frac{3K_3}{4} h^3 - \cdots. \tag{3}$$

我们接着将(3)式中 h 替换为 $h/2$，便得到

$$M = N_2\left(\frac{h}{2}\right) - \frac{K_2}{8} h^2 - \frac{3K_3}{32} h^3 - \cdots, \tag{4}$$

然后由(4)式的 4 倍减去(3)式得到

$$3M = 4N_2\left(\frac{h}{2}\right) - N_2(h) + \frac{3K_3}{8} h^3 + \cdots.$$

令

$$N_3(h) = N_2\left(\frac{h}{2}\right) + \frac{N_2(h/2) - N_2(h)}{3},$$

于是

$$M = N_3(h) + \frac{K_3}{8}h^3 + \cdots.$$

如此类推,我们可得截断误差为 $O(h^4)$ 的近似公式

$$N_4(h) = N_3\left(\frac{h}{2}\right) + \frac{N_3(h/2) - N_3(h)}{7},$$

与截断误差为 $O(h^5)$ 的近似公式

$$N_5(h) = N_4\left(\frac{h}{2}\right) + \frac{N_4(h/2) - N_4(h)}{15}.$$

总之,若函数 M 形如

$$M = N(h) + \sum_{j=1}^{m-1} K_j h^j + O(h^m),$$

则对 $j = 2, 3, \cdots, m$,我们可得到截断误差为 $O(h^j)$ 的递推近似公式

$$N_j(h) = N_{j-1}\left(\frac{h}{2}\right) + \frac{N_{j-1}(h/2) - N_{j-1}(h)}{2^{j-1} - 1},$$

如表 6.5 所示.

表 6.5　数值微分递推计算过程

$O(h)$	$O(h^2)$	$O(h^3)$	$O(h^4)$
$N_1(h) \equiv N(h)$			
$N_1(h/2) \equiv N(h/2)$	$N_2(h)$		
$N_1(h/4) \equiv N(h/4)$	$N_2(h/2)$	$N_3(h)$	
$N_1(h/8) \equiv N(h/8)$	$N_2(h/4)$	$N_3(h/2)$	$N_4(h)$

另外,外推法也适用于截断误差形如

$$\sum_{j=1}^{m-1} K_j h^{\alpha_j} + O(h^{\alpha_m})$$

的近似公式的推导,其中诸 K_j 为常数,且 $\alpha_1 < \alpha_2 < \cdots < \alpha_m$.

例 1　考虑中心差分公式及其截断误差

$$f'(x_0) = \frac{1}{2h}\left[f(x_0 + h) - f(x_0 - h)\right] - \frac{h^2}{6}f'''(x_0) - \frac{h^4}{120}f^{(5)}(x_0) - \cdots,$$

试利用外推法推导 $f'(x_0)$ 的近似公式.

解　令

$$N_1(h) \equiv N(h) = \frac{1}{2h}\left[f(x_0 + h) - f(x_0 - h)\right],$$

则

$$f'(x_0) = N_1(h) - \frac{h^2}{6}f'''(x_0) - \frac{h^4}{120}f^{(5)}(x_0) - \cdots \tag{5}$$

的截断误差为 $O(h^2)$.

我们将 $h/2$ 替换(5)式中 h, 得到

$$f'(x_0) = N_1\left(\frac{h}{2}\right) - \frac{h^2}{24}f'''(x_0) - \frac{h^4}{1\,920}f^{(5)}(x_0) - \cdots. \tag{6}$$

再将(6)式的 4 倍减去(5)式, 得到

$$3f'(x_0) = 4N_1\left(\frac{h}{2}\right) - N_1(h) + \frac{h^4}{160}f^{(5)}(x_0) + \cdots,$$

即

$$f'(x_0) = N_2(h) + \frac{h^4}{480}f^{(5)}(x_0) + \cdots,$$

其中

$$N_2(h) = N_1\left(\frac{h}{2}\right) + \frac{N_1(h/2) - N_1(h)}{3}.$$

以此类推, 对 $j = 2, 3, \cdots$, 我们得到截断误差为 $O(h^{2j})$ 的近似公式

$$N_j(h) = N_{j-1}\left(\frac{h}{2}\right) + \frac{N_{j-1}(h/2) - N_{j-1}(h)}{4^{j-1} - 1}. \tag{7}$$

例如, 设函数 $f(x) = xe^x$, $x_0 = 2.0$, $h = 0.2$, 则由中心差分公式, 得到

$$N_1(0.2) = \frac{1}{0.4} \times \left[f(2.2) - f(1.8)\right] \approx 22.414\,160,$$

$$N_1(0.1) = \frac{1}{0.2} \times \left[f(2.1) - f(1.9)\right] \approx 22.228\,786,$$

$$N_1(0.05) = \frac{1}{0.1} \times \left[f(2.05) - f(1.95)\right] \approx 22.182\,564,$$

于是利用外推法公式(7)式得到 $f'(2.0)$ 的近似结果, 如表 6.6 所示.

表 6.6　例 1 中数值微分递推计算结果

$N_1(0.2) \approx 22.414\,160$		
$N_1(0.1) \approx 22.228\,786$	$N_2(0.2) \approx 22.166\,995$	
$N_1(0.05) \approx 22.182\,564$	$N_2(0.1) \approx 22.167\,157$	$N_3(0.2) \approx 22.167\,168$

由于导数的外推法表中除了第一列, 其他元素可由步长取半得到, 所以我们可以通过较少的计算量得到具有较高精度的近似结果.

6.2.2　数值微分的截断误差

在 6.1.1 节中, 我们已经讨论了计算的 3 点、5 点近似公式, 它们是通过对 $f(x)$ 的

Lagrange 插值多项式进行求导得到的,下面利用 $f(x)$ 的 Taylor 展开式推导截断误差,即

$$f(x) = f(x_0) + f'(x_0)(x-x_0) + \frac{1}{2}f''(x_0)(x-x_0)^2 + \frac{1}{6}f'''(x_0)(x-x_0)^3$$
$$+ \frac{1}{24}f^{(4)}(x_0)(x-x_0)^4 + \frac{1}{120}f^{(5)}(\xi)(x-x_0)^5,$$

其中 $\xi \in I(x_1, x_0)$,我们得到

$$f(x_0+h) = f(x_0) + f'(x_0)h + \frac{1}{2}f''(x_0)h^2 + \frac{1}{6}f'''(x_0)h^3 + \frac{1}{24}f^{(4)}(x_0)h^4$$
$$+ \frac{1}{120}f^{(5)}(\xi_1)h^5, \tag{8}$$

$$f(x_0-h) = f(x_0) - f'(x_0)h + \frac{1}{2}f''(x_0)h^2 - \frac{1}{6}f'''(x_0)h^3 + \frac{1}{24}f^{(4)}(x_0)h^4$$
$$- \frac{1}{120}f^{(5)}(\xi_2)h^5, \tag{9}$$

其中 $x_0-h < \xi_2 < x_0 < \xi_1 < x_0+h.$

我们将(12)式减去(13)式,得到

$$f(x_0+h) - f(x_0-h) = 2hf'(x_0) + \frac{h^3}{3}f'''(x_0) + \frac{h^5}{120}[f^{(5)}(\xi_1) + f^{(5)}(\xi_2)].$$

若 $f^{(5)}(x) \in C[x_0-h, x_0+h]$,则至少存在 $\xi_3 \in (x_0-h, x_0+h)$,使得

$$f^{(5)}(\xi_3) = \frac{1}{2}[f^{(5)}(\xi_1) + f^{(5)}(\xi_2)],$$

于是得到截断误差为 $O(h^2)$ 的 3 点近似公式

$$f'(x_0) = \frac{1}{2h}[f(x_0+h) - f(x_0-h)] - \frac{h^2}{6}f'''(x_0) - \frac{h^4}{120}f^{(5)}(\xi_3), \tag{10}$$

再将(10)式中 h 替换为 $2h$,得到

$$f'(x_0) = \frac{1}{4h}[f(x_0+2h) - f(x_0-2h)] - \frac{4h^2}{6}f'''(x_0) - \frac{16h^4}{120}f^{(5)}(\xi_4), \tag{11}$$

其中 $\xi_4 \in (x_0-2h, x_0+2h).$

最后将(11)式的 4 倍减去(10)式,得到

$$3f'(x_0) = \frac{2}{h}[f(x_0+h) - f(x_0-h)] - \frac{1}{4h}[f(x_0+2h) - f(x_0-2h)]$$
$$- \frac{h^4}{30}f^{(5)}(\xi_3) + \frac{2h^4}{15}f^{(5)}(\xi_4),$$

即

$$f'(x_0) = \frac{1}{12h}[f(x_0-2h) - 8f(x_0-h) + 8f(x_0+h) - f(x_0+2h)]$$

$$-\frac{h^4}{90}f^{(5)}(\xi_3)+\frac{2h^4}{45}f^{(5)}(\xi_4).\tag{12}$$

若 $f^{(5)}(x)\in C[x_0-2h,\,x_0+2h]$，则可以得到具有另外一种截断误差项的 5 点近似公式及其截断误差为

$$f'(x_0)=\frac{1}{12h}\big[f(x_0-2h)-8f(x_0-h)+8f(x_0+h)-f(x_0+2h)\big]+\frac{h^4}{30}f^{(5)}(\xi).$$
$$\tag{13}$$

事实上，由(12)式可知，5 点近似公式对 $f(x)\in \mathbf{P}_4$ 精确成立，由此设

$$f'(x_0)=\frac{1}{12h}\big[f(x_0-2h)-8f(x_0-h)+8f(x_0+h)-f(x_0+2h)\big]+Kf^{(5)}(\xi),$$

其中 $\xi\in(x_0-h,\,x_0+h)$，K 待定，则当 $f(x)=x^5$ 时，上式化简为

$$5x_0^4=\frac{1}{12h}\big[(x_0-2h)^5-8(x_0-h)^5+8(x_0+h)^5-(x_0+2h)^5\big]+5!K$$
$$=\frac{1}{12h}(60x_0^4h-48h^5)+5!K,$$

故 $K=h^4/30$，(13)式得证.

6.3　重要求积公式

6.3.1　插值型求积公式

当函数的不定积分不能用初等函数表示或不易求得时，其定积分往往需要近似计算，我们称定积分 $\int_a^b f(x)\mathrm{d}x$ 的近似计算方法为**数值积分**，形如

$$\sum_{i=0}^n a_i f(x_i)\approx \int_a^b f(x)\mathrm{d}x\equiv I,$$

其中和式称为**求积公式**，诸 a_i 称为**求积系数**，误差项称为**求积余项**.

本节我们将利用插值多项式建立数值积分公式. 我们首先选择两两互异的插值节点 $x_0,\,x_1,\,\cdots,\,x_n\in[a,\,b]$，再对 Lagrange 插值多项式

$$L_n(x)=\sum_{i=0}^n f(x_i)l_i(x)$$

及其截断误差于区间 $[a,\,b]$ 上求定积分，得到

$$\int_a^b f(x)\mathrm{d}x=\int_a^b\sum_{i=0}^n f(x_i)l_i(x)\mathrm{d}x+\int_a^b\prod_{i=0}^n(x-x_i)\frac{f^{(n+1)}(\xi(x))}{(n+1)!}\mathrm{d}x$$
$$=\sum_{i=0}^n a_i f(x_i)+\frac{1}{(n+1)!}\int_a^b\prod_{i=0}^n(x-x_i)f^{(n+1)}(\xi(x))\mathrm{d}x,$$

其中 $\xi(x)\in(a,\,b)$，且对 $i=0,\,1,\,\cdots,\,n$，求积系数

$$a_i = \int_a^b l_i(x)\,\mathrm{d}x,$$

因此,**插值型求积公式**为

$$\int_a^b f(x)\,\mathrm{d}x \approx \sum_{i=0}^n a_i f(x_i)$$

及**求积余项**为

$$E(I) = \frac{1}{(n+1)!}\int_a^b \prod_{i=0}^n (x-x_i) f^{(n+1)}(\xi(x))\,\mathrm{d}x.$$

为更好地理解插值型求积公式,我们分别考虑基于 Lagrange 线性插值与二次抛物插值的数值积分公式,称之为**梯形公式**与**类 Simpson 公式**.

为了建立计算定积分 $\int_a^b f(x)\,\mathrm{d}x$ 的梯形公式,我们令 $x_0=a$, $x_1=b$, $h=b-a$,由一阶 Lagrange 多项式

$$L_1(x) = \frac{x-x_1}{x_0-x_1}f(x_0) + \frac{x-x_0}{x_1-x_0}f(x_1),$$

得到

$$\begin{aligned}
\int_a^b f(x)\,\mathrm{d}x &= \int_{x_0}^{x_1}\left[\frac{x-x_1}{x_0-x_1}f(x_0) + \frac{x-x_0}{x_1-x_0}f(x_1)\right]\mathrm{d}x \\
&\quad + \frac{1}{2}\int_{x_0}^{x_1}f''(\xi(x))(x-x_0)(x-x_1)\,\mathrm{d}x.
\end{aligned} \tag{1}$$

考虑到 $(x-x_0)(x-x_1)$ 于 $[x_0, x_1]$ 上不变号,由积分第一中值定理知,至少存在 $\eta \in (x_0, x_1)$,使得

$$\begin{aligned}
\int_{x_0}^{x_1}f''(\xi(x))(x-x_0)(x-x_1)\,\mathrm{d}x &= f''(\eta)\int_{x_0}^{x_1}(x-x_0)(x-x_1)\,\mathrm{d}x \\
&= f''(\eta)\left[\frac{x^3}{3} - \frac{x_0+x_1}{2}x^2 + x_0 x_1 x\right]_{x_0}^{x_1} \\
&= -\frac{h^3}{6}f''(\eta).
\end{aligned}$$

由此,(1)式即为

$$\begin{aligned}
\int_a^b f(x)\,\mathrm{d}x &= \left[\frac{(x-x_1)^2}{2(x_0-x_1)}f(x_0) + \frac{(x-x_0)^2}{2(x_1-x_0)}f(x_1)\right]_{x_0}^{x_1} - \frac{h^3}{12}f''(\eta) \\
&= \frac{x_1-x_0}{2}[f(x_0)+f(x_1)] - \frac{h^3}{12}f''(\eta).
\end{aligned}$$

于是,令 $h = x_1 - x_0$,我们得到梯形公式

$$\int_a^b f(x)\,\mathrm{d}x = \frac{h}{2}[f(x_0)+f(x_1)] - \frac{h^3}{12}f''(\eta).$$

由于求积余项含有二阶导数项 f'',因此梯形公式对为线性函数时精确成立.

我们利用区间上的二阶 Lagrange 插值多项式可推得类 Simpson 公式,其中插值节点为 $x_0 = a$,$x_1 = a + h$,$x_2 = b$,且 $h = (b-a)/2$.

事实上,对函数 $f(x)$ 的二阶 Lagrange 插值多项式及其插值余项求定积分,得到

$$\int_a^b f(x)\mathrm{d}x = \int_{x_0}^{x_2}\left[\frac{(x-x_1)(x-x_2)}{(x_0-x_1)(x_0-x_2)}f(x_0) + \frac{(x-x_0)(x-x_2)}{(x_1-x_0)(x_1-x_2)}f(x_1)\right.$$
$$\left. + \frac{(x-x_0)(x-x_1)}{(x_2-x_0)(x_2-x_1)}f(x_2)\right]\mathrm{d}x + \int_{x_0}^{x_2}f^{(3)}(\xi(x))\frac{(x-x_0)(x-x_1)(x-x_2)}{6}\mathrm{d}x.$$

6.3.2 Simpson 公式

由 6.3.1 节推导过程可知,类 Simpson 公式的求积余项为 $O(h^4)$. 下面我们采用另外的方法建立求积余项为 $O(h^5)$ 的 Simpson 公式.

我们将函数 $f(x)$ 于 x_0 处展开成三阶 Taylor 多项式,则对每个 $x \in [x_0, x_2]$,至少存在 $\xi(x) \in (x_0, x_2)$,使得

$$f(x) = f(x_1) + f'(x_1)(x-x_1) + \frac{f''(x_1)}{2}(x-x_1)^2 + \frac{f'''(x_1)}{6}(x-x_1)^3$$
$$+ \frac{f^{(4)}(\xi(x))}{24}(x-x_1)^4,$$

再对上式两边积分,得到

$$\int_{x_0}^{x_2}f(x)\mathrm{d}x$$
$$= \left[f(x_1)(x-x_0) + \frac{f'(x_1)}{2}(x-x_1)^2 + \frac{f''(x_1)}{6}(x-x_1)^3 + \frac{f'''(x_1)}{24}(x-x_1)^4\right]_{x_0}^{x_1}$$
$$+ \frac{1}{24}\int_{x_0}^{x_2}f^{(4)}(\xi(x))(x-x_1)^4\mathrm{d}x. \tag{2}$$

由 $(x-x_1)^4$ 于区间 $[x_0, x_2]$ 上非负知,利用积分第一中值定理得到

$$\frac{1}{24}\int_{x_0}^{x_2}f^{(4)}(\xi(x))(x-x_1)^4\mathrm{d}x = \frac{f^{(4)}(\xi_1)}{24}\int_{x_0}^{x_2}(x-x_1)^4\mathrm{d}x = \frac{f^{(4)}(\xi_1)}{60}h^5,$$

代入(2)式,有

$$\int_{x_0}^{x_2}f(x)\mathrm{d}x - 2hf(x_1) + \frac{h^3}{3}f''(x_1) + \frac{f^{(4)}(\xi_1)}{60}h^5. \tag{3}$$

我们再将(3)式中 $f''(x_1)$ 用二阶差分公式表示,则

$$\int_{x_0}^{x_2}f(x)\mathrm{d}x = 2hf(x_1) + \frac{h^3}{3}\left\{\frac{1}{h^2}[f(x_0) - 2f(x_1) + f(x_2)] - \frac{h^2}{12}f^{(4)}(\xi_2)\right\} + \frac{h^5}{60}f^{(4)}(\xi_1)$$
$$= \frac{h}{3}[f(x_0) + 4f(x_1) + f(x_2)] - \frac{h^5}{12}\left[\frac{1}{3}f^{(4)}(\xi_2) - \frac{1}{5}f^{(4)}(\xi_1)\right],$$

即

$$\int_{x_0}^{x_2} f(x)\mathrm{d}x = \frac{h}{3}\left[f(x_0) + 4f(x_1) + f(x_2)\right] - \frac{h^5}{90}\left[\frac{5}{2}f^{(4)}(\xi_2) - \frac{3}{2}f^{(4)}(\xi_1)\right]. \quad (4)$$

易知(4)式中的求积公式对次数不超过 3 的任意多项式 $f(x) = 1, x, x^2, x^3$ 精确成立，即此时求积余项为 0.

进一步研究表明，(4)式中求积余项可写成另外一种形式，即

$$-\frac{h^5}{90}\left[\frac{5}{2}f^{(4)}(\xi_2) - \frac{3}{2}f^{(4)}(\xi_1)\right] = -\frac{h^5}{90}f^{(4)}(\eta),$$

其中 $\eta \in (x_0, x_2)$.

于是，我们得到代数精度为 3 的 Simpson 公式

$$\int_{x_0}^{x_2} f(x)\mathrm{d}x = \frac{h}{3}\left[f(x_0) + 4f(x_1) + f(x_2)\right] - \frac{h^5}{90}f^{(4)}(\eta).$$

事实上，令求积公式与求积余项形如

$$\int_{x_0}^{x_2} f(x)\mathrm{d}x = \frac{h}{3}f(x_0) + \frac{4h}{3}f(x_1) + \frac{h}{3}f(x_2) + Kf^{(4)}(\eta),$$

则令 $f(x) = x^4$，代入上式，可算出 $K = -\dfrac{h^5}{90}$. $K = -\dfrac{h^5}{90}$.

例 1 试利用梯形公式与 Simpson 公式计算 $\int_0^2 f(x)\mathrm{d}x$ 近似值，其中 $f(x)$ 分别为 x^2，x^4，$\dfrac{1}{1+x}$，$\sqrt{1+x^2}$，$\sin x$，e^x.

解 利用梯形公式

$$\int_0^2 f(x)\mathrm{d}x \approx f(0) + f(2)$$

与 Simpson 公式

$$\int_0^2 f(x)\mathrm{d}x \approx \frac{1}{3}\left[f(0) + 4f(1) + f(2)\right]$$

计算出的近似值如表 6.7 所示.

表 6.7 例 1 中数值积分结果

$f(x)$	x^2	x^4	$1/(x+1)$	$\sqrt{1+x^2}$	$\sin x$	e^x
准确解	2.667	6.400	1.099	2.958	1.416	6.389
梯形解	4.000	16.000	1.333	3.326	0.909	8.389
Simpson 解	2.667	6.667	1.111	2.964	1.425	6.421

求积余项的常规推导方法是基于求积公式对多项式的精确成立，下面给出相应的概念.

定义 1 称求积公式对 $x^k(k=0,1,\cdots,n)$ 精确成立的最大正整数 n 为求积公式的**代数精度**.

由定义 1 可知,梯形公式与 Simpson 公式的代数精度分别是 1 与 3.

考虑到定积分与求和的线性性

$$\int_a^b (\alpha f(x)+\beta g(x))\mathrm{d}x = \alpha\int_a^b f(x)\mathrm{d}x+\beta\int_a^b g(x)\mathrm{d}x$$

与

$$\sum_{i=0}^n (\alpha f(x_i)+\beta g(x_i)) = \alpha\sum_{i=0}^n f(x_i)+\beta\sum_{i=0}^n g(x_i),$$

其中 $\forall \alpha,\beta\in\mathbf{R}$,求积公式的代数精度为 n 当且仅当对所有次数不超过 n 的多项式 $P_n(x)$,求积余项 $E(P_n(x))=0$,而对某个 $n+1$ 次多项式 $P_{n+1}(x)$,求积余项 $E(P_{n+1}(x))\neq 0$.

例 2 确定求积公式

$$\int_{-1}^1 f(x)\mathrm{d}x \approx \frac{f(-1)+2f(x_1)+3f(x_2)}{3}$$

的待定参数,使其代数精度尽可能高,并指出所构造的求积公式的代数精度.

解 易知求积公式对任意常数自然成立,故令其对 $f(x)=x,x^2$ 精确成立,即

$$\begin{cases} -1+2x_1+3x_2 = 3\int_{-1}^1 x\mathrm{d}x = 0, \\ 1+2x_1^2+3x_2^2 = 3\int_{-1}^1 x^2\mathrm{d}x = 2, \end{cases}$$

求解此二元非线性方程组,得到

$$\begin{cases} x_1 = -0.289\,897\,9, \\ x_2 = 0.626\,598\,6, \end{cases} \quad \text{或} \quad \begin{cases} x_1 = 0.689\,897\,9, \\ x_2 = -0.126\,598\,6. \end{cases}$$

而对 $f(x)=x^3$, $\int_{-1}^1 x^3\mathrm{d}x \neq \frac{1}{3}[f(-1)+2f(x_1)+3f(x_3)]$,故所构造的求积公式的代数精度为 2.

6.3.3 Newton-Cotes 公式

梯形公式与 Simpson 公式都属于 Newton-Cotes 公式,Newton-Cotes 公式具有两种类型,即开型与闭型.

具体而言,**$n+1$ 点闭型 Newton-Cotes 公式**采用的节点为 $x_i=x_0+ih$, $i=0,1,\cdots,n$,其中 $x_0=a$, $x_n=b$, $h=(b-a)/n$. 设求积公式形如

$$\int_a^b f(x)\mathrm{d}x \approx \sum_{i=0}^n a_i f(x_i),$$

则

$$a_i = \int_{x_0}^{x_n} L_i(x)\mathrm{d}x = \int_{x_0}^{x_n} \prod_{\substack{j=0 \\ j\neq i}}^n \frac{x-x_j}{x_i-x_j}\mathrm{d}x, \quad i=0,1,\cdots,n. \tag{5}$$

于是，我们得到闭型 Newton-Cotes 公式及求积余项.

定理 2 设 $\sum\limits_{i=0}^{n} a_i f(x_i)$ 表示 $n+1$ 点闭型 Newton-Cotes 公式，其中 $x_i = x_0 + ih$，$i = 0$，1，$\cdots$，n，$x_0 = a$，$x_n = b$，$h = (b-a)/n$.

(1) 若 n 为偶数，且 $f(x) \in C^{n+2}[a, b]$，则至少存在 $\xi \in (a, b)$，使得

$$\int_a^b f(x)\mathrm{d}x = \sum_{i=0}^{n} a_i f(x_i) + \frac{h^{n+3} f^{(n+2)}(\xi)}{(n+2)!} \int_0^n t^2 (t-1)\cdots(t-n)\mathrm{d}t.$$

(2) 若 n 为奇数，且 $f(x) \in C^{n+1}[a, b]$，则至少存在 $\eta \in (a, b)$，使得

$$\int_a^b f(x)\mathrm{d}x = \sum_{i=0}^{n} a_i f(x_i) + \frac{h^{n+2} f^{(n+2)}(\eta)}{(n+1)!} \int_0^n t(t-1)\cdots(t-n)\mathrm{d}t,$$

其中系数诸 a_i 按(5)式计算.

由定理 2 可知，当 n 为偶数时，Newton-Cotes 公式的代数精度为 $n+1$；当 n 为奇数时，其代数精度为 n. 下面列举常用的闭型 Newton-Cotes 公式.

$n=1$：梯形公式

$$\int_{x_0}^{x_1} f(x)\mathrm{d}x = \frac{h}{2}\left[f(x_0) + f(x_1)\right] - \frac{h^3}{12} f''(\xi), \xi \in (x_0, x_1).$$

$n=2$：Simpson 公式

$$\int_{x_0}^{x_2} f(x)\mathrm{d}x = \frac{h}{3}\left[f(x_0) + 4f(x_1) + f(x_2)\right] - \frac{h^5}{90} f^{(4)}(\xi), \xi \in (x_0, x_2).$$

$n=3$：Simpson 4 点公式

$$\int_{x_0}^{x_3} f(x)\mathrm{d}x = \frac{3h}{8}\left[f(x_0) + 3f(x_1) + 3f(x_2) + f(x_3)\right] - \frac{3h^5}{80} f^{(4)}(\xi), \xi \in (x_0, x_3).$$

$n=4$：

$$\int_{x_0}^{x_4} f(x)\mathrm{d}x = \frac{2h}{45}\left[7f(x_0) + 32f(x_1) + 12f(x_2) + 32f(x_3) + 7f(x_4)\right]$$

$$- \frac{8h^7}{945} f^{(6)}(\xi), \xi \in (x_0, x_4).$$

$n+1$ 点开型 Newton-Cotes 公式 采用的节点为 $x_i = x_0 + ih$，$i = 0$，1，$\cdots$，n，其中 $x_0 = a$，$x_n = b-h$，$h = (b-a)/(n+2)$. 记端节点为 $x_{-1} = a$，$x_{n+1} = b$，设 (a, b) 上的开型求积公式

$$\int_a^b f(x)\mathrm{d}x = \int_{x_{-1}}^{x_{n+1}} f(x)\mathrm{d}x \approx \sum_{i=0}^{n} a_i f(x_i),$$

则

$$a_i = \int_a^b L_i(x)\mathrm{d}x = \int_{x_{-1}}^{x_{n+1}} \prod_{\substack{j=0 \\ j \neq i}}^{n} \frac{x - x_j}{x_i - x_j}\mathrm{d}x, i = 0, 1, \cdots, n. \tag{6}$$

于是类似定理 2,我们得到开型 Newton-Cotes 公式及求积余项.

定理 3 设 $\sum\limits_{i=0}^{n} a_i f(x_i)$ 表示 $n+1$ 点开型 Newton-Cotes 公式,其中 $x_i = x_0 + ih$, $i = 0$, 1, $\cdots$, n, $x_{-1} = a$, $x_{n+1} = b$, $h = (b-a)/(n+2)$,

(1) 若 n 为偶数,且 $f(x) \in C^{n+2}[a, b]$,则至少存在 $\xi \in (a, b)$,使得

$$\int_a^b f(x)\mathrm{d}x = \sum_{i=0}^{n} a_i f(x_i) + \frac{h^{n+3} f^{(n+2)}(\xi)}{(n+2)!} \int_{-1}^{n+1} t^2 (t-1) \cdots (t-n)\mathrm{d}t.$$

(2) 若 n 为奇数,且 $f(x) \in C^{n+1}[a, b]$,则至少存在 $\eta \in (a, b)$,使得

$$\int_a^b f(x)\mathrm{d}x = \sum_{i=0}^{n} a_i f(x_i) + \frac{h^{n+2} f^{(n+1)}(\eta)}{(n+1)!} \int_{-1}^{n+1} t(t-1) \cdots (t-n)\mathrm{d}t,$$

其中系数诸 a_i 按(6)式给出.

下面列举常用的开型 Newton-Cotes 公式.

$n = 0$:中矩形公式

$$\int_{x_{-1}}^{x_1} f(x)\mathrm{d}x = 2hf(x_0) + \frac{h^3}{3}f''(\xi), \xi \in (x_{-1}, x_1).$$

$n = 1$:

$$\int_{x_{-1}}^{x_2} f(x)\mathrm{d}x = \frac{3h}{2}[f(x_0) + f(x_1)] + \frac{3h^3}{4}f''(\xi), \xi \in (x_{-1}, x_2).$$

$n = 2$:

$$\int_{x_{-1}}^{x_3} f(x)\mathrm{d}x = \frac{4h}{3}[2f(x_0) - f(x_1) + 2f(x_2)] + \frac{14h^5}{45}f^{(4)}(\xi), \xi \in (x_{-1}, x_3).$$

$n = 3$:

$$\int_{x_{-1}}^{x_4} f(x)\mathrm{d}x = \frac{5h}{24}[11f(x_0) + f(x_1) + f(x_2) + 11f(x_3)]$$

$$+ \frac{95h^5}{144}f^{(4)}(\xi), \xi \in (x_{-1}, x_4).$$

例 3 试利用上述闭型与开型求积公式计算 $\int_0^{\pi/4} \sin x \mathrm{d}x = 1 - \sqrt{2}/2 \approx 0.29289322\cdots$ 的近似值.

解 利用闭型与开型 Newton-Cotes 公式计算积分近似值如表 6.8 所示.

表 6.8 例 3 中 Newton-Cotes 公式计算结果与误差

n	0	1	2	3	4
闭型		0.277 680 18	0.292 932 64	0.292 910 70	0.292 893 18
绝对误差		0.015 213 03	0.000 039 42	0.000 017 48	0.000 000 04
开型	0.300 558 87	0.297 987 54	0.292 858 66	0.292 869 23	
绝对误差	0.007 665 65	0.005 094 32	0.000 034 56	0.000 023 99	

6.4 复合求积公式

6.4.1 复合梯形与 Simpson 求积公式

一般而言,6.3 节建立的 Newton-Cotes 公式不适合应用于大区间上的数值积分,这一方面是因为高阶 Newton-Cotes 公式的系数难求,另一方面由于 Newton-Cotes 公式是基于等距节点上的插值多项式,而高次多项式插值存在 Ronger 现象. 鉴于此,本节将利用分段求积技术,即常用的分段低阶 Newton-Cotes 公式来研究数值积分.

考虑定积分 $\int_0^4 \mathrm{e}^x \mathrm{d}x$ 的近似值,我们利用子区间长 $h=2$ 的 Simpson 公式来计算,得到

$$\int_0^4 \mathrm{e}^x \mathrm{d}x \approx \frac{2}{3}(\mathrm{e}^0 + 4\mathrm{e}^2 + \mathrm{e}^4) = 56.769\,58,$$

而准确解为 $\mathrm{e}^4 - \mathrm{e}^0 = 53.598\,15$,显然误差为 $-3.171\,43$,这是难以接受的结果.

为了采用分段求积技术来近似计算这个定积分,我们将区间 $[0,4]$ 分成子区间 $[0,2]$ 与 $[2,4]$,于是由子区间长 $h=1$ 的 Simpson 公式,得到

$$\int_0^4 \mathrm{e}^x \mathrm{d}x = \int_0^2 \mathrm{e}^x \mathrm{d}x + \int_2^4 \mathrm{e}^x \mathrm{d}x$$
$$\approx \frac{1}{3}(\mathrm{e}^0 + 4e + \mathrm{e}^2) + \frac{1}{3}(\mathrm{e}^2 + 4\mathrm{e}^3 + \mathrm{e}^4)$$
$$= 53.863\,85,$$

此时误差为 $-0.265\,70$. 受此启发,我们再等分子区间 $[0,2]$ 与 $[2,4]$,由子区间长 $h = 1/2$ 的 Simpson 公式算出

$$\int_0^4 \mathrm{e}^x \mathrm{d}x = \int_0^1 \mathrm{e}^x \mathrm{d}x + \int_0^1 \mathrm{e}^x \mathrm{d}x + \int_0^1 \mathrm{e}^x \mathrm{d}x + \int_2^4 \mathrm{e}^x \mathrm{d}x$$
$$\approx \frac{1}{6}(\mathrm{e}^0 + 4\mathrm{e}^{1/2} + e) + \frac{1}{6}(e + 4\mathrm{e}^{3/2} + \mathrm{e}^2) + \frac{1}{6}(\mathrm{e}^2 + 4\mathrm{e}^{5/2} + \mathrm{e}^3)$$
$$+ \frac{1}{6}(\mathrm{e}^3 + 4\mathrm{e}^{7/2} + \mathrm{e}^4)$$
$$= 53.616\,22,$$

此时误差为 $-0.018\,07$.

推而广之,我们选择正偶数 $2n$,将区间等分为 $2n$ 个子区间,并于子区间 $[x_{2j-2}, x_{2j}]$ $(j=1,2,\cdots,n)$ 上利用 Simpson 公式,其中子区间长 $h = (b-a)/(2n)$,得到

$$\int_a^b f(x)\mathrm{d}x = \sum_{j=1}^n \int_{x_{2j-2}}^{x_{2j}} f(x)\mathrm{d}x$$
$$= \sum_{j=1}^n \left\{ \frac{h}{3}\big[f(x_{2j-2}) + 4f(x_{2j-1}) + f(x_{2j})\big] - \frac{h^5}{90}f^{(4)}(\xi_j) \right\},$$

其中 $\xi_j \in (x_{2j-2}, x_{2j})$,$f(x) \in C^4[a,b]$.

考虑到对每个 $j=1,2,\cdots,n-1$,函数值 $f(x_{2j})$ 既出现在子区间 $[x_{2j-2}, x_{2j}]$,也出现

在子区间 $[x_{2j}, x_{2j+2}]$ 上的相应项,于是上式可化为

$$\int_a^b f(x)\mathrm{d}x = \frac{h}{3}\Big[f(x_0) + 2\sum_{j=1}^{n-1}f(x_{2j}) + 4\sum_{j=1}^{n}f(x_{2j-1}) + f(x_{2n})\Big] - \frac{h^5}{90}\sum_{j=1}^{n}f^{(4)}(\xi_j),$$

显然求积余项

$$E(f) = -\frac{h^5}{90}\sum_{j=1}^{n}f^{(4)}(\xi_j),$$

其中 $\xi_j \in (x_{2j-2}, x_{2j}), j = 1, 2, \cdots, n.$

若 $f(x) \in C^4[a, b]$,则 $f^{(4)}(x)$ 于区间 $[a, b]$ 上取得最值,即

$$\min_{x\in[a, b]}f^{(4)}(x) \leqslant f^{(4)}(\xi_j) \leqslant \max_{x\in[a, b]}f^{(4)}(x).$$

于是

$$n\min_{x\in[a, b]}f^{(4)}(x) \leqslant \sum_{j=1}^{n}f^{(4)}(\xi_j) \leqslant n\max_{x\in[a, b]}f^{(4)}(x),$$

即

$$\min_{x\in[a, b]}f^{(4)}(x) \leqslant \frac{1}{n}\sum_{j=1}^{n}f^{(4)}(\xi_j) \leqslant \max_{x\in[a, b]}f^{(4)}(x),$$

故由介值定理,至少存在 $\xi \in (a, b)$,使得

$$f^{(4)}(\xi) = \frac{2}{n}\sum_{j=1}^{n}f^{(4)}(\xi_j),$$

从而

$$E(f) = -\frac{h^5}{90}\sum_{j=1}^{n}f^{(4)}(\xi_j) = -\frac{h^5}{90}nf^{(4)}(\xi) = -\frac{(b-a)}{180}h^4 f^{(4)}(\xi).$$

由上述分析,得到如下结论.

定理 1　设函数 $f(x) \in C^4[a, b]$,将 $[a, b]$ 等分成 $2n$ 个子区间,子区间长度 $h = (b-a)/(2n), x_j = a+jh, j = 0, 1, \cdots, 2n$,则至少存在 $\xi \in (a, b)$,使得子区间 $[x_{2j-2}, x_{2j}](j = 1, 2, \cdots, n)$ 上的**复合 Simpson 公式**与求积余项为

$$\int_a^b f(x)\mathrm{d}x = \frac{h}{3}\Big[f(a) + 2\sum_{j=1}^{n-1}f(x_{2j}) + 4\sum_{j=1}^{n}f(x_{2j-1}) + f(b)\Big] - \frac{b-a}{180}h^4 f^{(4)}(\xi).$$

类似地,我们可以建立其他复合 Newton-Cotes 求积公式,并给出复合梯形公式与复合中矩形公式. 由于梯形公式每次只需要建立在一个子区间上,故子区间数可为正奇数也可为正偶数.

定理 2　设函数 $f(x) \in C^2[a, b], h = (b-a)/n, x_j = a+jh, j = 0, 1, \cdots, n$,则至少存在 $\xi \in (a, b)$,使得子区间 $[x_{j-1}, x_j](j = 1, 2, \cdots, n)$ 上的**复合梯形公式**与求积余项为

$$\int_a^b f(x)\mathrm{d}x = \frac{h}{2}\Big[f(a) + 2\sum_{j=1}^{n-1}f(x_j) + f(b)\Big] - \frac{b-a}{12}h^2 f''(\xi).$$

事实上,于子区间 $[x_{j-1}, x_j](j = 1, 2, \cdots, n)$ 上利用 $h = (b-a)/n$ 的梯形公式,得到

$$\int_a^b f(x)\mathrm{d}x = \sum_{j=1}^n \int_{x_{j-1}}^{x_j} f(x)\mathrm{d}x$$

$$= \sum_{j=1}^n \left[\frac{h}{2}(f(x_{j-1}) + f(x_j)) - \frac{h^3}{12} f''(\xi_j) \right]$$

$$= \frac{h}{2}\left[f(a) + 2\sum_{j=1}^{n-1} f(x_j) + f(b) \right] - \frac{b-a}{12n} h^2 n f''(\xi)$$

$$= \frac{h}{2}\left[f(a) + 2\sum_{j=1}^{n-1} f(x_j) + f(b) \right] - \frac{b-a}{12} h^2 f''(\xi).$$

而对于复合中矩形公式,我们有如下结论.

定理 3　设函数 $f(x) \in C^2[a, b]$,将 $[a, b]$ 等分成 $2n+2$ 个子区间,子区间长度为 $h = (b-a)/(2n+2)$,$x_j = a + (j+1)h$,$j = -1, 0, \cdots, 2n+1$,则至少存在 $\xi \in (a, b)$,使得子区间 $[x_{2j-1}, x_{2j+1}](j = 0, 1, \cdots, n)$ 上的复合中矩形公式与求积余项为

$$\int_a^b f(x)\mathrm{d}x = 2h\sum_{j=0}^n f(x_{2j}) + \frac{b-a}{6} h^2 f''(\xi).$$

事实上,于子区间 $[x_{2j-1}, x_{2j+1}](j = 0, 1, \cdots, n)$ 上利用 $h = (b-a)/(2n+2)$ 的中矩形公式,得到

$$\int_a^b f(x)\mathrm{d}x = \sum_{j=0}^n \int_{x_{2j-1}}^{x_{2j+1}} f(x)\mathrm{d}x$$

$$= \sum_{j=0}^n \left[2hf(x_{2j}) + \frac{h^3}{3} f''(\xi_j) \right]$$

$$= 2h\sum_{j=0}^n f(x_{2j}) + \frac{h^3}{3}(n+1) f''(\xi)$$

$$= 2h\sum_{j=0}^n f(x_{2j}) + \frac{h^2}{6}(b-a) f''(\xi).$$

例 1　设函数 $f(x) = 2 + \sin(2\sqrt{x})$,$x \in [1, 6]$,试利用复合梯形公式、复合 Simpson 公式及 11 个节点近似计算定积分 $\int_1^6 f(x)\mathrm{d}x$.

解　由题设,采用节点 $x_i = 1 + \dfrac{i}{2}$,$i = 0, 1, \cdots, 10$,于是得到复合梯形公式计算结果

$$T_{10} = \frac{1}{4}\left[f(1) + f(6) \right] + \frac{1}{2}\sum_{i=1}^9 f\left(1 + \frac{i}{2} \right)$$

$$\approx 0.981\,663\,75 + 7.212\,190\,83 = 8.193\,854\,57,$$

与复合 Simpson 公式计算结果

$$S_5 = \frac{1}{3} \times \frac{1}{2}\left[f(1) + f(6) \right] + \frac{2}{3} \times \frac{1}{2}\sum_{i=2}^5 f(i) + \frac{4}{3} \times \frac{1}{2}\sum_{i=1}^5 f\left(\frac{2i+1}{2} \right)$$

$$\approx 0.654\,442\,50 + 2.087\,681\,43 + 5.440\,891\,57 = 8.183\,015\,50.$$

6.4.2 复合求积公式的稳定性

例 2 利用复合 Simpson 公式近似计算定积分 $\int_0^\pi \sin x \, dx$，使得绝对误差限不超过 0.000 02.

解 由复合 Simpson 公式知，至少存在 $\xi \in (a, b)$，使得

$$\int_a^b f(x)\,dx = \frac{h}{3}\Big[2\sum_{j=1}^{n-1}\sin x_{2j} + 4\sum_{j=1}^{n}\sin x_{2j-1}\Big] - \frac{\pi}{180}h^4\sin\xi,$$

由题设，

$$\left|\frac{\pi}{180}h^4\sin\xi\right| \leqslant \frac{\pi}{180}h^4 = \frac{\pi^5}{180\times(2n)^4} < 0.000\,02,$$

即 $n \geqslant 9$. 例如取 $n = 10$，则 $h = \pi/20$，$x_j = jh$，$j = 0, 1, \cdots, 20$，

$$\int_a^b f(x)\,dx \approx \frac{\pi}{60}\Big[2\sum_{j=1}^{9}\sin\Big(\frac{2j\pi}{20}\Big) + 4\sum_{j=1}^{10}\sin\Big(\frac{(2j-1)\pi}{20}\Big)\Big] = 2.000\,006,$$

而真值为 $\int_0^\pi \sin x\,dx = 2$，故绝对误差限为 $0.000\,006 < 0.000\,02$.

若采用复合梯形公式，则由求积余项

$$\left|\frac{\pi}{12}h^2\sin\xi\right| \leqslant \frac{\pi}{12}h^2 = \frac{\pi^3}{12n^2} < 0.000\,02,$$

得到 $n \geqslant 360$，显然采用复合梯形公式的计算量将远大于采用复合 Simpson 公式. 若采用 $n = 20$，$h = \pi/20$ 的复合梯形公式，则

$$\int_a^b f(x)\,dx \approx \frac{\pi}{40}\Big[\sin 0 + 2\sum_{j=1}^{19}\sin\Big(\frac{j\pi}{20}\Big) + \sin\pi\Big] = 1.995\,886\,0,$$

故绝对误差限为 $0.004\,114\,0 > 0.000\,02$.

这些复合求积公式都具有一个重要性质，即关于舍入误差的稳定性. 我们以子区间长度为 $h = (b-a)/(2n)$ 的复合 Simpson 公式为例加以说明，分析其舍入误差的上界. 设函数值的近似值为 $\tilde{f}(x_i)$，记

$$f(x_i) = \tilde{f}(x_i) + e_i, \quad i = 0, 1, \cdots, 2n,$$

其中各个 e_i 表示 $\tilde{f}(x_i)$ 近似 $f(x_i)$ 时的舍入误差，于是由复合 Simpson 求积公式知，总舍入误差

$$e(h) = \left|\frac{h}{3}\Big[e_0 + 2\sum_{j=1}^{n-1}e_{2j} + 4\sum_{j=1}^{n}e_{2j-1} + e_{2n}\Big]\right|$$

$$\leqslant \frac{h}{3}\Big[|e_0| + 2\sum_{j=1}^{n-1}|e_{2j}| + 4\sum_{j=1}^{n}|e_{2j-1}| + |e_{2n}|\Big].$$

设舍入误差限诸 $|e_i| \leqslant \varepsilon$，则

$$e(h) \leqslant \frac{h}{3}[\varepsilon + 2(n-1)\varepsilon + 4n\varepsilon + \varepsilon] = 2nh\varepsilon = (b-a)\varepsilon,$$

显然总含入误差限与 h（或 $2n$）无关. 这意味着, 即使我们为了确保精度而将区间分成更多的子区间, 增加计算量也不会增大舍入误差. 因此, 当 $h = (b-a)/(2n)$ 趋于 0 时, 复合求积公式是稳定的.

6.5 Romberg 积分

Romberg 积分从复合梯形公式出发, 利用 Richardson 外推法得到一系列求积公式, 从而提高逼近精度. Richardson 外推法被应用于处理如下形式的逼近过程

$$M - N(h) = K_1 h + K_2 h^2 + \cdots + K_n h^n,$$

其中 K_1, K_2, $\cdots$, K_n 为常数, $N(h)$ 为未知量 M 的一个近似值. 当 h 充分小时, 截断误差的主项为 $K_1 h$, 故 $N(h)$ 以 $O(h)$ 逼近于 M. 本节我们将应用 Richardson 外推法来逼近定积分.

为了得到 Romberg 求积公式序列, 我们考虑 m 个子区间上的复合梯形公式

$$\int_a^b f(x)\mathrm{d}x = \frac{h}{2}\Big[f(a) + f(b) + 2\sum_{j=1}^{m-1} f(x_j)\Big] - \frac{b-a}{12}h^2 f''(\xi),$$

其中 $\xi \in (a, b)$, $h = (b-a)/m$, $x_j = a + jh$, $j = 0, 1, \cdots, m$.

我们首先写出第一步 Romberg 求积公式序列, 即子区间数分别为 $m_1 = 1$, $m_2 = 2$, $m_3 = 4$, $\cdots$, $m_n = 2^{n-1}$ 的复合梯形公式

$$\int_a^b f(x)\mathrm{d}x = \frac{h_k}{2}\Big[f(a) + f(b) + 2\sum_{j=1}^{2^{k-1}-1} f(a+ih_k)\Big] - \frac{b-a}{12}h_k^2 f''(\xi_k),$$

其中相应于 m_k 的子区间长度 $h_k = (b-a)/m_k$, $k = 1, 2, \cdots, n$.

若记

$$R_{k,1} = \frac{h_k}{2}\Big[f(a) + f(b) + 2\sum_{j=1}^{2^{k-1}-1} f(a+ih_k)\Big],$$

则

$$R_{1,1} = \frac{h_1}{2}[f(a) + f(b)] = \frac{b-a}{2}[f(a) + f(b)],$$

$$R_{2,1} = \frac{h_2}{2}[f(a) + f(b) + 2f(a+h_2)] = \frac{1}{2}[R_{1,1} + h_1 f(a+h_2)],$$

$$R_{3,1} = \frac{1}{2}[R_{2,1} + h_2(f(a+h_3) + f(a+3h_3))],$$

一般地,

$$R_{k,1} = \frac{1}{2}\Big[R_{k-1,1} + h_{k-1}\sum_{i=1}^{2^{k-2}} f(a+(2i-1)h_k)\Big], \ k = 2, 3, \cdots, n.$$

例 1 试利用第一步 Romberg 求积公式序列近似计算 $\int_0^\pi \sin x\mathrm{d}x$, 其中子区间数 $m = 32$.

解 采用子区间数 $m = 32 = 2^{6-1}$，$n = 6$ 的复合梯形公式，得到

$$R_{1,1} = \frac{\pi}{2}(\sin 0 + \sin \pi) = 0,$$

$$R_{2,1} = \frac{1}{2}\left(R_{1,1} + \pi\sin\frac{\pi}{2}\right) = 1.570\,796\,33,$$

$$R_{3,1} = \frac{1}{2}\left[R_{2,1} + \frac{\pi}{2}\left(\sin\frac{\pi}{4} + \sin\frac{3\pi}{4}\right)\right] = 1.896\,118\,90,$$

$$R_{4,1} = \frac{1}{2}\left[R_{3,1} + \frac{\pi}{4}\left(\sin\frac{\pi}{8} + \sin\frac{3\pi}{8} + \sin\frac{5\pi}{8} + \sin\frac{7\pi}{8}\right)\right] = 1.974\,231\,60,$$

$$R_{5,1} = 1.993\,570\,34,\ R_{6,1} = 1.998\,393\,36.$$

由于真值 $\int_0^\pi \sin x\,\mathrm{d}x = 2$，上述复合梯形公式序列收敛速度慢，因此我们将利用 Richardson 外推法来加速收敛.

若函数 $f(x) \in C^\infty[a, b]$，则复合梯形公式序列的求积余项

$$\int_a^b f(x)\mathrm{d}x - R_{k,1} = \sum_{i=1}^\infty K_i h_k^{2i} = K_1 h_k^2 + \sum_{i=2}^\infty K_i h_k^{2i}, \tag{1}$$

其中各个系数 K_i 与子区间长度 h_k 无关，仅依赖于端点处的导数值 $f^{(2i-1)}(a)$ 与 $f^{(2i-1)}(b)$.

于是我们再等分原来的每个子区间，得到新的子区间长度 $h_{k+1} = h_k/2$，且

$$\int_a^b f(x)\mathrm{d}x - R_{k+1,1} = \sum_{i=1}^\infty K_i h_{k+1}^{2i} = \frac{1}{4}K_1 h_k^2 + \sum_{i=2}^\infty \frac{1}{4^i}K_i h_k^{2i}. \tag{2}$$

将(2)式的 4 倍减去(1)式，并化简得到

$$\int_a^b f(x)\mathrm{d}x - \left[R_{k+1,1} + \frac{R_{k+1,1} - R_{k,1}}{3}\right] = \sum_{i=2}^\infty \frac{K_i}{3}\left(\frac{h_k^{2i}}{4^{i-1}} - h_k^{2i}\right) = \sum_{i=2}^\infty \frac{K_i}{3}\left(\frac{1-4^{i-1}}{4^{i-1}}\right)h_k^{2i}.$$

显然我们得到了新的求积公式以 $O(h_k^4)$ 近似真值，为此，我们定义新的求积公式

$$R_{k,2} = R_{k,1} + \frac{R_{k,1} - R_{k-1,1}}{3},\ k = 2, 3, \cdots, n.$$

继续利用 Richardson 外推法，我们得到对 $k = 2, 3, \cdots, n$，逼近阶为 $O(h_k^{2j})$ 的 Romberg 求积公式序列

$$R_{k,j} = R_{k,j-1} + \frac{R_{k,j-1} - R_{k-1,j-1}}{4^{j-1} - 1},\ j = 2, 3, \cdots, k.$$

如表 6.9 所示.

表 6.9　Romberg 求积公式的递推计算过程

$R_{1,1}$					
$R_{2,1}$	$R_{2,2}$				
$R_{3,1}$	$R_{3,2}$	$R_{3,3}$			

$R_{4,1}$	$R_{4,2}$	$R_{4,3}$	$R_{4,4}$			
⋮	⋮	⋮	⋮	⋱		
$R_{n-1,1}$	$R_{n-1,2}$	$R_{n-1,3}$	$R_{n-1,4}$	⋯	$R_{n-1,n-1}$	
$R_{n,1}$	$R_{n,2}$	$R_{n,3}$	$R_{n,4}$	⋯	$R_{n,n-1}$	$R_{n,n}$

因此,Romberg 积分的计算只需要基于相邻两个复合梯形公式计算的结果,利用其线性组合完成.需要注意的是,表 1 的第一列为复合梯形公式,而第二列为复合 Simpson 公式.

例 2　基于例 1 的计算结果,试进一步计算 Romberg 积分.

解　我们已经在例 1 中分别计算了子区间数 $m = 1,2,4,\cdots 2^{6-1}$ 的复合梯形公式结果,如表 6.9 第一列所示.我们将继续递推计算 $R_{2,2},\cdots,R_{6,2}$;$R_{3,3},\cdots,R_{6,3}$;$R_{4,4},R_{5,4}$,$R_{6,4}$;$R_{5,5},R_{6,5}$;$R_{6,6}$ 分别如表 6.10 的第 2、3、4、5、6 列所示.

需要指出的是,为了确定子区间数 $m_n = 2^{n-1}$,即相应的正整数 n,使得逼近误差不超过给定的容许误差 ε,可以预先设定相邻项的绝对误差限满足

$$|R_{n-1,n-1} - R_{n,n}| \leqslant \varepsilon,$$

或

$$\begin{cases} |R_{n-1,n-1} - R_{n,n}| \leqslant \varepsilon, \\ |R_{n-2,n-2} - R_{n-1,n-1}| \leqslant \varepsilon. \end{cases}$$

表 6.10　例 2 中 Romberg 求积公式数值结果

0					
1.570 796 33	2.094 395 11				
1.896 118 90	2.004 559 76	1.998 570 73			
1.974 231 60	2.000 269 17	1.999 983 13	2.000 005 55		
1.993 570 34	2.000 016 59	1.999 999 75	2.000 000 01	1.999 999 99	
1.998 393 36	2.000 001 03	2.000 000 00	2.000 000 00	2.000 000 00	2.000 000 00

6.6　Gaussian 求积公式

我们已经利用 Lagrange 插值多项式得到了 Newton-Cotes 公式.由于 n 次 Lagrange 多项式的插值余项含被逼函数的 $n+1$ 阶导数,因此这类 Newton-Cotes 公式的代数精度至少为 n.

所有的 Newton-Cotes 公式采用的是等距节点上的函数值,这便于构造复合求积公式,但很明显降低了逼近的精度.例如,梯形公式将连接两端点的线性函数作为被积函数来近似计算定积分,而这不可能是近似定积分的最佳直线.

6.6.1 Gauss-Legendre 求积公式

Gaussian 求积公式选择最优分布的节点处的函数值,而不是等距节点处. 为此,我们选择区间 $[a, b]$ 上的 n 个两两互异的节点 x_1, x_2, $\cdots$, x_n 及 n 个求积系数 c_1, c_2, $\cdots$, c_n,使得数值积分公式

$$\int_a^b f(x)\mathrm{d}x \approx \sum_{i=1}^n c_i f(x_i) \tag{1}$$

的求积余项的绝对值达到最小.

为了确定 Gaussian 求积公式(1)式的精度,我们假设各个节点与求积系数的选取能够使得求积公式对最高次数多项式精确成立,即求积公式(1)式具有最高次的代数精度.

由于未知的求积系数 c_1, c_2, $\cdots$, c_n, 及节点 x_1, x_2, $\cdots$, x_n 共有 $2n$ 个,所以为了确定这 $2n$ 个参数,我们应假设数值积分公式(1)式对次数不超过 $2n-1$ 的多项式精确成立. 为了说明如何确定这些待定参数,我们以 $n = 2$, 积分区间 $[-1, 1]$ 的情形为例.

假设我们想确定求积系数 c_1, c_2 及节点 x_1, x_2,使得求积公式

$$\int_{-1}^1 f(x)\mathrm{d}x \approx c_1 f(x_1) + c_2 f(x_2) \tag{2}$$

对次数不超过 $2 \times 2 - 1 = 3$ 的任意多项式

$$f(x) = a_0 + a_1 x + a_2 x^2 + a_3 x^3$$

精确成立,其中诸系数 a_i 为任意常数.

由于

$$\int (a_0 + a_1 x + a_2 x^2 + a_3 x^3)\mathrm{d}x = a_0 \int \mathrm{d}x + a_1 \int x \mathrm{d}x + a_2 \int x^2 \mathrm{d}x + a_3 \int x^3 \mathrm{d}x,$$

故求积公式(2)式对任意 3 次多项式精确成立等价于(2)式对 $f(x) = 1$, x, x^2, x^3 精确成立.

因此,我们需确定 c_1, c_2, x_1, x_2,使得这些待定参数满足 4 元非线性方程组

$$\begin{cases} c_1 \cdot 1 + c_2 \cdot 1 = \int_{-1}^1 \mathrm{d}x = 2, \\ c_1 x_1 + c_2 x_2 = \int_{-1}^1 x \mathrm{d}x = 0, \\ c_1 x_1^2 + c_2 x_2^2 = \int_{-1}^1 x^2 \mathrm{d}x = \dfrac{2}{3}, \\ c_1 x_1^3 + c_2 x_2^3 = \int_{-1}^1 x^3 \mathrm{d}x = 0. \end{cases}$$

不难算出上述非线性方程组存在唯一解

$$c_1 = c_2 = 1,\ x_1 = -\frac{\sqrt{3}}{3},\ x_2 = \frac{\sqrt{3}}{3},$$

于是我们得到两点 Gauss-Legendre 求积公式

$$\int_{-1}^{1} f(x)\mathrm{d}x \approx f\left[-\frac{\sqrt{3}}{3}\right] + f\left[\frac{\sqrt{3}}{3}\right]. \tag{3}$$

易验证(3)式对 $f(x) = x^4$ 不精确成立,故两点 Gauss-Legendre 求积公式的代数精度为 3.

上述方法同样适用于确定对更高次多项式精确成立的 Gauss-Legendre 求积公式的求积系数与节点,但由于计算量太大,我们寻求其他简便方法. 我们已经学习了正交多项式及其若干性质,而与建立 Gauss-Legendre 求积公式相关的是 **Legendre 正交多项式(Legendre 多项式)** $\{P_0(x), P_1(x), \cdots, P_n(x), \cdots\}$ 及如下性质.

性质 1 $P_n(x)$ 是 n 次多项式,其中 $n \in \mathbf{N}$.

性质 2 若多项式 $P(x)$ 次数小于 n,则 $\int_a^b P_n(x)P(x)\mathrm{d}x = 0$.

Legendre 正交多项式前五项为

$$P_0(x) = 1,\ P_1(x) = x,\ P_2(x) = x^2 - \frac{1}{3},\ P_3(x) = x^3 - \frac{3}{5}x,\ P_4(x) = x^4 - \frac{6}{7}x^2 + \frac{3}{35}.$$

Legendre 正交多项式的零点两两互异,且都在区间 $(-1, 1)$ 内,关于原点对称分布,而尤为重要的是,这些零点正是 Gauss-Legendre 求积公式的节点,由此更容易计算出求积系数.

定理 1 设 $x_1, x_2, \cdots, x_n$ 是 n 次 Legendre 多项式 $P_n(x)$ 的零点,且对 $i = 1, 2, \cdots, n$,定义

$$c_i = \int_{-1}^{1} \prod_{\substack{j=1 \\ j \neq i}}^{n} \frac{x - x_j}{x_i - x_j}\mathrm{d}x,$$

则对于次数小于 $2n$ 的任意多项式 $P(x)$,**n 点 Gauss-Legendre 求积公式**都精确成立,即

$$\int_{-1}^{1} P(x)\mathrm{d}x = \sum_{i=1}^{n} c_i P(x_i).$$

证 首先考虑次数小于 n 的多项式 $P(x)$ 情形,记 $P(x)$ 为 n 次 Legendre 多项式的 n 个零点作为插值节点的 $n-1$ 次 Lagrange 插值多项式. 由于 $n-1$ 次 Lagrange 多项式的插值余项含有被逼函数的 n 阶导数,故 $n-1$ 次 Lagrange 多项式插值对次数不超过 $n-1$ 的多项式精确成立,于是两边积分得到

$$\int_{-1}^{1} P(x)\mathrm{d}x = \int_{-1}^{1}\left[\sum_{i=1}^{n} \prod_{\substack{j=1 \\ j \neq i}}^{n} \frac{x - x_j}{x_i - x_j} P(x_i)\right]\mathrm{d}x$$

$$= \sum_{i=1}^{n}\left[\int_{-1}^{1} \prod_{\substack{j=1 \\ j \neq i}}^{n} \frac{x - x_j}{x_i - x_j}\mathrm{d}x\right]P(x_i) = \sum_{i=1}^{n} c_i P(x_i),$$

故 Gauss-Legendre 求积公式对次数小于 n 的多项式精确成立.

然后考虑次数 $\geqslant n$ 而 $\leqslant 2n-1$ 的多项式 $P(x)$ 情形,由多项式带余除法知,存在次数不超过 $n-1$ 的多项式 $Q_{n-1}(x), R_{n-1}(x) \in \mathbf{P}_{n-1}$,使得

$$P(x) = Q_{n-1}(x)P_n(x) + R_{n-1}(x).$$

再利用 Legendre 多项式的正交性,有

$$\int_{-1}^{1} Q(x)P_n(x)\mathrm{d}x = 0.$$

又由于 x_1, x_2, $\cdots$, x_n 是 n 次 Legendre 多项式 $P_n(x)$ 的零点,故

$$P(x_i) = Q_{n-1}(x_i)P_n(x_i) + R_{n-1}(x_i), i = 1, 2, \cdots, n.$$

最后,考虑到 Gauss-Legendre 求积公式对次数小于 n 的多项式精确成立,我们得到

$$\int_{-1}^{1} P(x)\mathrm{d}x = \int_{-1}^{1} \left[Q_{n-1}(x)P_n(x) + R_{n-1}(x) \right]\mathrm{d}x$$

$$= \int_{-1}^{1} R_{n-1}(x)\mathrm{d}x = \sum_{i=1}^{n} c_i R_{n-1}(x_i) = \sum_{i=1}^{n} c_i P(x_i).$$

综上可知,n 点 Gauss-Legendre 求积公式对次数小于 $2n$ 的多项式精确成立. 证毕.

考察定理 1 的证明过程,我们不难得到定理 1 的等价叙述.

定理 2 设求积系数为

$$c_i = \int_{-1}^{1} \prod_{\substack{j=1 \\ j \neq i}}^{n} \frac{x - x_j}{x_i - x_j}\mathrm{d}x,$$

则节点 x_1, x_2, $\cdots$, $x_n \in [-1, 1]$ 为 n 点 Gauss-Legendre 求积公式的 **Gauss 点**当且仅当对次数不超过 $n-1$ 的任意多项式 $P(x)$,都有

$$\int_{-1}^{1} P(x)\omega_n(x)\mathrm{d}x = 0,$$

其中 $\omega_n(x) = \prod_{i=1}^{n} (x - x_i).$

利用定理 1,我们可以快速建立两点、三点、四点、五点 Gauss-Legendre 求积公式,或称为 Gaussian 求积公式,其中相应的求积系数与节点(或称为 Gauss 点)如表 6.11 所示.

表 6.11 **Legendre 多项式零点与 Gauss-Legendre 求积系数**

n	$P_n(x)$ 的零点(或 Gauss 点)x_1, x_2, $\cdots$, x_n	相应的求积系数 c_1, c_2, $\cdots$, c_n
2	0.577 350 269 2, $-0.577\ 350\ 269\ 2$	1.000 000 000 0, 1.000 000 000 0
3	0.774 596 669 2, 0.000 000 000 0, $-0.774\ 596\ 669\ 2$	0.555 555 555 6, 0.888 888 888 9, 0.555 555 555 6
4	0.861 136 311 6, 0.339 981 043 6, $-0.339\ 981\ 043\ 6$, $-0.861\ 136\ 311\ 6$	0.347 854 845 1, 0.652 145 154 9, 0.652 145 154 9, 0.347 854 845 1
5	0.906 179 845 9, 0.538 469 310 1, 0.000 000 000 0, $-0.538\ 469\ 310\ 1$, $-0.906\ 179\ 845\ 9$	0.236 926 885 0, 0.478 628 670 5, 0.568 888 888 9, 0.478 628 670 5, 0.236 926 885 0

6.6.2 有限区间上的 Gaussian 求积公式

如何建立区间 $[a, b]$ 上的 Gaussian 求积公式? 我们可以利用如下线性变换

$$t = \frac{2x - a - b}{b - a}, x \in [a, b]$$

$$\Leftrightarrow x = \frac{1}{2}\big[(b-a)t + a + b\big],\ t \in [-1,\ 1],$$

于是得到区间 $[a,\ b]$ 上的 n 点 Gaussian 求积公式

$$\int_a^b f(x)\mathrm{d}x = \int_{-1}^1 f\Big(\frac{(b-a)t + (b+a)}{2}\Big)\frac{b-a}{2}\mathrm{d}t = \frac{b-a}{2}\int_{-1}^1 g(t)\mathrm{d}t \approx \sum_{i=1}^n c_i g(t_i),\quad (4)$$

其中函数 $f\Big(\dfrac{(b-a)t + (b+a)}{2}\Big) \equiv g(t), t_1,\ t_2,\ \cdots,\ t_n$ 为 n 次 Legendre 正交多项式 $P_n(x)$ 的零点(或 Gauss 点), $c_1,\ c_2,\ \cdots,\ c_n$ 为相应的求积系数.

由(4)式可知, $[a,\ b]$ 上的 n 点 Gaussian 求积公式对次数小于 $2n$ 的多项式精确成立, 进而由定理 2 不难得到.

定理 3　设求积系数为

$$c_i = \int_a^b \prod_{\substack{j=1 \\ j \neq i}}^n \frac{x - x_j}{x_i - x_j}\mathrm{d}x,$$

则节点 $x_1,\ x_2,\ \cdots,\ x_n \in [a,\ b]$ 为 n 点 Gaussian 求积公式的 Gauss 点当且仅当对次数不超过 $n-1$ 的任意多项式 $P(x)$, 都有

$$\int_a^b P(x)\omega_n(x)\mathrm{d}x = 0,$$

其中 $\omega_n(x) = \prod_{i=1}^n (x - x_i)$.

证　(必要性) 设次数不超过 $n-1$ 的任意多项式 $P(x) \in \mathbf{P}_{n-1}$, 由于诸 x_i 是 Gauss 点, 则 n 点 Gaussian 求积公式对次数不超过 $2n-1$ 的多项式 $P(x)\omega_n(x) \in \mathbf{P}_{2n-1}$ 精确成立, 于是

$$\int_a^b P(x)\omega_n(x)\mathrm{d}x = \sum_{i=1}^n c_i P(x_i)\omega_n(x_i) = 0.$$

(充分性) 设次数不超过 $2n-1$ 的任意多项式 $p_{2n-1}(x) \in \mathbf{P}_{2n-1}$, 则由多项式的带余除法, 存在次数不超过 $n-1$ 的多项式 $q_{n-1}(x), r_{n-1}(x) \in \mathbf{P}_{n-1}$, 使得

$$p_{2n-1}(x) = q_{n-1}(x)\omega_n(x) + r_{n-1}(x).$$

于是由题设及求积系数的定义, 得到

$$\begin{aligned}
\int_a^b p_{2n-1}(x)\mathrm{d}x &= \int_a^b \big[q_{n-1}(x)\omega_n(x) + r_{n-1}(x)\big]\mathrm{d}x \\
&= \int_a^b r_{n-1}(x)\mathrm{d}x = \sum_{i=1}^n c_i r_{n-1}(x_i) \\
&= \sum_{i=1}^n c_i \big[r_{n-1}(x_i) + q_{n-1}(x_i)\omega_n(x_i)\big] = \sum_{i=1}^n c_i p_{2n-1}(x_i),
\end{aligned}$$

故节点 $x_1,\ x_2,\ \cdots,\ x_n \in [a,\ b]$ 为 n 点 Gaussian 求积公式的 Gauss 点. 证毕.

例 1　试利用不同的求积公式近似计算定积分 $\int_1^{1.5} \mathrm{e}^{-x^2}\mathrm{d}x$, 其真值为 $I = 0.109\,364\,3\cdots$.

解　首先分别利用闭型与开型 Newton-Cotes 公式计算其近似值, 如表 6.12 所示.

表 6.12　例 1 中 Newton-Cotes 公式计算结果

n	0	1	2	3	4
闭型公式		0.118 319 7	0.109 310 4	0.109 340 4	0.109 364 3
开型公式	0.104 805 7	0.106 347 3	0.109 411 6	0.109 397 1	

　　然后利用 Romberg 求积公式序列算出近似值 $R_{1,1}$，$\cdots$，$R_{4,1}$；$R_{2,2}$，$R_{3,2}$，$R_{4,2}$；$R_{3,3}$，$R_{4,3}$；$R_{4,4}$，分别如表 6.13 第一、二、三、四列所示.

表 6.13　例 1 中 Romberg 求积公式计算结果

0.118 319 7			
0.111 562 7	0.109 310 4		
0.109 911 4	0.109 361 0	0.109 364 3	
0.109 500 9	0.109 364 1	0.109 364 3	0.109 364 3

　　最后，为了建立 Gaussian 求积公式，利用线性变换 $x = (t+5)/4$ 得到

$$\int_1^{1.5} e^{-x^2} \mathrm{d}x = \frac{1}{4}\int_{-1}^1 e^{(-(t+5)^2/16)} \mathrm{d}t.$$

　　于是由表 6.12，利用两点 Gaussian 求积公式得到

$$\int_1^{1.5} e^{-x^2} \mathrm{d}x = \frac{1}{4}\int_{-1}^1 e^{(-(t+5)^2/16)} \mathrm{d}t \approx \frac{1}{4}\big[e^{(-(t_1+5)^2/16)} + e^{(-(t_2+5)^2/16)} \big] = 0.109\ 400\ 3,$$

利用三点 Gaussian 求积公式算出

$$\int_1^{1.5} e^{-x^2} \mathrm{d}x = \frac{1}{4}\int_{-1}^1 e^{(-(t+5)^2/16)} \mathrm{d}t \approx \frac{1}{4}\big[c_1 e^{(-(t_1+5)^2/16)} + c_2 e^{(-5^2/16)} + c_3 e^{(-(t_3+5)^2/16)} \big]$$
$$= 0.109\ 364\ 2.$$

　　如何建立 n 点 Gaussian 求积公式的求积余项？事实上，我们可以将 n 点 Gaussian 求积公式的 n 个 Gauss 点视为插值节点，构造 $2n-1$ 次 Hermite 插值多项式 $H_{2n-1}(x) \in \mathbf{P}_{2n-1}$，使得 $H_{2n-1}(x)$ 满足插值条件

$$H_{2n-1}(x_i) = f(x_i), H'_{2n-1}(x_i) = f'(x_i), i = 1, 2, \cdots, n.$$

　　于是，利用 Hermite 插值公式

$$f(x) = H_{2n-1}(x) + \frac{f^{(2n)}(\eta)}{(2n)!}\prod_{i=1}^n (x-x_i)^2, \eta \in (a, b),$$

及积分第一中值定理得到

$$\int_a^b f(x)\mathrm{d}x = \int_a^b \Big[H_{2n-1}(x) + \frac{f^{(2n)}(\eta)}{(2n)!}\prod_{i=1}^n (x-x_i)^2 \Big]\mathrm{d}x$$
$$= \int_a^b H_{2n-1}(x)\mathrm{d}x + \int_a^b \frac{f^{(2n)}(\eta)}{(2n)!}\prod_{i=1}^n (x-x_i)^2\mathrm{d}x$$

$$= \sum_{i=1}^{n} c_i H_{2n-1}(x_i) + \frac{f^{(2n)}(\xi)}{(2n)!} \int_a^b \prod_{i=1}^{n} (x-x_i)^2 \mathrm{d}x$$

$$= \sum_{i=1}^{n} c_i f(x_i) + \frac{f^{(2n)}(\xi)}{(2n)!} \int_a^b \prod_{i=1}^{n} (x-x_i)^2 \mathrm{d}x.$$

综上所述我们得到如下结论.

定理 4　设函数 $f(x) \in C^{2n}[a, b]$，则 n 点 Gaussian 求积公式与求积余项为

$$\int_a^b f(x)\mathrm{d}x = \sum_{i=1}^{n} c_i f(x_i) + \frac{f^{(2n)}(\xi)}{(2n)!} \int_a^b \prod_{i=1}^{n} (x-x_i)^2 \mathrm{d}x, \ \xi \in (a, b), \tag{5}$$

其中各 x_i 为 Gauss 点，各 c_i 为相应的求积系数.

通过观察(5)式中的求积余项，我们不难证明 n 点 Gaussian 求积公式对 $f(x) = x^{2n}$ 不精确成立，因此它的代数精度为 $2n-1$.

进一步研究表明(5)式中求积系数诸 $c_i > 0$，从而 n 点 Gaussian 求积公式是稳定的.

事实上，利用 n 点 Gaussian 求积公式的代数精度，我们将这 n 个 Gauss 点诸 x_i 视为插值节点，建立 Lagrange 基函数

$$l_i(x) = \prod_{\substack{j=0 \\ j \neq i}}^{n} \frac{x-x_j}{x_i-x_j} \in \mathbf{P}_{n-1},$$

于是 $l_i^2(x) \in \mathbf{P}_{2(n-1)}$，这意味着

$$0 < \int_a^b l_i^2(x)\mathrm{d}x = \sum_{j=1}^{n} c_j l_i^2(x_j) = c_i.$$

习 题 六

1. 确定下列求积公式中的待定参数，使其代数精度尽量高，并指明所构造出的求积公式所具有的代数精度：

(1) $\int_{-h}^{h} f(x)\mathrm{d}x \approx A_{-1}f(-h) + A_0 f(0) + A_1 f(h)$；

(2) $\int_{-2h}^{2h} f(x)\mathrm{d}x \approx A_{-1}f(-h) + A_0 f(0) + A_1 f(h)$；

(3) $\int_{-1}^{1} f(x)\mathrm{d}x \approx [f(-1) + 2f(x_1) + 3f(x_2)]/3$；

(4) $\int_0^h f(x)\mathrm{d}x \approx h[f(0) + f(h)]/2 + ah^2[f'(0) - f'(h)]$；

2. 分别用梯形公式和辛普森公式计算下列积分：

(1) $\int_0^1 \frac{x}{4+x^2}\mathrm{d}x$, $n = 8$；

(2) $\int_1^9 \sqrt{x}\mathrm{d}x$, $n = 4$；

(3) $\int_0^{\frac{\pi}{6}} \sqrt{4 - \sin^2\varphi}\mathrm{d}\varphi$, $n = 6$.

3. 推导下列三种矩形求积公式：

$$\int_a^b f(x)\,dx = (b-a)f(a) + \frac{f'(\eta)}{2}(b-a)^2;$$

$$\int_a^b f(x)\,dx = (b-a)f(b) + \frac{f'(\eta)}{2}(b-a)^2;$$

$$\int_a^b f(x)\,dx = (b-a)f\left(\frac{a+b}{2}\right) + \frac{f''(\eta)}{24}(b-a)^3.$$

4. 用龙贝格求积方法计算下列积分，使误差不超过 10^{-5}.

(1) $\dfrac{2}{\sqrt{\pi}}\displaystyle\int_0^1 e^{-x}\,dx$；

(2) $\displaystyle\int_0^{2\pi} x\sin x\,dx$；

(3) $\displaystyle\int_0^3 x\sqrt{1+x^2}\,dx.$

5. 试构造高斯型求积公式 $\displaystyle\int_0^1 \frac{1}{\sqrt{x}}f(x)\,dx \approx A_0 f(x_0) + A_1 f(x_1).$

6. 用 $n=2,3$ 的高斯-勒让德公式计算积分 $\displaystyle\int_1^3 e^x\sin x\,dx.$

7. 用下列方法计算积分 $\displaystyle\int_1^3 \frac{dy}{y}$，并比较结果.

(1) 龙贝格方法；

(2) 三点及五点高斯公式；

(3) 将积分区间分为 4 等份，用复合两点高斯公式.

8. 确定数值微分公式的截断误差表达式

$$f'(x) \approx \frac{1}{2h}\big[4f(x_0+h) - 3f(x_0) - f(x_0+2h)\big].$$

9. 用三点公式求 $f(x) = \dfrac{1}{(1+x^2)}$ 在 1.0，1.1 和 1.2 处的导数值，并估计误差. $f(x)$ 的值由下表给出.

x	1.0	1.1	1.2
$f(x)$	0.250 0	0.226 8	0.206 6

第七章

矩阵特征值计算

引例 设一根横置的弹性杆在 t 时刻的平衡位置为 x,其局部硬度为 $p(x)$,密度为 $\rho(x)$,则此弹性杆的纵向振动规律可用下述偏微分方程刻画,即

$$\rho(x)\frac{\partial^2 s(x,t)}{\partial t^2} = \frac{\partial}{\partial x}\Big[p(x)\frac{\partial s(x,t)}{\partial x}\Big],$$

其中 $s(x,t)$ 为弹性杆产生纵向振动时偏离平衡位置 x 的平均纵向位移.

此振动方程的解可以写成一系列简谐振动之和,即

$$s(x,t) = \sum_{k=0}^{\infty} c_k u_k(x)\cos\sqrt{\lambda_k}(t-t_0),$$

其中诸 λ_k 称为特征值,诸 $u_k(x)$ 为相应的特征函数,其满足

$$\frac{\mathrm{d}}{\mathrm{d}x}\Big[p(x)\frac{\mathrm{d}u_k(x,t)}{\mathrm{d}x}\Big] + \lambda_k\rho(x)u_k(x) = 0. \tag{1}$$

若记弹性杆长度为 l,且两端固定,则易知微分方程(1)对 $0 < x < l$ 成立,且满足初值条件 $s(0) = s(l) = 0$,此时我们称初值问题为 Sturm-Liouville 方程.

不难看出,求上述特征值与特征函数的解析表达式非常困难,为此,我们计算其近似解.设弹性杆长度 $l=1$,具有均匀硬度 $p(x)=p$ 与均匀密度 $\rho(x)=\rho$,取步长 $h=0.2$,则位移节点 $x_j = 0.2j, j=0,1,2,3,4,5.$ 我们采用中心差分公式形如

$$f''(x_0) = \frac{1}{h^2}(f(x_0 - h) - 2f(x_0) + f(x_0 + h))$$

来逼近(1)中二阶导数,将(1)离散化后得到线性方程组

$$Au \equiv \begin{pmatrix} 2 & -1 & 0 & 0 \\ -1 & 2 & -1 & 0 \\ 0 & -1 & 2 & -1 \\ 0 & 0 & -1 & 2 \end{pmatrix}\begin{pmatrix} u_1 \\ u_2 \\ u_3 \\ u_4 \end{pmatrix} = -0.04\,\frac{\rho}{p}\lambda\begin{pmatrix} u_1 \\ u_2 \\ u_3 \\ u_4 \end{pmatrix} = -0.04\,\frac{\rho}{p}\lambda u,$$

其中

$$u_j \approx u(x_j), j=1,2,3,4,\ u_0 = u_5 = 0.$$

而矩阵 A 的 4 个特征值为 Sturm-Liouville 方程特征值的近似解.

7.1 特征值概念与性质

7.1.1 特征值与瑞利(Rayleigh)商

我们首先回忆一下矩阵特征值概念及性质.

令 C 表示复数域, R 表示实数域, 对矩阵 $A \in C^{n \times n}$, 若有非零列向量 $x \in C^n$, 对 $\lambda \in C$ 有

$$Ax = \lambda x,$$

则 λ 为 A 的特征值, x 为 A 对应特征值 λ 的特征向量.

如引例所示, 在科学与工程技术中很多问题都归结为求矩阵特征值和特征向量问题. 若 n 较小, 如 $n = 1, 2, 3$, 我们可以精确计算, 否则我们得寻找能在计算机上近似计算的方法.

众所周知, 求矩阵 $A = (a_{ij})$ 的特征值问题等价于求解 A 的 n 次特征多项式

$$|\lambda I - A| = \lambda^n + a_{n-1}\lambda^{n-1} + \cdots + a_1\lambda + a_0$$

的根, 其中 I 为 n 阶单位矩阵, 且

$$a_0 = |A| = \lambda_1\lambda_2\cdots\lambda_n, \ trA = \sum_{i=1}^{n} a_{ii} = \sum_{i=1}^{n} \lambda_i.$$

由线性代数的知识, 我们知道矩阵的特征值与特征向量有如下性质:

定理 1 相似矩阵有相同的特征值.

定理 2 矩阵 A 不同特征值对应的特征向量线性无关.

定理 3 若 $A \in R^{n \times n}$ 为实对称矩阵, 则

1) A 的特征值均为实数;

2) A 有 n 个线性无关的特征向量;

3) 存在正交矩阵 $P = (P_1, P_2, \cdots, P_n)$, 使得

$$P^T A P = \begin{pmatrix} \lambda_1 & & & \\ & \lambda_2 & & \\ & & \ddots & \\ & & & \lambda_n \end{pmatrix},$$

其中 λ_i 为 A 的特征值, P_i 为为 A 的 λ_i 对应的特征向量.

定理 4 设 $A \in R^{n \times n}$ 为实对称矩阵, 其特征值依次计为 $\lambda_1 \geqslant \lambda_2 \geqslant \cdots \geqslant \lambda_n$, 则

$$\lambda_1 = \max_{\substack{x \in R^n \\ x \neq 0}} \frac{(Ax, x)}{(x, x)}, \ \lambda_n = \min_{\substack{x \in R^n \\ x \neq 0}} \frac{(Ax, x)}{(x, x)}.$$

记 $R(x) = \dfrac{(Ax, x)}{(x, x)}$, $x \neq 0$, 我们称之为矩阵 A 的**瑞利(Rayleigh)商**.

证 因为 A 为实对称矩阵, 所以存在正交矩阵 P, 使得

$$P^T A P = \begin{bmatrix} \lambda_1 & & & \\ & \lambda_2 & & \\ & & \ddots & \\ & & & \lambda_n \end{bmatrix} = D.$$

令 $y = P^T x$，则

$$\frac{(Ax, x)}{(x, x)} = \frac{x^T A x}{x^T x} = \frac{y^T D y}{y^T y} = \frac{\sum\limits_{i=1}^{n} \lambda_i y_i^2}{\sum\limits_{i=1}^{n} y_i^2} \in [\lambda_n, \lambda_1],$$

且当 $y_1 = 1$，$y_i = 0$，$(i = 2, 3, \cdots, n)$ 时，$\dfrac{(Ax, x)}{(x, x)} = \lambda_1$，

当 $y_n = 1$，$y_i = 0$，$(i = 1, 2, \cdots, n-1)$ 时，$\dfrac{(Ax, x)}{(x, x)} = \lambda_n$． 定理得证．

7.1.2 特征值估计与扰动

定义 1　设 $A = (a_{ij})_{n \times n}$，令

1）$r_i = \sum\limits_{\substack{j=1 \\ j \neq i}}^{n} |a_{ij}|$，$(i = 1, 2, \cdots, n)$；

2）集合 $D_i = \{\zeta \mid |\zeta - a_{ii}| \leqslant r_i, \zeta \in C\}$．

则称 D_i 为 A 的**格什戈林(Gershgorin)圆盘**．

定理 5(格什戈林圆盘定理)　设

1）A 的每个特征值必属于某个格什戈林圆盘 $\{\zeta \mid |\zeta - a_{ii}| \leqslant r_i, \zeta \in C\}$ 中；

2）若 A 有 m 个圆盘组成一个连通开集 S，且 S 与余下 $n - m$ 个圆盘是分离的，则 S 内恰好包含 A 的 m 个特征值．特别地，若 A 的一个圆盘 D_i 与其他圆盘分离，则 D_i 中精确包含 A 的一个特征值．

证　只对(1)给出证明．设 λ 为 A 的特征值，即

$$Ax = \lambda x, \quad x = (x_1, x_2, \cdots, x_n)^T \neq 0.$$

记 $|x_k| = \max\limits_{1 \leqslant i \leqslant n} |x_i| = \|x\|_{\infty} \neq 0$，我们考虑 $Ax = \lambda x$ 的第 k 个方程，即

$$\sum_{j=1}^{n} a_{kj} x_j = \lambda x_k,$$

得到

$$(\lambda - a_{kk}) x_k = \sum_{\substack{j=1 \\ j \neq i}}^{n} a_{kj} x_j.$$

于是

$$|\lambda - a_{kk}| |x_k| \leqslant \sum_{\substack{j=1 \\ j \neq i}}^{n} |a_{kj}| |x_j| \leqslant |x_k| \sum_{\substack{j=1 \\ j \neq i}}^{n} |a_{kj}|,$$

得 $|\lambda - a_{kk}| \leqslant r_k$，即 $\lambda \in D_k$. 证毕.

知道矩阵特征值的分布情况，对选择，设计算法，或提高算法的收敛速度很有帮助.

利用此定理，结合相似矩阵有相同特征值这一性质，我们可对特征值范围作一些估计.

例 1 试估计矩阵 $A = \begin{bmatrix} 4 & 1 & 0 \\ 1 & 0 & -1 \\ 1 & 1 & -4 \end{bmatrix}$ 特征值的范围.

解 A 的三个圆盘为

$$D_1 : |\lambda - 4| \leqslant 1, \quad D_2 : |\lambda| \leqslant 2, \quad D_3 : |\lambda + 4| \leqslant 2.$$

D_1 与 D_2，D_3 分离，所以 D_1 内恰好包含 A 的一个特征值 λ_1，$\zeta \leqslant |\lambda_1| \leqslant 5$. A 的另两个特征值包含在 $D_2 \bigcup D_3$ 中.

进一步，选取对角阵

$$D^{-1} = \begin{bmatrix} 1 & & \\ & 1 & \\ & & 0.9 \end{bmatrix},$$

则

$$D^{-1}AD = \begin{bmatrix} 4 & 1 & 0 \\ 1 & 0 & -\dfrac{10}{9} \\ 0.9 & 0.9 & -4 \end{bmatrix}.$$

故 $D^{-1}AD$ 的三个格什戈林圆盘为 $D_1 : |\lambda - 4| \leqslant 1, \quad D_2 : |\lambda| \leqslant \dfrac{19}{9}, \quad D_3 : |\lambda + 4| \leqslant 1.$

8. 三个圆盘互相分离，每个圆盘内各有 A 的一个特征值.

下面讨论当 A 有微小扰动 E 时，矩阵特征值的变化.

定理 6（Bauer-Fike 定理） 若存在可逆矩阵 P，使得

$$P^{-1}AP = D = diag(\lambda_1, \lambda_2, \cdots, \lambda_n),$$

μ 是 A 经微小扰动 E 后矩阵 $A + E \in C^{n \times n}$ 的特征值，则

$$\min_{\lambda \in \sigma(A)} |\lambda - \mu| \leqslant \| P^{-1} \|_v \| P \|_v \| E \|_v, \tag{1}$$

其中 $\sigma(A)$ 为矩阵 A 的谱集，$\| \cdot \|_v$ 为矩阵的 v 范数，$v = 1, 2, \infty$.

证明 仅考虑 $\mu \bar{\in} \sigma(A)$，否则（1）左边为零，不等式自然满足. 设

$$(A + E)x = \mu x, \quad x \neq 0,$$

则

$$P^{-1}APP^{-1}x + P^{-1}EPP^{-1}x = \mu P^{-1}x,$$

于是

$$(D - \mu I)P^{-1}x = -P^{-1}EPP^{-1}x.$$

因为 $\mu \bar{\in} \sigma(A)$，所以 $D - \mu I$ 非奇异，得 $P^{-1}x = -(D - \mu I)^{-1}P^{-1}EPP^{-1}x$，于是

$$\parallel P^{-1}x \parallel_v \leqslant \parallel (D-\mu I)^{-1}P^{-1}EP \parallel_v \parallel P^{-1}x \parallel_v,$$

因为 $P^{-1}x \neq 0$，故得到

$$\parallel (D-\mu I)^{-1} \parallel_v \parallel P^{-1} \parallel_v \parallel E \parallel_v \parallel P \parallel_v \geqslant \parallel (D-\mu I)^{-1} \parallel_v \parallel P^{-1}EP \parallel_v$$
$$\geqslant \parallel (D-\mu I)^{-1}P^{-1}EP \parallel_v \geqslant 1,$$

而对角矩阵

$$\parallel (D-\mu I)^{-1} \parallel_v = \frac{1}{m}, \quad m = \min_{\lambda \in \sigma(A)} |\lambda - \mu|,$$

定理得证.

由定理 6，$\parallel P^{-1} \parallel \parallel P \parallel = cond(P)$ 是特征值扰动的放大系数，但因为 P 不唯一，所以常取 $v(A) = \inf\{cond(P) \mid P^{-1}AP = diag(\lambda_1, \cdots, \lambda_n)\}$ 为矩阵 A 的特征值问题的条件数. 只要 $v(A)$ 较小，矩阵微小扰动只带来特征值的微小扰动. 实际应用中，因为 $v(A)$ 难以计算，一般只对一个具体的 P，来代替 $v(A)$.

下面介绍几种在计算机上计算矩阵特征值问题的方法.

7.2　幂法和反幂法

7.2.1　幂法

幂法主要用于计算矩阵 A 按模最大特征值与特征向量的方法.

设 $A = (a_{ij})_{n \times n}$ 有 n 个线性无关的特征向量 $x_1, x_2, \cdots, x_n$，其相应的特征值 $\lambda_1, \lambda_2, \cdots, \lambda_n$ 满足不等式

$$|\lambda_1| > |\lambda_2| \geqslant |\lambda_3| \geqslant \cdots \geqslant |\lambda_n|,$$

现讨论求 λ_1 及 x_1 的方法.

任取非零初始向量 $v_0 = \alpha_1 x_1 + \alpha_2 x_2 + \cdots + \alpha_n x_n$，构造一向量序列 $\{v_k\}$，满足

$$\begin{aligned}
v_{k+1} &= A^{k+1}v_0 \\
&= \alpha_1 A^{k+1}x_1 + \cdots + \alpha_n A^{k+1}x_n \\
&= \alpha_1 \lambda_1^{k+1}x_1 + \cdots + \alpha_n \lambda_n^{k+1}x_n \\
&= \lambda_1^{k+1}\left(\alpha_1 x_1 + \alpha_2 \left(\frac{\lambda_2}{\lambda_1}\right)^{k+1}x_2 + \cdots + \alpha_n \left(\frac{\lambda_n}{\lambda_1}\right)^{k+1}x_n\right),
\end{aligned} \tag{1}$$

若 $\alpha_1 \neq 0$，因为 $|\lambda_1| > |\lambda_i|$，$(i = 2, 3, \cdots, n)$，所以 $\left|\dfrac{\lambda_i}{\lambda_1}\right|^{k+1}x_i \to 0$，当 $k \to +\infty$. 于是

$$v_k \approx \lambda_1^k \alpha_1 x_1 \tag{2}$$

为特征值 λ_1 的近似特征向量，且

$$\frac{(v_{k+1})_i}{(v_k)_i} = \lambda_1 \frac{\left(\alpha_1 x_1 + \alpha_2 \left(\frac{\lambda_2}{\lambda_1}\right)^{k+1}x_2 + \cdots + \alpha_n \left(\frac{\lambda_n}{\lambda_1}\right)^{k+1}x_n\right)_i}{\left(\alpha_1 x_1 + \alpha_2 \left(\frac{\lambda_2}{\lambda_1}\right)^{k}x_2 + \cdots + \alpha_n \left(\frac{\lambda_n}{\lambda_1}\right)^{k}x_n\right)_i} \to \lambda_1 \frac{(\alpha_1 x_1)_i}{(\alpha_1 x_1)_i} = \lambda_1(\text{当 } k \to +\infty).$$

$$\tag{3}$$

这种由给定初始向量 v_0，及矩阵 A 的乘幂构造向量序列 $\{v_k\}$ 来计算 A 的主特征值及特征向量的方法称为幂乘法.

总结上述讨论,有下述定理.

定理 1 设 $A = (a_{ij})_{n \times n}$ 有 n 个线性无关的特征向量 $x_1, x_2, \cdots, x_n$，主特征值 λ_1 满足

$$|\lambda_1| > |\lambda_2| \geqslant |\lambda_3| \geqslant \cdots \geqslant |\lambda_n|,$$

则对任意非零初始向量 v_0，v_0 不能垂直于 x_1，式(2),(3)成立,且收敛速度由 $\left|\dfrac{\lambda_2}{\lambda_1}\right|$ 确定，$\left|\dfrac{\lambda_2}{\lambda_1}\right|$ 越小,收敛越快.

若 A 的主特征值为重根,即 $\lambda_1 = \lambda_2 = \cdots = \lambda_r$，$|\lambda_r| > |\lambda_{r+1}| \geqslant \cdots \geqslant |\lambda_n|$，但 A 有 n 个线性无关的特征向量,则有当 $\alpha_i (i = 1, \cdots, r)$ 不全为零,$k \to +\infty$ 时,

$$v_k = A^k v_0 = \lambda_1^k \left\{ \sum_{i=1}^{r} \alpha_i x_i + \sum_{i=r+1}^{n} \alpha_i \left(\frac{\lambda_i}{\lambda_1}\right)^k x_i \right\} \to \lambda_1^k \sum_{i=1}^{r} \alpha_i x_i, \tag{4}$$

v_k 仍为特征值 λ_1 的近似特征向量,且

$$\frac{(v_{k+1})_i}{(v_k)_i} = \lambda_1 \frac{\left(\sum\limits_{i=1}^{r} \alpha_i x_i + \sum\limits_{i=r+1}^{n} \alpha_i \left(\frac{\lambda_i}{\lambda_1}\right)^{k+1} x_i \right)_i}{\left(\sum\limits_{i=1}^{r} \alpha_i x_i + \sum\limits_{i=r+1}^{n} \alpha_i \left(\frac{\lambda_i}{\lambda_1}\right)^{k} x_i \right)_i} \to \lambda_1, \text{ 当 } k \to +\infty. \tag{5}$$

于是有下述定理.

定理 2 设 $A = (a_{ij})_{n \times n}$ 有 n 个线性无关的特征向量 $x_1, x_2, \cdots, x_n$，主特征值 λ_1 满足

$$\lambda_1 = \lambda_2 = \cdots = \lambda_r \text{ 且 } |\lambda_1| = |\lambda_r| > |\lambda_{r+1}| \geqslant \cdots \geqslant |\lambda_n|,$$

任取非零初始向量 v_0，v_0 与 $x_1, x_2, \cdots, x_r$ 不全垂直,则式(4),(5)成立.

计算 v_k 时,若 $|\lambda_1| > 1$(或 $|\lambda_1| < 1$),v_k 的各个不等于零的分量将随 $k \to +\infty$ 而趋于无穷(或零),这样在计算机实现时就可能"溢出". 为克服此缺点,需将迭代向量规范化,即进行下述操作.设向量 $v \neq 0$，定义 $\max\{v\}$ 为 v 的绝对值最大的分量,令 $u = \dfrac{v}{\max\{v\}}$，则称 u 为向量 v 的规范化.

例如,设 $v = (1, -3, 2)^T$，则 v 的规范化为 $u = (1, -3, 2)^T / -3 = \left(-\dfrac{1}{3}, 1, -\dfrac{2}{3}\right)^T$.

例如,设 $v = (1, 2, 3)^T$，则 v 的规范化为 $u = (1, 2, 3)^T / 3 = \left(\dfrac{1}{3}, \dfrac{2}{3}, 1\right)^T$.

在定理 1 下,幂法可如下进行:任取初始非零向量 v_0，若 $x_1 \neq 0$，构造向量序列 $\{v_k\}$，$\{u_k\}$，有

$$u_0 = v_0, \quad v_k = Au_{k-1}, \quad u_k = \frac{v_k}{\max\{v_k\}},$$

因为 $\max\left(\dfrac{A^k v_0}{\max\{A^{k-1} v_0\}}\right) = \dfrac{\max\{A^k v_0\}}{\max\{A^{k-1} v_0\}}$，由数学归纳法易证

$$u_k = \frac{A^k v_0}{\max\{A^k v_0\}}, \quad v_{k+1} = A u_k = \frac{A^{k+1} v_0}{\max\{A^k v_0\}}. \quad (k = 1,\, 2,\, \cdots)$$

由(1)得到当 $k \to +\infty$ 时，

$$u_k = \frac{\lambda_1^k\left(\alpha_1 x_1 + \sum_{i=2}^{n} \alpha_i \left(\dfrac{\lambda_i}{\lambda_1}\right)^k x_i\right)}{\max\left(\lambda_1^k\left(\alpha_1 x_1 + \sum_{i=2}^{n} \alpha_i \left(\dfrac{\lambda_i}{\lambda_1}\right)^k x_i\right)\right)} \to \frac{\lambda_1^k \alpha_1 x_1}{\max\{\lambda_1^k \alpha_1 x_1\}} = \frac{x_1}{\max\{x_1\}},$$

$$v_k = A u_{k-1} \to \frac{A x_1}{\max\{x_1\}} = \frac{\lambda_1 x_1}{\max\{x_1\}},\ \max\{v_k\} \to \lambda_1.$$

概括得到如下定理.

定理 3　设 $A = (a_{ij})_{n \times n}$ 有 n 个线性无关的特征向量 x_1，x_2，$\cdots$，x_n，主特征值 λ_1 满足 $|\lambda_1| > |\lambda_2| \geqslant |\lambda_3| \geqslant \cdots \geqslant |\lambda_n|$，则对任意非零初始向量 $v_0 = u_0$，v_0 不与 x_1 垂直，定义

$$v_k = A u_{k-1}, \quad \mu_k = \max\{v_k\}, \quad u_k = \frac{v_k}{\mu_k},$$

则

$$\lim_{k \to +\infty} u_k = \frac{x_1}{\max\{x_1\}}, \quad \lim_{k \to +\infty} \mu_k = \lambda_1,$$

收敛速度由 $\left|\dfrac{\lambda_2}{\lambda_1}\right|$ 决定，$\left|\dfrac{\lambda_2}{\lambda_1}\right|$ 越小，收敛越快，当 $\left|\dfrac{\lambda_2}{\lambda_1}\right|$ 趋近于 1，收敛可能很慢.

幂法因涉及到矩阵与向量相乘，所以此法特别适用于大型稀疏矩阵主特征值与特征向量的计算.

7.2.2　原点平移加速幂法

由前面的讨论，幂法的收敛速度由 $\left|\dfrac{\lambda_2}{\lambda_1}\right|$ 决定，$\left|\dfrac{\lambda_2}{\lambda_1}\right|$ 越小，收敛越快. 而当 $\left|\dfrac{\lambda_2}{\lambda_1}\right| \approx 1$ 时，可能收敛很慢. 若已知 A 的特征值的某种分布，可通过原点平移的方法加速，具体做法如下：

选择参数 $P \in R$，令 $B = A - PI$，若矩阵 A 的特征值为 λ_1，λ_2，$\cdots$，λ_n，则 B 的特征值为 $\lambda_1 - P$，$\lambda_2 - P$，$\cdots$，$\lambda_n - P$，且 A，B 的特征向量相同. 若 P 满足 $\left|\dfrac{\lambda_2 - P}{\lambda_1 - P}\right| < \left|\dfrac{\lambda_2}{\lambda_1}\right|$，则计算主特征值 λ_1 的过程加速.

例如，设 $A \in R^{4 \times 4}$ 有特征值 $\lambda_j = 15 - j$，$j = 1,\, 2,\, 3,\, 4$，则

$$\left|\frac{\lambda_2}{\lambda_1}\right| = \frac{13}{14} \approx 0.9.$$

若取 $P = 12$，做变换 $B = A - PI$，则 B 的特征值为

$$\mu_1 = 2, \ \mu_2 = 1, \ \mu_3 = 0, \ \mu_4 = -1,$$

于是 $\left|\dfrac{\mu_1}{\mu_2}\right| = \dfrac{1}{2}$ 远小于 0.9.

此法的难点是选择有利的 P 值.

下面考虑当 A 的特征值是实数时,如何选择 P 使采用幂法计算 λ_1 得到加速.

设 A 的特征值满足 $|\lambda_1| > |\lambda_2| \geqslant |\lambda_3| \geqslant \cdots \geqslant |\lambda_n|$,则 $B = A - PI$ 的主特征值为 $\lambda_1 - P$ 或 $\lambda_n - P$. 当我们希望计算 λ_1 及 x_1 时,首先选 P 满足

$$|\lambda_1 - P| > |\lambda_n - P|,$$

再使收敛速度的比值

$$w = \max\left\{\left|\frac{\lambda_2 - P}{\lambda_1 - P}\right|, \ \left|\frac{\lambda_n - P}{\lambda_1 - P}\right|\right\}$$

达到最小.

因 $\max(a, b) = \dfrac{a + b + |a - b|}{2}$,所以当 $\dfrac{\lambda_2 - P}{\lambda_1 - P} = -\dfrac{\lambda_n - P}{\lambda_1 - P}$ 即 $P = \dfrac{\lambda_2 + \lambda_n}{2} \equiv P^*$ 时,w 最小,且

$$w = \frac{\lambda_2 - P^*}{\lambda_1 - P^*} = \frac{\lambda_2 - \lambda_n}{2\lambda_1 - \lambda_2 - \lambda_n}.$$

当希望计算 λ_n 时,则选 P 满足 $|\lambda_n - P| > |\lambda_1 - P|$,使得

$$\max\left\{\left|\frac{\lambda_1 - P}{\lambda_n - P}\right|, \ \left|\frac{\lambda_{n-1} - P}{\lambda_n - P}\right|\right\}$$

达到最小,则 $\lambda_1 - P = P - \lambda_{n-1}$,得

$$P = \frac{\lambda_1 + \lambda_{n-1}}{2} = P^*.$$

原点平移的加速方法,是一个矩阵变换方法,且这种变换容易计算,不破坏矩阵的稀疏性. 但 P 的选择依赖于对 A 的特征值分布的大致了解.

7.2.3 瑞利商加速

当计算实对称矩阵 A 的主特征值时,可采用瑞利商加速方法. 此法步骤为:

1) $v_0 = u_0 \neq 0$,不与 x_1 垂直;

2) 对 $k = 1, 2, \cdots$,$v_k = Au_{k-1}$,$\mu_k = \max\{v_k\}$,$u_k = \dfrac{v_k}{\mu_k}$,$w_k = \dfrac{(Au_k, u_k)}{(u_k, u_k)}$.

再给一个终止迭代条件.

定理 4 设 $A \in R^{n \times n}$ 为实对称矩阵,特征值满足 $|\lambda_1| > |\lambda_2| \geqslant |\lambda_3| \geqslant \cdots \geqslant |\lambda_n|$,则对任意非零初始向量 $v_0 = u_0 \neq 0$,且 u_0, v_0 不与 x_1 垂直,

$$v_k = Au_{k-1}, \ \mu_k = \max\{v_k\}, \ u_k = \frac{v_k}{\mu_k}, \ w_k = \frac{(Au_k, u_k)}{(u_k, u_k)},$$

则有

$$\lim_{k \to +\infty} u_k = \frac{x_1}{\max\{x_1\}}, \; w_k = \lambda_1 + O\left(\left(\frac{\lambda_2}{\lambda_1}\right)^{2k}\right).$$

由此定理可看出 w_k 趋近于 λ_1 的速度比定理 8.3. 中的 μ_k 趋近于 λ_1 的速度快,其中 $\mu_k = \lambda_1 + O\left(\left(\frac{\lambda_2}{\lambda_1}\right)^{k}\right).$

证明. 由定理 3 知,

$$\lim_{k \to +\infty} u_k = \frac{x_1}{\max\{x_1\}}.$$

由于实对称矩阵不同特征值所对应的特征向量两两正交,故我们可取 $(x_i, x_j) = \delta_{ij}$. 设 $u_0 = \sum_{i=1}^{n} \alpha_i x_i$,则

$$A^k u_0 = \sum_{i=1}^{n} \alpha_i \lambda_i^k x_i,$$

所以

$$w_k = \frac{(Au_k, u_k)}{(u_k, u_k)} = \frac{(A^{k+1} u_0, A^k u_0)}{(A^k u_0, A^k u_0)} = \frac{\left(\sum_{i=1}^{n} \alpha_i \lambda_i^{k+1} x_i, \sum_{i=1}^{n} \alpha_i \lambda_i^k x_i\right)}{\left(\sum_{i=1}^{n} \alpha_i \lambda_i^k x_i, \sum_{i=1}^{n} \alpha_i \lambda_i^k x_i\right)} = \frac{\sum_{i=1}^{n} \alpha_i^2 \lambda_i^{2k+1}}{\sum_{i=1}^{n} \alpha_i^2 \lambda_i^{2k}}$$

$$= \frac{\lambda_1^{2k} \alpha_1^2 \left(1 + \sum_{i=2}^{n} \left(\frac{\alpha_i}{\alpha_1}\right)^2 \left(\frac{\lambda_i}{\lambda_1}\right)^{2k+1}\right)}{\lambda_1^{2k} \alpha_1^2 \left(1 + \sum_{i=2}^{n} \left(\frac{\alpha_i}{\alpha_1}\right)^2 \left(\frac{\lambda_i}{\lambda_1}\right)^{2k}\right)} = \lambda_1 \left(1 + O\left(\frac{\lambda_2}{\lambda_1}\right)^{2k}\right).$$

定理得证.

7.2.4　反幂法

反幂法是求矩阵按模最小特征值及特征向量的方法,也可用来求给定近似特征值及其特征向量.

设 $A = (a_{ij})_{n \times n}$ 为非奇异矩阵,其特征值次序为 $|\lambda_1| \geqslant |\lambda_2| \geqslant |\lambda_3| \geqslant \cdots \geqslant |\lambda_n| > 0$,相应特征向量为 $x_1, x_2, \cdots, x_n$,则 A^{-1} 的特征值为

$$\left|\frac{1}{\lambda_n}\right| \geqslant \left|\frac{1}{\lambda_{n-1}}\right| \geqslant \cdots \geqslant \left|\frac{1}{\lambda_1}\right|,$$

对应的特征向量为 $x_n, x_{n-1}, \cdots, x_1$.

因此计算 A 按模最小特征值 λ_n 的问题即是计算 A^{-1} 按模最大特征值问题.

若 $(A - PI)^{-1}$ 存在,则其特征值为 $\frac{1}{\lambda_1 - P}, \cdots, \frac{1}{\lambda_n - P}$,其对应的特征向量仍为 $x_1, x_2, \cdots, x_n$. 若 P 是 A 的某个特征值 λ_j 的近似值,且设

$$|\lambda_j - P| \ll |\lambda_i - P| \quad (i \neq j),$$

则 $\dfrac{1}{\lambda_j - P}$ 是 $(A-PI)^{-1}$ 的主特征值. 可用幂法来计算 $\dfrac{1}{\lambda_j - P}$, x_j, 即

$$\begin{cases} u_0 = v_0 \neq 0, \\ v_k = (A-PI)^{-1}u_{k-1}, \\ u_k = \dfrac{v_k}{\max\{v_k\}}. \end{cases} \tag{6}$$

故由定理 3, 我们得到如下结论.

定理 5　设 $A \in C^{n \times n}$ 有 n 个线性无关的特征向量, A 的特征值及对应特征向量分别为 λ_i 及 x_i, P 为 λ_j 的近似值, $(A-PI)^{-1}$ 存在, 且

$$|\lambda_j - P| \ll |\lambda_i - P| \quad (i \neq j),$$

则对任意非零初始向量 u_0, u_0 不与 x_j 垂直, 则由 (6) 构造的序列 $\{v_k\}$, $\{u_k\}$ 满足

1) $\displaystyle\lim_{k \to \infty} u_k = \dfrac{x_j}{\max\{x_j\}}$;

2) $\displaystyle\lim_{k \to \infty} \max\{v_k\} = \dfrac{1}{\lambda_j - P}$, 即当 $k \to +\infty$ 时, $P + \dfrac{1}{\max\{v_k\}} \to \lambda_j$, 收敛速度由

$\dfrac{|\lambda_i - P|}{\min\limits_{i \neq j} |\lambda_i - P|}$ 确定.

在 (6) 中, 计算 $v_k = (A-PI)^{-1}u_{k-1}$ 可转变为求 $(A-PI)v_k = u_{k-1}$ 的解. 因我们要反复求 $Ax = b$ 形式的解, 可对 A 进行 LU 分解. 为避免 U 矩阵对角线元素趋于零, 可对 A 交换行, 即再左乘置换阵 P, 相当于对 A 作列主元消元法的三角分解方法. 即

$$P(A-PI) = LU,$$

P 为某个置换阵. 再解两个三角形方程组

$$\begin{cases} Ly_k = Pu_{k-1}, \\ Uv_k = y_k, \end{cases}$$

算出 v_k.

我们通常选取初值 u_0, 使之满足

$$Uv_1 = L^{-1}Pu_0 = (1, 1, \cdots, 1)^T.$$

于是 (6) 的计算步骤为:

第 1 步: 计算 $P(A-PI) = LU$, 保存 L, U 及 P 信息;

第 2 步: 由 $Uv_1 = (1, 1, \cdots, 1)^T$, 求 v_1, $\mu_1 = \max\{v_1\}$, $u_1 = \dfrac{v_1}{\mu_1}$.

对 $k = 2, 3, \cdots$, 由 $Ly_k = Pu_{k-1}$ 求 y_k, 由 $Uv_k = y_k$, 求 v_k, $u_k = \dfrac{v_k}{\mu_k}$.

需要说明的是, 因为反幂法涉及到矩阵三角分解求解的反复计算, 而海森伯格矩阵与三对角矩阵的三角分解矩阵比较简单, 所以反幂法是求这两类矩阵的一个给定近似特征值与

特征向量的有效方法.

7.3 Jacobi 方法

本节考虑用一个正交变换将实对称矩阵正交相似于一个对角矩阵,从而求得实对称矩阵特征值与特征向量.

首先介绍矩阵

$$
R(p,\ q,\ \theta) = \begin{pmatrix} 1 & & & & & & \\ & \ddots & & & & & \\ & & \cos\theta & & -\sin\theta & & \\ & & \vdots & \ddots & & & \\ & & \sin\theta & & \cos\theta & & \\ & & & & & \ddots & \\ & & & & & & 1 \end{pmatrix} = (R_{ij})_{n\times n},
$$

即

$$
R_{pp} = R_{qq} = \cos\theta,\ R_{pq} = -\sin\theta,\ R_{qp} = \sin\theta,(p < q),
$$
$$
R_{ii} = 1,(1 \leqslant i \leqslant n,\ i \neq p,\ q),
$$
$$
\text{其他处 } R_{ij} = 0.
$$

易证 $R(p,\ q,\ \theta)$ 是一个正交矩阵,即 $R^T(p,\ q,\ \theta) = R^{-1}(p,\ q,\ \theta)$,称之为平面旋转矩阵. 设 $A = (a_{ij})$,若记

$$
R^T(p,\ q,\ \theta)AR(p,\ q,\ \theta) = A' = (a'_{ij})_{n\times n},
$$

则

$$
a'_{ip} = a'_{pi} = a_{pi}\cos\theta + a_{qi}\sin\theta,\ i \neq p\ \text{且}\ i \neq q, \tag{1}
$$
$$
a'_{iq} = a'_{qi} = -a_{pi}\sin\theta + a_{qi}\cos\theta,\ i \neq p\ \text{且}\ i \neq q, \tag{2}
$$
$$
a'_{pp} = a_{pp}\cos^2\theta + 2a_{pq}\sin\theta\cos\theta + a_{qq}\sin^2\theta, \tag{3}
$$
$$
a'_{qq} = a_{pp}\sin^2\theta - 2a_{pq}\sin\theta\cos\theta + a_{qq}\cos^2\theta, \tag{4}
$$
$$
a'_{pq} = a'_{qp} = a_{pq}\cos 2\theta + \frac{1}{2}(a_{qq} - a_{pp})\sin 2\theta. \tag{5}
$$

即 A' 中只有第 p 列,第 q 列,第 p 行,第 q 行元素发生了改变,其他元素不变.

若原来 $a_{pq} = a_{qp} \neq 0$,现希望 $a'_{pq} = a'_{qp} = 0$. 当 $a_{pp} \neq a_{qq}$ 时,由(5)式,我们可取 $\tan 2\theta = \dfrac{2a_{pq}}{a_{pp} - a_{qq}}$,从而

$$
\theta = \frac{1}{2}\arctan\frac{2a_{pq}}{a_{pp} - a_{qq}}. \tag{6}
$$

我们约定:当 $a_{pp} = a_{qq}$,若 $a_{pq} > 0$,取 $\theta = \dfrac{\pi}{4}$;若 $a_{pq} < 0$,取 $\theta = -\dfrac{\pi}{4}$. 为使旋转的角度尽

可能小，通常限制 $|\theta| \leqslant \dfrac{\pi}{4}$.

7.3.1　经典 Jacobi 方法

经典 Jacobi 方法的思想是用平面旋转矩阵 Q_k 将实对称矩阵 $A = A_1$ 经

$$A_{k+1} = Q_k^T A_k Q_k, \ k = 1, 2, \cdots$$

变成一个实对角矩阵的过程.

我们先看一个具体例子.

例如，取 $A = \begin{bmatrix} 1 & 2 & 3 \\ 2 & 3 & 4 \\ 3 & 4 & 5 \end{bmatrix}$，并记 $A_1 = A$. 为使 $A_2 = Q_1^T A_1 Q_1$ 中的 $a_{12}^{(2)} = a_{21}^{(2)} > 0$，取

$$Q_1 = R(1, 2, \theta) = \begin{bmatrix} \cos\theta_1 & -\sin\theta_1 & 0 \\ \sin\theta_1 & \cos\theta_1 & 0 \\ 0 & 0 & 1 \end{bmatrix},$$

由

$$\tan 2\theta_1 = \frac{2a_{12}^{(1)}}{a_{11}^{(1)} - a_{22}^{(1)}} = \frac{2 \cdot 2}{1 - 3} = -2,$$

得 $\theta_1 = -0.55357$，从而

$$R(1, 2, \theta) = \begin{bmatrix} 0.85065 & 0.52573 & 0 \\ -0.52573 & 0.85064 & 0 \\ 0 & 0 & 1.00000 \end{bmatrix},$$

$$A_2 = Q_1^T A_1 Q_1 = \begin{bmatrix} -0.23607 & 0.00000 & 0.44903 \\ 0.00000 & 4.23607 & 4.97880 \\ 0.44903 & 4.97880 & 5.00000 \end{bmatrix}.$$

接着对 A_2 进行相似变换，要求 $a_{13}^{(3)} = a_{31}^{(3)} = 0$. 用上类似的方法选平面旋转矩阵 $Q_2 = R(1, 3, \theta)$，得到

$$A_3 = Q_2^T A_2 Q_2 = \begin{bmatrix} -0.27430 & -0.42243 & 0.00000 \\ -0.42243 & 4.23607 & 4.96185 \\ 0.00000 & 4.96185 & 5.03823 \end{bmatrix},$$

注意到 $a_{13}^{(3)} = a_{31}^{(3)} = 0$，但 $a_{12}^{(3)} = a_{21}^{(3)} = -0.42243 \neq 0$，但 $|a_{12}^{(3)}| < |a_{12}^{(1)}|$.

接下来零化 $a_{23}^{(4)} = a_{32}^{(4)}$. 不论用什么方法确定零化的元素，将所有非对角元素都零化一遍，称为扫描一次. 为使非对角元素全部零化，还要作第二次、第三次扫描.

设经过三次扫描，得

$$A_9 = Q_8^T A_8 Q_8 = \begin{bmatrix} 0.00000 & 0.00000 & 0.00000 \\ 0.00000 & -0.62348 & 0.00000 \\ 0.00000 & 0.00000 & 9.62348 \end{bmatrix},$$

即 A 的三个特征值近似为 $0,-0.62348,9.62348$.

对于一般的 n 阶实对称矩阵,在确定要零化的元素 $a_{pq}^{(k)}$ 后,按(6)及相应约定,计算 Q_k. 在实际计算中,根据实际问题的精度要求,给定一个小的正数 ε,当 $|a_{pp}^{(k)}-a_{qq}^{(k)}|>\varepsilon$,有

$$\theta_k=\frac{1}{2}\arctan\frac{2a_{pq}^{(k)}}{a_{pp}^{(k)}-a_{qq}^{(k)}},$$

当 $|a_{pp}^{(k)}-a_{qq}^{(k)}|<\varepsilon$,视为 $a_{pp}^{(k)}=a_{qq}^{(k)}$,取

$$\theta_k=sign(a_{pq}^{(k)})\cdot\frac{\pi}{4},$$

然后按(1)至(5)公式计算 A_{k+1} 中的第 p 行,q 行,p 列,q 列的元素.

按上述过程一次又一次扫描,将 A_{k+1} 化为一个近似对角阵.

不论是按行(列)的次序,还是对 A_k 中非对角线的绝对值最大元依次零化 A_k 的非对角元,都称为循环 Jacobi 方法. 下述定理表明这个极限过程是收敛的.

定理 1 设 A 是 n 阶实对称矩阵,则由循环 Jacobi 方法产生的相似矩阵序列 $\{A_k\}$ 收敛于以 A 的特征值为对角元的对角阵.

证 记 $A_k=diag(a_{ii}^{(k)})+E_k$,即 E_k 是 A_k 除主对角元外的矩阵. 由(2)得到

$$\|E_{k+1}\|_F^2=\|E_k\|_F^2-2(a_{pq}^{(k)})^2,\tag{7}$$

其中 $A=(a_{i,j})$ 的 F-范数为 $\|A\|_F^2=\sum\limits_{i,j=1}^n a_{i,j}^2$.

由假设 $|a_{pq}^{(k)}|=\max\limits_{\substack{1\leqslant i,j\leqslant n\\ i\neq j}}|a_{ij}^{(k)}|$,所以

$$\|E_k\|_F^2\leqslant n(n-1)|a_{pq}^{(k)}|^2.$$

于是

$$\|E_{k+1}\|_F^2\leqslant\|E_k\|_F^2-2\frac{1}{n(n-1)}\|E_k\|_F^2=\left(1-\frac{2}{n^2-n}\right)\|E_k\|_F^2$$

$$\leqslant\left(1-\frac{2}{n^2-n}\right)^k\|E_1\|_F^2,$$

因此,当 $k\to+\infty$,由 $\|E_{k+1}\|_F\to0$.

然而,循环 Jacobi 方法必须一次又一次扫描,计算量很大. 在实际计算中,往往用一些特殊方法来控制扫描次数,减少计算量,其中应用最广泛的特殊循环方法称为阈 Jacobi 方法. 它首先确定一个阈值 δ,在对非对角元零化的一次扫描中,只对其中绝对值超过阈值的非对角元进行零化. 当所有非对角元素的绝对值都不超过阈值后,将阈值减少,再重复下一次扫描,直至阈值充分小为止.

7.3.2 用 Jacobi 方法计算特征向量

设经过 k 次迭代得到

$$A_{k+1}=Q_k^T\cdots Q_1^T AQ_1\cdots Q_k,$$

其中 A_{k+1} 是满足精度要求的近似对角阵.

记 $R_k = Q_1 \cdots Q_k$, 则

$$A_{k+1} = R_k^T A R_k,$$

于是 R_k 的第 j 列 r_j 可看成近似特征值 $a_{jj}^{(k+1)}$ 对应的特征向量. 若记 $R_0 = I$, R_k 的元素计算公式如下：当 $i = 1, 2, \cdots, n$ 时,

$$q_{ip}^{(k)} = q_{ip}^{(k-1)} \cos \theta_k + q_{ip}^{(k-1)} \sin \theta_k,$$
$$q_{iq}^{(k)} = q_{iq}^{(k-1)} \sin \theta_k + q_{iq}^{(k-1)} \cos \theta_k,$$
$$q_{ij}^{(k)} = q_{ij}^{(k-1)}, \quad j \neq p, q.$$

7.4 QR 方法

QR 方法适用于计算矩阵的全部特征值, 尤其适用于计算中小型实矩阵的全部特征值. 其思想是将实矩阵 A 通过一系列相似变换, 相似于一个上三角矩阵, 从而求出 A 全部特征值的过程. 我们把相关内容分成以下五部分加以叙述.

7.4.1 Householder 矩阵与矩阵的正交三角化

定义 1 设 $w \in R^n$, $\| w \|_2 = 1$, 则 $H = I - 2ww^T$ 称为 Householder 矩阵, 也称为镜像矩阵, 相应的变换称为 Householder 变换.

定理 1 若 H 是 R^n 中的 Householder 矩阵, 则有

$$H^T = H, \quad H^{-1} = H^T, \ H^2 = I.$$

证明 $\because H^T = (I - 2ww^T)^T = I^T - 2(w^T)^T w^T = I - 2ww^T = H$, $\therefore$ 第一个式子成立.

$\because H^2 = (I - 2ww^T)(I - 2ww^T) = I - 2ww^T - 2ww^T + 4ww^T ww^T = I - 4ww^T + 4ww^T = I$, $\therefore$ 第二、三个式子成立.

定理 2 设 R^n 中有非零向量 $x \neq y$, 且 $w^T w = 1$, 令 $H = I - 2ww^T$, 则 $Hx = y$.
证

$$Hx = x - 2 \frac{(x-y)(x-y)^T}{(x-y)^T(x-y)} = x - 2 \frac{(x-y)(x^T x - y^T x)}{x^T x - 2y^T x + y^T y}$$
$$= x - 2 \frac{(x-y)(x^T x - y^T x)}{2(x^T x - y^T x)} = y.$$

需要说明的是, Householder 矩阵 H 也可写成 $I - \beta^{-1} uu^T$, 其中 $u = x - y$, $\beta = \frac{1}{2} u^T u$. 且由定理 2, 对任意 $x = (x_1, x_2, \cdots, x_n) \in R^n$, $x \neq 0$, 当 $\sigma = \pm \| x \|_2$ 时, 存在 Householder 矩阵 $H = I - \beta^{-1} uu^T$, 其中 $u = x - \sigma e_1$, $\beta = \frac{1}{2} u^T u$, 有 $Hx = \sigma e_1$. 进一步, 我们有简便计算

$$\beta = \frac{1}{2} u^T u = \frac{1}{2} (x - \sigma e_1)^T (x - \sigma e_1)$$

$$= \frac{1}{2}(x^T x - 2\sigma x_1 + \sigma^2) = \sigma(\sigma - x_1).$$

在实际计算中,为避免计算 $\sigma - x_1$ 时作减法运算,常取 $\sigma = -\,\mathrm{sgn}(x_1)\,\|x\|_2$.

例 1　设 $H = I - \beta^{-1}uu^T$, $u = x - \sigma e_1$, $\beta = \sigma(\sigma - x_1)$, $\sigma = -\,\mathrm{sgn}(x_1)\,\|x\|_2$, 试给出一个算法,对 R^n 中任意非零向量 $\alpha = (a_1, a_2, \cdots, a_n)^T$, 计算 $\xi = H\alpha$.

解　易知,

$$\xi = H\alpha = (I - \beta^{-1}uu^T)\alpha = \alpha - \beta^{-1}(u^T\alpha)u = \alpha - \beta^{-1}\Big((x_1 - \sigma)a_1 + \sum_{i=2}^{n} x_i a_i\Big)u.$$

记 $\mu = \beta^{-1}(u^T\alpha)$, 则

$$\xi_1 = a_1 - \mu(x_1 - \sigma), \xi_i = a_i - \mu x_i, \ i = 2, 3, \cdots, n.$$

算法过程如下,简记为**算法 1**.

1) $\sigma = -\,\mathrm{sgn}(x_1)\sqrt{\sum_{i=1}^{n} x_i^2}$;

2) $u_1 = x_1 - \sigma$, $u_i = x_i$, $i = 2, 3, \cdots, n$;

3) $\beta = \sigma(\sigma - x_1)$;

4) $u^T\alpha = (x_1 - \sigma)a_1 + \sum_{i=2}^{n} x_i a_i$, 令 $\mu = \beta^{-1}(u^T\alpha)$;

5) $\xi_1 = a_1 - \mu u_1$, $\xi_i = a_i - \mu x_i$, $i = 2, 3, \cdots, n$.

此算法计算量约为 $2n$ 次.

下面讨论如何将矩阵 $A_{m\times n}(m \geq n)$ 正交三角化.

我们以 $m = 6$, $n = 4$ 为例,说明 A 的正交三角化过程. 记

$$A = A^{(1)} = (\alpha_1^{(1)}, \alpha_2^{(1)}, \alpha_3^{(1)}, \alpha_4^{(1)}),$$

其中 $\alpha_j^{(1)} = (\alpha_{1j}^{(1)}, \alpha_{2j}^{(1)}, \cdots, \alpha_{6j}^{(1)})^T$.

首先构造 Householder 矩阵 H_1, 使

$$H_1\alpha_1^{(1)} = \sigma_1 e_1,$$

其中 $\sigma_1 = -\,\mathrm{sgn}(a_{11}^{(1)})\sqrt{\sum_{i=1}^{6}(a_{i1}^{(1)})^2}$.

于是

$$H_1 = I - \beta_1^{-1}u_1 u_1^T,$$

其中 $u_1 = \alpha_1^{(1)} - \sigma_1 e_1$, $\beta_1 = \sigma_1(\sigma_1 - a_{11}^{(1)})$.

再按算法 1 计算 $\alpha_j^{(2)} = H_1\alpha_j^{(1)}$,$(j = 2, 3, 4)$, 则有

$$A^{(2)} = H_1 A^{(1)} = (\sigma_1 e_1, \alpha_2^{(2)}, \alpha_3^{(2)}, \alpha_4^{(2)}).$$

下面构造 $H_2\alpha_2^{(2)} = (\otimes, \otimes, 0, 0, 0, 0)^T$ 的形状,同时 H_2 作用到 $A^{(2)}$ 时,要保持 $A^{(2)}$ 的第一列元素不变,所以 H_2 的第一列应为 e_1. 又 $H_2 = H_2^T$, 所以 H_2 第一行为 e_1^T.

记 $\alpha_j^{(2)} = \begin{bmatrix} a_{1j}^{(2)} \\ \tilde{\alpha}_j^{(2)} \end{bmatrix}$, $j = 2, 3, 4$. 令 $\widetilde{H}_2 = I - \beta_2^{-1}\tilde{u}_2 \cdot \tilde{u}_2^T$, 其中 $\tilde{u}_2 = \tilde{a}_2^{(2)} - \sigma_2 e_1$. 于是 σ_2

$=-\operatorname{sgn}(a_{22}^{(2)})\sqrt{\sum_{i=2}^{6}(a_{i1}^{(2)})^2}$，$\beta_2=\sigma_2(\sigma_2-a_{22}^{(2)})$，即 $\widetilde{H}_2$ 的作用是让 $\tilde{\alpha}_j^{(2)}$ 变为 $\sigma_2 e_1$. 记 $H_2=\begin{bmatrix}1\\&\widetilde{H}_2\end{bmatrix}$，易证 H_2 是 Householder 矩阵，且

$$A^{(3)}=H_2A^{(2)}=\begin{bmatrix}\sigma_1&a_{12}^{(2)}&a_{13}^{(2)}&a_{14}^{(2)}\\0&\sigma_2\\0&0&\tilde{\alpha}_3^{(3)}&\tilde{\alpha}_4^{(3)}\\0&0\\0&0\\0&0\end{bmatrix},$$

其中 $\tilde{\alpha}_j^{(3)}=\widetilde{H}_2\tilde{\alpha}_j^{(2)}$ 是五维向量，可按算法 1 计算.

后面步骤类似，记 $\tilde{\alpha}_3^{(3)}=\begin{bmatrix}a_{2,3}^{(3)}\\\tilde{\tilde{\alpha}}_3^{(3)}\end{bmatrix}$，构造 $\widetilde{H}_3$ 满足

$$\widetilde{H}_3\tilde{\tilde{\alpha}}_3^{(3)}=\sigma_3e_1,\ \sigma_3=-\operatorname{sgn}(a_{33}^{(3)})\|\tilde{\tilde{\alpha}}_3^{(3)}\|_2,$$

再令 $H_3=\begin{bmatrix}1\\&1\\&&\widetilde{H}_3\end{bmatrix}$ 即可. 再作 H_4，$A^{(5)}=H_4A^{(4)}$ 即为所求.

一般地，记 $A=A^{(1)}=(\alpha_1^{(1)},\alpha_2^{(1)},\cdots,\alpha_n^{(1)})$，其中 $\alpha_j^{(1)}=(a_{1j}^{(1)},a_{2j}^{(1)},\cdots,a_{mj}^{(1)})^T$，$j=1$，$2,\cdots,n$，$m>n$.

假设已构造了 $k-1$ 个 Householder 矩阵 H_1，H_2，$\cdots$，H_{k-1}，使

$$A^{(k)}=H_{k-1}H_{k-2}\cdots H_1A^{(1)}=\begin{bmatrix}\sigma_1&\cdots&a_{1,k-1}^{(2)}\\&\ddots&\vdots\\&&\sigma_{k-1}&a_k^{(k)}&\cdots&a_n^{(k)}\\&0\end{bmatrix},$$

记 $\alpha_j^{(k)}=\begin{bmatrix}a_{1j}^{(2)}\\\vdots\\a_{k-1,j}^{(k-1)}\\\tilde{\alpha}_j^{(k)}\end{bmatrix}$，$j=k$，$k+1$，$\cdots$，$n$，其中 $\tilde{\alpha}_j^{(k)}\in R^{m-k+1}$.

现构造 $\widetilde{H}_k=I-\tilde{\beta}_k\tilde{u}_k\cdot\tilde{u}_k^T$ 为 $m-k+1$ 阶 Householder 矩阵，使
$$\widetilde{H}_k\tilde{\alpha}_j^{(k)}=\sigma_ke_1,$$

则取

$$\sigma_k=-\operatorname{sgn}(a_{kk}^{(k)})\sqrt{\sum_{i=k}^{m}(a_{ik}^{(k)})^2},\tilde{\beta}_k=\sigma_k(\sigma_k-a_{kk}^{(k)}),\tilde{u}_k=(a_{kk}^{(k)}-\sigma_k,a_{k+1,k}^{(k)},\cdots,a_{mk}^{(k)})^T,$$

再令 $H_k=\begin{bmatrix}I_{(k-1)\times(k-1)}\\&\widetilde{H}_k\end{bmatrix}$，则

$$A^{(k+1)} = H_k A^{(k)} = \begin{bmatrix} \sigma_1 & \cdots & a_{1,k-1}^{(2)} & a_{1,k}^{(2)} \\ & \ddots & \vdots & \vdots \\ & & \sigma_{k-1} & \\ & & & \sigma_k & \alpha_k^{(k+1)} & \cdots & \alpha_n^{(k+1)} \\ & 0 & & \end{bmatrix},$$

记 $\alpha_j^{(k+1)} = \begin{bmatrix} a_{1j}^{(2)} \\ \vdots \\ a_{kj}^{(k)} \\ \tilde{a}_j^{(k+1)} \end{bmatrix}$，而 $\tilde{\alpha}_j^{(k+1)} = \tilde{H}_k \tilde{\alpha}_j^{(k)}$，$j = k+1, k+2, \cdots, n$，可按算法 1 计算.

如上述，当 $k = n$ 时，$A^{(n+1)}$ 就成了一个 $m \times n$ 阶长方形上三角矩阵，其中前 n 行是一个以 $\sigma_1, \sigma_2, \cdots, \sigma_n$ 为对角元的 n 阶上三角矩阵.

下面给出 A 的正交三角化的算法描述，简记为算法 2，其中假设用二维数组 A 存放系数矩阵，正交三角化过程得到的 $A^{(k)}$ 仍存放在 A 的存储单元中.

1. 输入 m, n, A.
2. for $j = 1, 2, \cdots, n$［计算各列元素平方和］
   2.1 $S_j = 0$.
   2.2 for $i = 1, 2, \cdots, m$
      2.2.1 $S_j = S_j + a_{ij}^2$
      End for(i)
   End for(j)
3. For $k = 1, 2, \cdots, n$［形成 H_k，计算 $H_k A^{(k)} = A^{(k+1)}$］
   3.1 $\sigma_k = -sign(a_{kk})\sqrt{S_k}$
   3.2 $\beta_k = \sigma_k(\sigma_k - a_{kk})$
   3.3 $a_{kk} - \sigma_k \to a_{kk}$［$u_k$ 的第 k 个分量］
   3.4 For $j = k+1, k+2, \cdots, n$［修改 $\alpha_j^{(k)}$］
      3.4.1 for $i = k, k+1, \cdots, m$［计算 $u_k^T \alpha_j^{(k)}$］
         3.4.1.1 $v = \sum a_{ik} a_{ij}$
         End for(i)
      3.4.2 $\mu = \beta_k^{-1} v$
      3.4.3 For $i = k, k+1, \cdots, m$
         3.4.3.1 $a_{ij} - \mu a_{ik} \to a_{ij}$
         End for(i)
      3.4.4 $S_j - a_{kj}^2 = S_j$［减少累加项］
   End for(j)
End for(k)
4. For $i = 1, 2, \cdots, n$
   $\sigma_i \to a_{ii}$.

5. End

诚然,在计算 σ_k 时,随 k 的增大,累积的舍入误差也增大. 为提高计算精确度,须利用正交变换不改变向量长度的性质,即 $\parallel H_k \alpha_k^{(k)} \parallel = \parallel \alpha_k^{(k+1)} \parallel_2$,应首先计算 $\sigma_j (j=1, 2, \cdots, n)$,在正交三角化过程中逐次按列减去一项算出新的 σ_j.

利用数学归纳法,结合算法 1 的计算量,我们可算出此方法的乘法计算量约为 $2[n(n-1)+(n-1)(n-2)+\cdots+2-1]=O(n^3)$ 次.

7.4.2 相似约化为上 Hessenberg 矩阵

定义 2 矩阵 $A=(a_{ij})_{n\times n}$ 为上 Hessenberg 矩阵是指当 $i>j+1$ 时,有 $a_{ij}=0$.

定理 3 设矩阵 $A=(a_{ij})_{n\times n}=\begin{bmatrix} a_{11} & a_{12} & \cdots & a_{1n} \\ \alpha_1 & \alpha_2 & \cdots & \alpha_n \end{bmatrix}$,其中 $\alpha_i(i=1, 2, \cdots, n)$ 为 $n-1$ 维列向量,且 $\alpha_1 \neq 0$, $H^{(1)}$ 为 $n-1$ 阶 Householder 矩阵,满足

$$H^{(1)} \alpha_1 = -\operatorname{sgn}(a_{21}) \parallel \alpha_1 \parallel_2 e_1,$$

若 $H_1 = \begin{bmatrix} 1 & \\ & H^{(1)} \end{bmatrix}$,则 $H_1 A H_1$ 第一列为 $(a_{11}, -\operatorname{sgn}(a_{21}) \parallel \alpha_1 \parallel_2 e_1)^T$.

进一步,可得到如下定理.

定理 4 设矩阵 $A=(a_{ij})_{n\times n}$,其中 $a_{ij}=0$ 当 $i>j+1$, $j=1, 2, \cdots, k$ 时,即矩阵 A 可写成 $A=\begin{bmatrix} * & * \\ 0 & A_{n-k} \end{bmatrix}$,其中 A_{n-k} 为 $n-k$ 阶矩阵. 若记 $A_{n-k}=\begin{bmatrix} a_{k+1, k+1} & \cdots & a_{k+1, n} \\ \alpha_{k+1} & \cdots & \alpha_n \end{bmatrix}$,其中 α_{k+1} 为 $n-k-1$ 维向量,设 $H^{(k)}$ 为 $n-k-1$ 阶 Householder 矩阵,满足 $H^{(k)} \alpha_{k+1} = -\operatorname{sgn}(a_{k+2, k+1}) \parallel \alpha_{k+1} \parallel_2 e_1$.

令 $H_k = \begin{bmatrix} I_{k+1} & \\ & H_{n-k-1}^{(k)} \end{bmatrix}$,则 $H_k A H_k=(b_{ij})_{n\times n}$ 满足

$$b_{ij}=a_{ij}, \quad i=1, 2, \cdots, n, \quad j=1, 2, \cdots, k,$$
$$b_{i, k+1}=a_{i, k+1}, \quad i=1, 2, \cdots, k+1,$$
$$b_{k+2, k+1}=-\operatorname{sgn}(a_{k+2, k+1}) \parallel \alpha_{k+1} \parallel_2.$$

为更好地理解和证明定理 4,我们以

$$A=\begin{bmatrix} a_{11} & a_{12} & a_{13} & a_{14} & a_{15} \\ a_{21} & a_{22} & a_{23} & a_{24} & a_{25} \\ 0 & a_{32} & a_{33} & a_{34} & a_{35} \\ 0 & a_{42} & a_{43} & a_{44} & a_{45} \\ 0 & a_{52} & a_{53} & a_{54} & a_{55} \end{bmatrix} = \begin{bmatrix} a_{11} & a_{12} & a_{13} & a_{14} & a_{15} \\ a_{21} & a_{22} & a_{23} & a_{24} & a_{25} \\ 0 & a_{32} & & & \\ 0 & a_{42} & \alpha_3 & \alpha_4 & \alpha_5 \\ 0 & a_{52} & & & \end{bmatrix}$$

为例加以说明,其中 $a_{42} \neq 0$,则 $k=1$,取 $H^{(1)}$ 满足

$$H^{(1)} \begin{bmatrix} a_{32} \\ a_{42} \\ a_{52} \end{bmatrix} = -\operatorname{sgn}(a_{32}) \sqrt{a_{32}^2 + a_{42}^2 + a_{52}^2} \begin{bmatrix} 1 \\ 0 \\ 0 \end{bmatrix},$$

再令 $H_1 = \begin{bmatrix} 1 & & \\ & 1 & \\ & & H^{(1)} \end{bmatrix}$，则

$$H_1A = \begin{bmatrix} a_{11} & a_{12} & a_{13} & a_{14} & a_{15} \\ a_{21} & a_{22} & a_{23} & a_{24} & a_{25} \\ 0 & \sigma & & & \\ 0 & 0 & H^{(1)}\alpha_3 & H^{(1)}\alpha_4 & H^{(1)}\alpha_5 \\ 0 & 0 & & & \end{bmatrix},$$

$$H_1AH_1 = \begin{bmatrix} a_{11} & & a_{12} & & \\ a_{21} & & a_{22} & & \\ 0 & -\operatorname{sgn}(a_{32})\sqrt{a_{32}^2 + a_{42}^2 + a_{52}^2} & & & * \\ 0 & & 0 & & \\ 0 & & 0 & & \end{bmatrix}.$$

由定理 4，我们从 $A = (a_{ij})_{5\times5}$ 为例，来看如何一步步将矩阵 A 相似约化为上 Hessenberg 矩阵，具体步骤如下：

1）构造 $H^{(0)}$，使

$$H^{(0)}\begin{bmatrix} a_{21} \\ a_{31} \\ a_{41} \\ a_{51} \end{bmatrix} = \begin{bmatrix} -\operatorname{sgn}(a_{21})\sqrt{a_{21}^2 + a_{31}^2 + a_{41}^2 + a_{51}^2} \\ 0 \\ 0 \\ 0 \end{bmatrix},$$

令 $H_0 = \begin{bmatrix} 1 & \\ & H^{(0)} \end{bmatrix}$，得

$$A_0 = H_0AH_0 = \begin{bmatrix} a_{11} & & \\ -\operatorname{sgn}(a_{21})\sqrt{a_{21}^2 + a_{31}^2 + a_{41}^2 + a_{51}^2} & & \\ 0 & & * \\ 0 & & \\ 0 & & \end{bmatrix} = (a_{ij}^{(0)}).$$

2）构造 $H^{(1)}$，使

$$H^{(1)}\begin{bmatrix} a_{32}^{(0)} \\ a_{42}^{(0)} \\ a_{52}^{(0)} \end{bmatrix} = \begin{bmatrix} -\operatorname{sgn}(a_{32}^{(0)})\sqrt{a_{32}^{(0)^2} + a_{42}^{(0)^2} + a_{52}^{(0)^2}} \\ 0 \\ 0 \end{bmatrix},$$

令 $H_1 = \begin{bmatrix} 1 & & \\ & 1 & \\ & & H^{(1)} \end{bmatrix}$，则

$$A_1 = H_1 A_0 H_1 = \begin{pmatrix} a_{11} & a_{12} \\ -\operatorname{sgn}(a_{21})\sqrt{a_{21}^2 + a_{31}^2 + a_{41}^2 + a_{51}^2} & a_{22} \\ 0 & -\operatorname{sgn}(a_{32}^{(0)})\sqrt{a_{32}^{(0)2} + a_{42}^{(0)2} + a_{52}^{(0)2}} & * \\ 0 & 0 \\ 0 & 0 \end{pmatrix}.$$

3) 构造 H_2, 得 $A_2 = H_2 A_1 H_2$, 则 A_2 为符合要求的上 Hessenberg 矩阵.

不难验证, 使 $A_{n\times n}$ 约化为上 Hessenberg 矩阵, 算法约需 $\dfrac{5}{3}n^3$ 次乘法运算. 若 A 为实对称矩阵, 则经上步骤相似约化后的矩阵仍为实对称矩阵, 且为实对称的三对角矩阵.

7.4.3 上 Hessenberg 矩阵的 *QR* 分解

我们以一个 5 阶满秩上 Hessenberg 矩阵为例加以说明其 *QR* 分解方法.
令

$$A = \begin{pmatrix} a_{11} & a_{12} & a_{13} & a_{14} & a_{15} \\ a_{21} & a_{22} & a_{23} & a_{24} & a_{25} \\ 0 & a_{32} & a_{33} & a_{34} & a_{35} \\ 0 & 0 & a_{43} & a_{44} & a_{45} \\ 0 & 0 & 0 & a_{54} & a_{55} \end{pmatrix} \equiv A_1,$$

构造平面旋转矩阵

$$R(1, 2, \theta) = \begin{pmatrix} c_{12} & s_{12} & & & \\ -s_{12} & c_{12} & & & \\ & & 1 & & \\ & & & 1 & \\ & & & & 1 \end{pmatrix},$$

简记为 P_{12}. 使 a_{21} 零化, 即要求

$$\begin{pmatrix} c_{12} & s_{12} \\ -s_{12} & c_{12} \end{pmatrix} \begin{pmatrix} a_{11} \\ a_{21} \end{pmatrix} = \begin{pmatrix} v \\ 0 \end{pmatrix},$$

于是 $-s_{12}a_{11} + c_{12}a_{21} = 0$. 又由旋转矩阵性质 $c_{12}^2 + s_{12}^2 = 1$, 得

$$c_{12} = \frac{a_{11}}{\sqrt{a_{11}^2 + a_{21}^2}}, \quad s_{12} = \frac{a_{21}}{\sqrt{a_{11}^2 + a_{21}^2}},$$

于是

$$v = c_{12}a_{11} + s_{12}a_{21} = \sqrt{a_{11}^2 + a_{21}^2}.$$

记 $A_1^{(2)} = P_{12}A_1$, $A_1^{(2)}$ 与 A_1 相比, 只第一、二行元素有变化. 同样构造 $R(2, 3, \theta)$, 简记为 P_{23}, 使 $A_1^{(2)}$ 的 a_{32} 零化. 记

$$A_1^{(3)} = P_{23}A_1^{(2)} = P_{23}P_{12}A_1,$$

同样的思路继续下去,有 $A_1^{(4)} = P_{34}A_1^{(3)} = P_{34}P_{23}P_{12}A_1$,$A_1^{(5)} = P_{45}P_{34}P_{23}P_{12}A_1$,则 $A_1^{(5)}$ 是一个上三角矩阵.记 $A_1^{(5)} = R_1$,$Q_1^T = P_{45}P_{34}P_{23}P_{12}$,则 R_1 是有正对角元的上三角矩阵,Q_1 是正交矩阵,且 $A_1 = Q_1R_1$.再令 $A_2 = R_1Q_1$,则 $A_2 = Q_1^{-1}A_1Q_1 = R_1P_{12}^TP_{23}^TP_{34}^TP_{45}^T$.

若记 $A_2^{(1)} = R_1$,$A_2^{(2)} = R_1P_{12}^T$,则 $A_2^{(2)}$ 与 $A_2^{(1)}$ 比只第 1,2 列发生了变化,其他元素不变.类似地,再计算 $A_2^{(3)} = A_2^{(2)}P_{23}^T$,$A_2^{(4)} = A_2^{(3)}P_{34}^T$,$A_2^{(5)} = A_2^{(4)}P_{45}^T$.

这种计算 $A_1 = Q_1R_1$ 和 $A_2 = R_1Q_1$ 的过程称为一个 QR 迭代步.一个 QR 迭代步的乘法运算次数是 $O(n^2)$,因此对上 Hessenberg 矩阵,用此旋转矩阵方法比用 Householder 矩阵作正交分解,计算量小很多.

7.4.4　QR 算法

设 $A \in R^{n \times n}$,记 $A = A_1$,

$$\begin{cases} A_k = Q_kR_k \\ A_{k+1} = R_kQ_k \end{cases} \tag{1}$$

称为 QR 算法的一个迭代步,其中 Q_k 为正交矩阵,R_k 为上三角矩阵.

定理 5　设 n 阶矩阵 A 的 n 个特征值满足 $|\lambda_1| > |\lambda_2| > \cdots > |\lambda_n| > 0$,其相应的 n 个线性无关特征向量 $x_1, x_2, \cdots, x_n$,记 $X = (x_1, x_2, \cdots, x_n)$,$Y = X^{-1}$,若 Y 存在 LU 分解,则由(1)式产生的矩阵 A_k 基本收敛于上三角矩阵 R.

这里基本收敛的意思是指 $\{A_k\}$ 的元素中除对角线以下的元素趋于零外,可以不收敛于 R 的元素.(证明参见《数值计算方法》,武汉大学出版社,郑慧饶等编著的 P_{525} 定理 9.7.3.)

由定理 5,只要 A 满足一定的条件,因为 $A_{k+1} = Q_k^{-1}A_kQ_k$,所以 $A_{k+1} \sim A_k$,从而 $A_1 \sim A_k$,这表明 A_1 与 A_k 有相同的特征值.

由定理 5,只要 A 满足一定的条件,A_k 趋近于一个上三角矩阵,则可得到 A 的全部特征值.

定理 6　若 A 是上 Hessenberg 矩阵,$\tilde{A} = Q^TAQ$ 是经过一个 QR 迭代步得到的矩阵,则 $\tilde{A}$ 也是上 Hessenberg 矩阵.

证明略.

由定理 6,只要 A_k 的次对角元趋于零,就可终止迭代.实际运算中,通常预先给定一个小的正数 ε,在一个迭代步的计算结束后,对 $l = n-1, n-2, \cdots, 1$,依次判断次对角元的绝对值 $|a_{l+1,l}| \leqslant \varepsilon \|A\|$ 或

$$|a_{l+1,l}| \leqslant \varepsilon \min\{|a_{ll}|, |a_{l+1,l+1}|\} \text{ 或 } |a_{l+1,l}| \leqslant \varepsilon(|a_{ll}| + |a_{l+1,l+1}|).$$

若这三个不等式中有一个成立,则把 $a_{l+1,l}$ 看做实际上为零.

判别结果有以下四种情形,分别作不同的处理.

情形 1.对所有 $l = n-1, n-2, \cdots, 1$ 都不成立,说明次对角元素还没有充分小,继续迭代.

情形 2.当 $l = n-1$ 时,有一个不等式成立,则把 A_k 看成

$$\begin{pmatrix} a_{11} & a_{12} & \cdots & & a_{1,n-1} & a_{1n} \\ a_{21} & a_{22} & \cdots & & a_{2,n-1} & a_{2n} \\ & \ddots & \ddots & & \vdots & \vdots \\ & & a_{n-1,n-2} & a_{n-1,n-1} & a_{n-1,n} \\ & & & & 0 & a_{m} \end{pmatrix},$$

则 a_{m} 为一个近似特征值,再对前面的 $n-1$ 阶矩阵继续进行 QR 迭代.

情形 3. 当 $l = n-2$ 时,有一个不等式成立,则把 A_k 看成

$$\begin{pmatrix} a_{11} & a_{12} & \cdots & a_{1,n-1} & a_{1n} \\ a_{21} & a_{22} & \cdots & a_{2,n-1} & a_{2n} \\ & \ddots & \ddots & \vdots & \vdots \\ & & 0 & a_{n-1,n-1} & a_{n-1,n} \\ & & & a_{n,n-1} & a_{m} \end{pmatrix},$$

则 $\begin{pmatrix} a_{n-1,n-1} & a_{n-1,n} \\ a_{n,n-1} & a_{m} \end{pmatrix}$ 的特征值是 A 的特征值,再对前面的 $n-2$ 阶矩阵继续进行 QR 迭代.

情形 4. 当 $l = t$, $l < t < n-2$ 时,有一个不等式成立. 例如 8 阶矩阵,当 $l = 4$ 时成立,这时把 A_k 看成

$$\begin{pmatrix} a_{11} & a_{12} & a_{13} & a_{14} & a_{15} & a_{16} & a_{17} & a_{18} \\ a_{21} & a_{22} & a_{23} & a_{24} & a_{25} & a_{26} & a_{27} & a_{28} \\ & a_{32} & a_{33} & a_{34} & a_{35} & a_{36} & a_{37} & a_{38} \\ & & a_{43} & a_{44} & a_{45} & a_{46} & a_{47} & a_{48} \\ & & & 0 & a_{55} & a_{56} & a_{57} & a_{58} \\ & & & & a_{65} & a_{66} & a_{67} & a_{68} \\ & & & & & a_{76} & a_{77} & a_{78} \\ & & & & & & a_{87} & a_{88} \end{pmatrix},$$

则将 A 分裂为两个阶数分别为 l 阶和 $n-l$ 阶的上 Hessenberg 矩阵,分别作 QR 迭代.

终上所述,QR 算法的过程为:

(1) 把矩阵 A 相似约化为上 Hessenberg 矩阵,这个计算量约为 $\dfrac{5}{3}n^3$ 次乘法;

(2) 对上 Hessenberg 矩阵用平面旋转矩阵的方法作 QR 迭代,一个迭代步的乘法计算量约为 $O(n^2)$ 次.

需要注意的是,若不经步骤 1,直接用 Householder 矩阵方法对 A 作 QR 分解,则一个迭代步需要 $O(n^3)$ 次乘法. 若矩阵阶数稍大,此算法几乎没有应用价值.

习题七

1. 设 $A = \begin{pmatrix} 1 & 3 \\ 2 & 5 \end{pmatrix}$,求 A 特征值.

2. 利用格什戈林圆盘定理估计下列矩阵特征值的界.

1) $\begin{pmatrix} -1 & 0 & 0 \\ -1 & 0 & 1 \\ -1 & -1 & 2 \end{pmatrix}$;

2) $\begin{pmatrix} 4 & -1 & & & \\ -1 & 4 & -1 & & \\ & \ddots & \ddots & \ddots & \\ & & -1 & 4 & -1 \\ & & & -1 & 4 \end{pmatrix}$.

3. 设 $A = \begin{pmatrix} 1 & \\ & 10^{10} \end{pmatrix}$，求 $\nu(A)$ 和 $cond_1(A)$.

4. 用规范幂法计算矩阵 $A = \begin{pmatrix} 1 & -1 & 4 \\ 3 & 2 & -1 \\ 2 & 1 & -1 \end{pmatrix}$ 的主特征值及对应特征向量，取 $v_0 = (1, 1, 1)^T$，要求迭代两次.

5. 试用反幂法求矩阵 $\begin{pmatrix} 6 & 2 & 1 \\ 2 & 3 & 1 \\ 1 & 1 & 1 \end{pmatrix}$ 的最接近于 6 的特征值及对应特征向量，给定初始向量 $v_0 = u_0 = \begin{pmatrix} 1 \\ 1 \\ 1 \end{pmatrix}$，算两个迭代步.

6. 试用瑞利商加速方法计算实对称矩阵 $A = \begin{pmatrix} 4 & 0 & 0 \\ 0 & 2 & 1 \\ 0 & 1 & 2 \end{pmatrix}$ 的主特征值. 取 $v_0 = u_0 = \begin{pmatrix} 1 \\ 1 \\ 1 \end{pmatrix}$，算两个迭代步.

7. 设 $A = \begin{pmatrix} 2 & 10 & 2 \\ 10 & 5 & -8 \\ 2 & -8 & 11 \end{pmatrix}$，

1) 求矩阵 $R(1, 2, \theta)$，使 A 的第一行第二列变为零；

2) 求 $A_2 = R(1, 2, \theta)^T A R(1, 2, \theta)$.

8. 试用 Householder 矩阵将 $A = \begin{pmatrix} 1 & 3 & 4 \\ 3 & 1 & 2 \\ 4 & 2 & 1 \end{pmatrix}$ 相似的化为对称三角矩阵.

9. 试用 QR 方法计算 $A = \begin{pmatrix} 3 & 1 & 0 \\ 1 & 2 & 1 \\ 0 & 1 & 1 \end{pmatrix}$ 的特征值(算一个 QR 迭代步即可).

第八章

常微分方程数值解法

8.1 引言

微分方程是含有自变量、未知函数及其导数的方程,方程的解是函数. 未知函数是一元函数的微分方程被称为常微分方程. 现代科学技术和工程应用中很多问题都归结为常微分方程的求解. 下面给出一些具体的例子.

描述人口预测的 Logistic 模型是

$$\frac{\mathrm{d}P}{\mathrm{d}t} = rP\left(1 - \frac{P}{K}\right),$$

其中 r 在生态学中表示内禀增长率,在人口预测中指代生命系数,与环境因数无关; K 与人口的增长的环境有关,称为环境容量. 式(8.1) 就是一个一阶常微分方程.

描述牛顿第二定律,在不考虑物体在自由落体时的空气阻力,建立的微分方程为

$$y'' = g,$$

其中 y 是关于时间 t 的位移函数, g 为重力加速度.

描述电气工程中的并联 RLC 电路问题,给出的电压 $v(t)$ 的控制方程

$$\frac{d^2 v}{\mathrm{d}t^2} + \frac{1}{RC}\frac{\mathrm{d}v}{\mathrm{d}t} + \frac{v}{LC} = 0,$$

其中 R , L , C 分别为电阻(以欧姆 Ω 为单位)、电感(以亨利 H 为单位)和电容(以法拉 F 为单位). 上述方程分别是一个一阶、两个二阶常微分方程.

我们以一阶常微分方程为例说明解的存在唯一性问题. 考虑一阶常微分方程的初值问题

$$\begin{cases} y' = f(x, y), \ x \in [x_0, b], \\ \qquad y(x_0) = y_0. \end{cases} \tag{1}$$

若存在正数 L ,使得对任意 y_1 , $y_2 \in R$,恒有

$$| f(x, y_1) - f(x, y_2) | \leqslant L \cdot | y_1 - y_2 |,$$

则称函数 $f(x, y)$ 关于 y 满足 **Lipschitz 条件**,L 称为函数 $f(x, y)$ 的 **Lipschitz 常数**.

关于常微分方程的解的存在唯一性,有下面结论.

定理 1 设函数 $f(x, y) \in C(D), D: x \in [a, b], y \in R$, $f(x, y)$ 关于 y 满足 Lipschitz 条件,则对任意 $\forall x_0 \in [a, b], y_0 \in R$,初值问题(1)当 $x \in [a, b]$ 时存在唯一解 $y(x)$ 连续可微.

常微分方程的解往往依赖于初值问题与右端函数 $f(x, y)$. 当函数的 Lipschitz 常数 L

比较小时,解对初值问题与右端函数相对不敏感,称之为好条件;若 L 较大,则称之为坏条件,即所谓病态问题.

定理 2　设函数 $f(x, y) \in C(D), D : x \in [a, b], y \in R, f(x, y)$ 关于 y 满足 Lipschitz 条件,初值问题

$$y'(x) = f(x, y), y(x_0) = s,$$

解为 $y(x, s)$,则

$$| y(x, s_1) - y(x, s_2) | \leqslant e^{L|x-x_0|} \cdot | s_1 - s_2 |.$$

更进一步,若右端函数 $f(x, y)$ 可导,则利用 Lagrange 中值定理可知,存在 ξ 位于 y_1, y_2 之间,使得

$$f(x, y_1) - f(x, y_2) = \frac{\partial f(x, \xi)}{\partial y} \cdot (y_1 - y_2),$$

若

$$\left| \frac{\upsilon f(x, \xi)}{\partial y} \right| \leqslant L,$$

则

$$| f(x, y_1) - f(x, y_2) | \leqslant L \cdot | y_1 - y_2 |.$$

这意味着右端函数 $f(x, y)$ 满足 Lipschitz 条件,且 L 的大小反映了右端函数 $f(x, y)$ 关于 y 变化的快慢,刻画了初值问题是否为好条件.

然而,人们往往很难写出解的解析表达式,取而代之的是研究相应的数值解法,即寻求解 $y(x)$ 在一系列离散节点

$$x_1 < x_2 < \cdots < x_n < x_{n+1} < \cdots$$

上的近似值 y_1, y_2, $\cdots$, y_n, y_{n+1}, $\cdots$. 称 $h_n = x_{n+1} - x_n$ 为步长,本章内容总假定诸 $h_n = h$, 于是离散节点可表示为诸 $x_n = x_0 + nh$.

为了得到有效的近似解,我们一般要从以下三方面进行考虑:

(i) 如何将常微分方程进行离散化? 如对(1)式第 1 个方程,若采用单步法,则计算 y_{n+1} 只用到 y_n;若采用多步法,则计算 y_{n+1} 用到 y_n, y_{n-1}, $\cdots$, y_{n-k+1}.

(ii) 如何研究数值公式的局部截断误差、数值解 y_n 与准确解 $y(x_n)$ 的误差估计及收敛阶?

(iii) 如何分析求数值解的递推公式的稳定性?

本章将介绍常用的单步法在常微分方程数值解中的应用的方法,这些单步法包括 Euler 法、改进的 Euler 法、Taylor 法、Runge-Kutta 法、Adams 法及 Milne 法等.

8.2　Euler 法与单步法局部截断误差

8.2.1　Euler 法与改进的 Euler 法

考虑一阶常微分方程的初值问题

$$\begin{cases} y' = f(x, y), \ x \in [x_0, b], \\ \qquad y(x_0) = y_0. \end{cases} \tag{1}$$

我们将(1)式第 1 个方程中导数用向前差商替代,而右端函数中准确值 $y(x_n)$ 用近似值 y_n 替代,便得到数值公式

$$\frac{y_{n+1} - y_n}{x_{n+1} - x_n} = f(x_n, y_n),$$

即

$$y_{n+1} = y_n + hf(x_n, y_n),$$

称之为 **Euler 法**. 从几何意义上看,Euler 法表明积分曲线上每一点均与方向场于该点的方向一致.

为了研究 Euler 法的局部截断误差,即 $y(x_{n+1}) - y_{n+1}$,我们令前一步准确值与精确值相等,则结合 Taylor 展开,得到

$$y(x_{n+1}) = y(x_n + h) = y(x_n) + y'(x_n)h + \frac{h^2}{2}y''(\xi_n)$$
$$= y_{n+1} + \frac{h^2}{2}y''(\xi_n) \approx y_{n+1} + \frac{h^2}{2}y''(x_n),$$

这意味着 Euler 法的局部截断误差

$$y(x_{n+1}) - y_{n+1} = O(h^2).$$

例 1 试用 Euler 法求解初值问题

$$\begin{cases} y' = xy + x^3, \ x \in [0, 1], \\ \qquad y(0) = 1. \end{cases}$$

解 易知利用 Euler 法可得初值问题的第一个方程的离散格式

$$\begin{cases} y_{n+1} = y_n + f(x_n, y_n) = y_n + x_n y_n + x_n^3, \ n = 0, 1, \cdots, \\ \qquad y_0 = 1, \end{cases}$$

其中步长 $h = 0.1$,右端函数

$$f(x, y) = xy + x^3.$$

显然这是一阶线性非齐次微分方程,其解为

$$y(x) = 3e^{\frac{x^2}{2}} - x^2 - 2, \ x \in [0, 1].$$

于是递推计算得到数值解与误差如表 8.1 所示.

表 8.1　例 1 Euler 法数值结果与误差

i	x_i	准确解 $y(x_i)$	数值解 y_i	误差 $|y(x_i) - y_i|$
0	0.0	1.000 0	1.000 0	0.000 0
1	0.1	1.005 0	1.000 0	0.005 0

i	x_i	准确解 $y(x_i)$	数值解 y_i	误差 $\lvert y(x_i) - y_i \rvert$
2	0.2	1.0206	1.0101	0.0105
3	0.3	1.0481	1.0311	0.0170
4	0.4	1.0899	1.0647	0.0251
5	0.5	1.1494	1.1137	0.0357
6	0.6	1.2317	1.1819	0.0497
7	0.7	1.3429	1.2744	0.0684
8	0.8	1.4914	1.3979	0.0934
9	0.9	1.6879	1.5610	0.1269
10	1.0	1.9492	1.7744	0.1718

诚然，我们也可以利用数值积分的方法建立 Euler 法数值公式. 将(1)第一个方程两边关于 x 积分，得到

$$\int_{x_n}^{x_{n+1}} y'(x)\mathrm{d}x = \int_{x_n}^{x_{n+1}} f(x, y(x))\mathrm{d}x, \tag{2}$$

并将上式右端按左矩形公式展开，得到

$$y(x_{n+1}) - y(x_n) = hf(x_n, y(x_n)),$$

于是以数值解替换准确解，便得到

$$y_{n+1} = y_n + hf(x_n, y_n),$$

即为 Euler 法数值公式.

由此，不禁要问，如果将(2)式右端按右矩形公式、梯形公式展开，我们又会得到怎样的数值公式呢？

我们将(2)式右端按右矩形公式展开，得到

$$y_{n+1} = y_n + hf(x_{n+1}, y_{n+1}),$$

显然我们得到一个求 y_{n+1} 的方程，我们称之为**后退的 Euler 法**，它是**隐式方法**，而 Euler 法是**显式方法**.

同理，我们将(2)式右端按梯形公式展开，同时将数值解 y_n，y_{n+1} 分别代替准确解 $y(x_n)$，$y(x_{n+1})$，得到

$$y_{n+1} = y_n + \frac{h}{2}\big[f(x_n, y_n) + f(x_{n+1}, y_{n+1})\big],$$

称之为**梯形方法**，易知梯形方法是**隐式单步法**.

由于后退 Euler 法与梯形方法都是隐式单步法，求解 y_{n+1} 比较困难，因此为了计算方便，人们往往构造迭代格式，得到迭代序列 $\{y_{n+1}^{(k)}\}_{k=0}^{\infty}$. 如何构造这样的迭代序列？在什么条件下，随着迭代次数 $k \to \infty$，迭代序列 $y_{n+1}^{(k)} \to y_{n+1}$？

对于后退 Euler 法，我们将利用 Euler 法得到的近似解作为初值条件，构造如下迭代

格式：

$$\begin{cases} y_{n+1}^{(0)} = y_n + hf(x_n, y_n), \\ y_{n+1}^{(k+1)} = y_n + hf(x_{n+1}, y_{n+1}^{(k)}), \ k = 0, 1, \cdots. \end{cases}$$

设右端函数 $f(x, y)$ 关于 y 的 Lipschitz 常数为 $L > 0$，则迭代误差满足

$$| y_{n+1}^{(k+1)} - y_{n+1} | = h \cdot | f(x_{n+1}, y_{n+1}^{(k)}) - f(x_{n+1}, y_{n+1}) | \leqslant hL \cdot | y_{n+1}^{(k)} - y_{n+1} |,$$

故当 $0 < hL < 1$ 时，随着迭代次数 $k \to \infty$，迭代序列 $y_{n+1}^{(k)} \to y_{n+1}$.

而对于梯形方法，我们依然将 Euler 法得到的近似解作为初值条件，构造迭代格式：

$$\begin{cases} y_{n+1}^{(0)} = y_n + hf(x_n, y_n), \\ y_{n+1}^{(k+1)} = y_n + \dfrac{h}{2}[f(x_n, y_n) + f(x_{n+1}, y_{n+1}^{(k)})], \ k = 0, 1, \cdots. \end{cases}$$

于是迭代误差

$$y_{n+1} - y_{n+1}^{(k+1)} = \frac{h}{2}[f(x_{n+1}, y_{n+1}) - f(x_{n+1}, y_{n+1}^{(k)})],$$

故

$$| y_{n+1} - y_{n+1}^{(k+1)} | \leqslant \frac{hL}{2} | y_{n+1} - y_{n+1}^{(k)} |.$$

这意味着当 $0 < \dfrac{hL}{2} < 1$ 时，随着迭代次数 $k \to \infty$，迭代序列 $y_{n+1}^{(k)} \to y_{n+1}$.

特别地，我们将梯形方法迭代一次便得到常用的**改进 Euler 法**，即

$$\begin{cases} \bar{y}_{n+1} = y_n + hf(x_n, y_n), \\ y_{n+1} = y_n + \dfrac{h}{2}[f(x_n, y_n) + f(x_{n+1}, \bar{y}_{n+1})]. \end{cases} \tag{8.1}$$

例 2 试用改进 Euler 法求解例 1 中的初值问题.

解 利用改进 Euler 法，我们有

$$y_{n+1} = y_n + \frac{h}{2}[f(x_n, y_n) + f(x_{n+1}, y_n + hf(x_n, y_n))]$$

$$= y_n + \frac{h}{2}[x_n y_n + x_n^3 + (x_n + h)(y_n + h(x_n y_n + x_n^3)) + (x_n + h)^3],$$

$$y_0 = 1.$$

故递推计算得到数值解与误差如表 8.2 所示.

表 8.2　例 2 中改进的 Euler 法数值结果与误差

i	x_i	准确解 $y(x_i)$	数值解 y_i	误差 $| y(x_i) - y_i |$
0	0.0	1.000 0	1.000 0	0.000 0
1	0.1	1.005 0	1.005 1	0.000 1
2	0.2	1.020 6	1.020 7	0.000 1

i	x_i	准确解 $y(x_i)$	数值解 y_i	误差 $\lvert y(x_i) - y_i \rvert$
3	0.3	1.048 1	1.048 3	0.000 2
4	0.4	1.089 9	1.090 2	0.000 3
5	0.5	1.149 4	1.149 9	0.000 5
6	0.6	1.231 7	1.232 3	0.000 6
7	0.7	1.342 9	1.343 7	0.000 8
8	0.8	1.491 4	1.492 4	0.001 0
9	0.9	1.687 9	1.689 0	0.001 1
10	1.0	1.949 2	1.947 1	0.001 0

将上述结果与 Euler 法结果对比,不难发现,改进 Euler 法数值结果更优.

8.2.2　单步法的局部截断误差

以上述数值解法为例,我们可以建立一般的单步法的局部截断误差. 初值问题(1 单步法的一般形式定义为

$$y_{n+1} = y_n + hF(x_n, y_n, y_{n+1}, h).$$

而显式单步法定义为

$$y_{n+1} = y_n + hF(x_n, y_n, h), \tag{3}$$

其中 $F(x, y, h)$ 称为**增量函数**.

我们将(3)式中数值解 y_n, y_{n+1} 分别换成准确解 $y(x_n), y(x_{n+1})$ 所产生的误差称为显式单步法(3)的**局部截断误差**,即:

定义 1　设 $y(x)$ 是初值问题(1)的准确解,称

$$R_{n+1} = y(x_{n+1}) - y(x_n) - h\varphi(x_n, y(x_n), h) \tag{4}$$

为显式单步法(1)的局部截断误差.

我们为何如此定义显式单步法的局部截断误差 R_{n+1} 呢? 这是因为在显式单步法(3)的递推计算过程中,为了算出 x_{n+1} 处的数值解 y_{n+1},我们一般认为 x_n 处的数值解 y_n 就等于准确解 $y(x_n)$,于是

$$\begin{aligned} y(x_{n+1}) - y_{n+1} &= y(x_{n+1}) - [y_n + h\varphi(x_n, y_n, h)] \\ &= y(x_{n+1}) - [y(x_n) + h\varphi(x_n, y(x_n), h)] = R_{n+1}, \end{aligned}$$

表明按(3)所定义的局部截断误差就是 x_{n+1} 处准确解与数值解之误差.

我们借助于大 O 函数与局部截断误差,可以定义数值解法的精度.

定义 2　设 $y(x)$ 是初值问题(1)的准确解,若存在最大正整数 p,使得显式单步法(3)的局部截断误差

$$R_{n+1} = y(x_n + h) - y(x_n) - h\varphi(x_n, y(x_n), h) = O(h^{p+1}),$$

则称数值解法(3)具有 p 阶精度,也称方法(3)为一阶方法.

若局部截断误差有具体表达式

$$R_{n+1} = G(x_n, y(x_n))h^{p+1} + O(h^{p+2}),$$

则 $G(x_n, y(x_n))h^{p+1}$ 称为局部截断误差主项.

例如,Euler 法是一阶方法. 事实上,由 Taylor 展开式,局部截断误差为

$$R_{n+1} = y(x_{n+1}) - y(x_n) - hf(x_n, y(x_n)) = y(x_{n+1}) - y(x_n) - hy'(x_n)$$
$$= \frac{h^2}{2}y''(x_n) + O(h^3) = O(h^2).$$

进一步,利用 Taylor 公式与显式单步法(3)的局部截断误差概念,我们可以确定隐式单步法如后退 Euler 法、梯形方法的精度.

对后退 Euler 法,其局部截断误差为

$$R_{n+1} = y(x_{n+1}) - y(x_n) - hf(x_{n+1}, y(x_{n+1})) = y(x_{n+1}) - y(x_n) - hy'(x_{n+1})$$
$$= hy'(x_n) + \frac{h^2}{2}y''(x_n) + O(h^3) - h[y'(x_n) + hy''(x_n) + O(h^2)]$$
$$= -\frac{h^2}{2}y''(x_n) + O(h^3) = O(h^2),$$

这表明后退 Euler 法具有 1 阶精度.

而对梯形方法,其局部截断误差为

$$R_{n+1} = y(x_{n+1}) - y(x_n) - \frac{h}{2}[f(x_n, y(x_n) + f(x_{n+1}, y(x_{n+1}))]$$
$$= y(x_{n+1}) - y(x_n) - \frac{h}{2}[y'(x_n) + y'(x_{n+1})]$$
$$= hy'(x_n) + \frac{h^2}{2}y''(x_n) + \frac{h^3}{3!}y'''(x_n) + O(h^4) - \frac{h}{2}[y'(x_n)$$
$$+ y'(x_n) + hy''(x_n) + \frac{h^2}{2}y'''(x_n) + O(h^3)]$$
$$= -\frac{h^3}{12}y'''(x_n) + O(h^4) = O(h^3),$$

故梯形方法是 2 阶方法.

8.3 Taylor 级数方法

设初值问题

$$\begin{cases} y' = f(x, y), x \in [a, b], \\ y(a) = y_0, \end{cases} \tag{1}$$

将区间 $[a, b]$ 划分为 M 个等距子区间,并选择网格点

$$x_k = a + kh, k = 0, 1, \cdots, M,$$

其中 $h = \dfrac{b-a}{M}$ 称为步长. 于是利用 Taylor 公式, 我们得到如下结论.

定理 1 设 $y(x) \in C^{N+1}[a, b]$, 且 $y(x)$ 在不动点 $x = x_k \in [a, b]$ 处有 N 次 Taylor 公式

$$y(x_k + h) = + hT_N(x_k, y(x_k)) + O(h^{N+1}), \qquad (2)$$

其中

$$T_N(x_k, y(x_k)) = \sum_{j=1}^{N} \frac{y^{(j)}(x_k)}{j!} h^{j-1},$$

$y^{(j)}(x) = f^{(j-1)}(x, y(x))$ 表示函数 f 关于 t 的 $j-1$ 次全导数.

诚然, 求导公式可以递归计算

$$y'(x) = f,$$
$$y'' = f_x + f_y y' = f_x + f_y f,$$
$$y^{(3)} = f_{xx} + 2f_{xy} y' + f_y y'' + f_{yy}(y')^2$$
$$= f_{xx} + 2f_{xy} f + f_y(f_x + f_y f) + f_{yy} f^2,$$

一般地,

$$y^{(N)}(t) = P^{(N-1)} f(x, y(t)),$$

其中 P 为导数算子

$$P = \left(\frac{\partial}{\partial x} + f \frac{\partial}{\partial y} \right),$$

从而利用各子区间 $[x_k, x_{k+1}]$ 上的公式(2), 我们可算出区间 $[x_0, x_M]$ 上初值问题 $y'(x) = f(x, y)$ 的近似解, 即关于点 $x = x_k$ 的 N 次 Taylor 级数展开式是

$$y_{k+1} = y_k + d_1 h + \frac{d_2}{2!} h^2 + \cdots + \frac{d_N}{N!} h^N,$$

其中 $d_j = y^{(j)}(x_k)$, $j = 1, 2, \cdots, N$.

如果 $x_1 > x_0$, 且 x_1 趋近于 x_0, 我们可以通过在 x_0 点前 N 项的 Taylor 展开找到 $y(x_1)$ 的近似值 y_1. 很明显, 我们需要保证 $h = x_1 - x_0$ 充分小才能极小化误差 $y(x_1) - y_1$. 我们重复上述过程, 有 Taylor 级数展开计算公式

$$y_{i+1} = y_i + y_i' h + \frac{1}{2!} y_i'' h^2 + \frac{1}{3!} y_i^{(3)} h^3 + \frac{1}{4!} y_i^{(4)} h^4 + \cdots.$$

例 1 试用 Taylor 级数展开法求解初值问题

$$\begin{cases} y' = -xy, \ x \in [0, 0.5], \\ y(0) = 1 \end{cases}$$

在 $x_0 = 0.0, x_1 = 0.1, x_2 = 0.2, x_3 = 0.3, x_4 = 0.4, x_5 = 0.5$ 的近似值.

解 令 $h = x_i - x_{i-1} = 0.1$, $i = 1, 2, \cdots, 5$, 代入公式(8.10)有,

$$y_{i+1} = y_i + 0.1 y_i' + 0.005 y_i'' + 0.000\,167 y_i^{(3)} + 0.000\,004 y_i^{(4)}, \ i = 0, 1, \cdots, 5. \quad (2)$$

为此先求出 y 的前 4 阶导数公式：

$$y' = -xy,$$
$$y'' = -xy' - y = -x(-xy) - y = (x^2 - 1)y,$$
$$y^{(3)} = \cdots = (-x^3 + 3x)y,$$
$$y^{(4)} = \cdots = (x^4 - 6x^2 + 3)y.$$

因此对应点 x_i 上的导数值为

$$
\begin{aligned}
&y_i' = -x_i y_i, \\
&y_i'' = (x_i^2 - 1)y_i, \\
&y_i^{(3)} = \cdots = (-x_i^3 + 3x_i)y_i, \\
&y_i^{(4)} = \cdots = (x_i^4 - 6x_i^2 + 3)y_i.
\end{aligned}
\tag{3}
$$

再将式(3)代入到公式(2)即可得

$$
\begin{aligned}
y_1 &= y_0 + 0.1y_0' + 0.005y_0'' + 0.000\,167y_0^{(3)} + 0.000\,004y_0^{(4)} \\
&= 1 + 0.1 \times 0 + 0.005 \times (-1) + 0.000\,167 \times 0 + 0.000\,004 \times 3 \\
&= 1 - 0.005 + 0.000\,012 = 0.995\,01.
\end{aligned}
$$

同理 $y_2 = 0.980\,194$，$y_3 = 0.955\,993$，$y_4 = 0.923\,107$，$y_5 = 0.882\,49$.

而初值问题(1)第一个方程是一阶线性微分方程，因此我们不难推出准确解的解析表达式 $y = e^{-x^2/2}$. 因此 $y(x)$ 于 $t_5 = 0.5$ 处准确值为

$$y|_{x=0.5} = e^{-0.125} = 0.882\,5.$$

由此可见由泰勒级数展开法得到的近似值与准确解非常接近.

当然，我们可以运用 $MATLAB^{©}$ 中的 dsolve 函数求解例 1 的解析解，

syms t y z

z = dsolve('Dy = -t * y', 'y(0) = 1', 't')

进一步，我们可以将 Taylor 级数展开法应用于求解二阶微分方程

$$y'' = f(x, y, y'),$$

为此我们还需要计算导数的 Taylor 级数展开式

$$y_{i+1}' = y_i' + y_i''h + \frac{1}{2!}y_i^{(3)}h^2 + \frac{1}{3!}y_i^{(4)}h^3 + \cdots.$$

我们已经知道，对一阶微分方程 $y' = f(x, y)$，在进行数值求解 y_{n+1} 时，需要近似解 y_n 和 y_{n+1}，所谓单步法. 对初值问题(1)求解的一般形式为

$$y_{n+1} = y_n + h\varphi(x_n, x_{n+1}, y_n, y_{n+1}, h),$$

其中 φ 与 f 有关.若 φ 中不含 y_{n+1}，称为显示格式；否则为隐式格式.

于是类似于显示单步法的局部截断误差与数值解法精度的概念，我们定义单步法的局部截断误差与 Taylor 级数展开法的精度.

定义 1　设 $y(x)$ 为初值问题(1)的解. 称

$$T_{k+1} = y(x_{k+1}) - y_k - h\varphi(x_n, x_{n+1}, y_n, y_{n+1}, h)$$

为单步法的局部截断误差.

定理 2 设 $y(x)$ 为初值问题(1)的解. 若 $y(x) \in C^{N+1}[a, b]$, $\{(x_k, y_k)_{k=0}^M\}$ 为 N 次 Taylor 方法产生的近似序列, 则 Taylor 级数展开法所得解的误差为

$$|e_k| = |y(x_k) - y_k| = O(h^{N+1}).$$
$$|e_{k+1}| = |y(x_{k+1}) - hT_N(x_k, y_k, h)| = O(h^{N+1}).$$

例 2 用 4 次泰勒方法在区间 $[0, 3]$ 上求解

$$\begin{cases} y' = \dfrac{x-y}{2}, \\ y(0) = 1. \end{cases}$$

并比较步长分别为 $1, \dfrac{1}{2}, \dfrac{1}{4}, \dfrac{1}{8}$ 时的结果.

解 此问题的精确解为

$$y(x) = x - 3e^{-\frac{1}{2}} - 2.$$

我们编写 Matlab 程序进行数值求解.

首先将导数 $y', y'', y''', y^{(4)}$ 保存在 df.m 中,即

```
function z = df(x, y)
z = [(x−y)/2 (2−x+y)/4 (−2+x−y)/8 (2−x+y)/16];
```

再运行程序 1. Taylor 级数 function T4＝taylor(df, a, b, ya, M),则运行结果如表 8.3 所示.

表 8.3   不同步长下的例 2 的数值解及误差

h	M	y_M	y(3)−y_M
1	3	1. 670 185 989 803 738	−0. 000 795 509 358 448
1/2	6	1. 669 430 761 799 159	−0. 000 040 281 353 870
1/4	12	1. 669 392 747 887 015	−0. 000 002 267 441 725
1/8	24	1. 669 390 614 952 614	−0. 000 000 134 507 324

8.4 龙格-库塔(Runge-Kutta)方法

8.4.1 Runge-Kutta 方法原理

龙格-库塔(Runge-Kutta)方法,简称 **RK 方法**,是微分方程 $y' = f(x, y)$,初值问题最常用的数值解法之一. 它与 Taylor 级数展开方法不同的是,使用多个点处的一阶导数值 $f(x, y)$,而不需要单个点上的高阶导数.

若用 p 阶的 Taylor 多项式近似函数 $y(x_{n+1})$ 有

$$y_{n+1} \approx y(x_{n+1}) = y(x_n) + hy'(x_n) + \frac{h^2}{2!}y''(x_n) + \cdots + \frac{h^p}{p!}y^{(p)}(x_n), \tag{1}$$

其中

$$y'(x) = f(x, y), y''(x) = f'_t(x, y) + f'_t(x, y)f(x, y), \cdots,$$

显然公式中含有各阶偏导数,计算复杂而不实用.

我们能否用函数 $f(x, y)$ 在若干点上的函数值的线性组合来构造近似公式? 我们可以构造要求近似公式在 (x_n, y_n) 处的 Taylor 展开式与准确解 $y(x)$ 在 x_n 处的 Taylor 展开式的前面几项重合,从而使近似公式达到所需要的阶数,提高精度.

一般地,设近似公式为

$$
\begin{aligned}
&y_{n+1} = y_n + \sum_{i=1}^{p} c_i K_i, \\
&K_1 = hf(x_n, y_n), \\
&K_i = hf(x_n + a_i h, y_n + \sum_{j=1}^{i-1} b_{ij} K_j), (i = 2, 3, \cdots, p).
\end{aligned} \tag{2}
$$

当 $p = 2$ 时,式(2)为

$$
\begin{aligned}
&y_{n+1} = y_n + (c_1 K_1 + c_2 K_2), \\
&K_1 = hf(x_n, y_n), \\
&K_2 = hf(x_n + a_2 h, y_n + b_{21} K_1).
\end{aligned} \tag{3}
$$

于是(3)式在 (x_n, y_n) 处的二元 Taylor 展开式为

$$
\begin{aligned}
y_{n+1} &= y_n + h[c_1 f(x_n, y_n) + c_2 f(x_n + a_2 h, y_n + b_{21} f(x_n, y_n))] \\
&= y_n + hc_1 f(x_n, y_n) + c_2 \{[f(x_n, y_n) + a_2 h f'_t(x_n, y_n) \\
&= hb_{21} f'_y(x_n, y_n) f(x_n, y_n)]\} + O(h^3) \\
&= y_n + (c_1 + c_2) f(x_n, y_n) h + c_2[a_2 f'_t(x_n, y_n) \\
&\quad + b_{21} f'_y(x_n, y_n) f(x_n, y_n)] h^2 + O(h^3).
\end{aligned} \tag{4}
$$

又由式(1)有 $y(x_{n+1})$ 在 x_n 处的 Taylor 展开为

$$
\begin{aligned}
y(x_{n+1}) &= y(x_n) + hy'(x_n) + \frac{h^2}{2!}y''(x_n) + O(h^3) \\
&= y_n + f(x_n, y_n)h + \frac{h^2}{2!}[f'_t(x_n, y_n) + f'_y(x_n, y_n)f(x_n, y_n)] + O(h^3). \tag{5}
\end{aligned}
$$

比较式(4)和式(5),令

$$
\begin{cases}
c_1 + c_2 = 1, \\
c_2 a_2 = 1/2, \\
c_2 b_{21} = 1/2,
\end{cases} \tag{6}
$$

便得到局部截断误差 $O(h^3)$,而方程组(6)有无穷多解,每一组解对应一个近似公式,称之为 RK 方法,它们为二阶方法.

例如取 $c_1 = c_2 = 1/2, a_2 = b_{21} = 1$,推出二阶 RK 近似公式(改进 Euler 公式)

$$K_1 = hf(x_n, y_n),$$
$$K_2 = hf(x_n + h, x_n + K_1),$$
$$y_{n+1} = y_n + \frac{1}{2}(K_1 + K_2). \tag{7}$$

而取 $c_1 = 0$, $c_2 = 1$, $a_2 = b_{21} = 1/2$, 便得到二阶 RK 近似公式(中点公式)

$$K_1 = hf(x_n, y_n),$$
$$K_2 = hf(x_n + h/2, y_n + K_1/2),$$
$$y_{n+1} = y_n + K_2. \tag{8}$$

当需更高的精度时,我们可以建立三阶、四阶 RK 方法计算公式,分别得到

$$l_1 = hf(x_n, y_n),$$
$$l_2 = hf(x_n + h/2, y_n + l_1/2),$$
$$l_3 = hf(x_n + h, y_n + 2l_2 - l_1),$$
$$y_{n+1} = y_n + \frac{1}{6}(l_1 + 4l_2 + l_3), \tag{9}$$

与

$$m_1 = hf(x_n, y_n),$$
$$m_2 = hf(x_n + h/2, y_n + m_1/2),$$
$$m_3 = hf(x_n + h/2, y_n + m_2/2),$$
$$m_4 = hf(x_n + h, y_n + m_3),$$
$$y_{n+1} = y_n + \frac{1}{6}(m_1 + 2m_2 + 2m_3 + m_4). \tag{10}$$

我们给出程序 2. function R=rk4(f, a, b, y0, M),由此计算 4 阶 RK :计算 $[a, b]$ 上初值问题 $y' = f(x, y), y(a) = y_0$ 的近似解.

例 1　用 RK 方法求解初值问题 ($h = 0.2$)

$$\begin{cases} y' = x + y^2, \\ y(0) = 1, \end{cases}$$

并计算 $y(0.2)$ 的近似值.

解　我们分别采用三种 RK 方法求解此初值问题.

(1) 运用公式(7),由 $y(0) = 1$,我们从 $x_0 = 0$, $y_0 = 1$ 开始计算

$$k_1 = hf(x_0, y_0) = 0.2(0 + 1^2) = 0.2,$$
$$k_2 = hf(x_0 + h, y_0 + h) = 0.2[0 + 0.2 + (1 + 0.2^2)] = 0.328,$$
$$y_1 = y_0 + \frac{1}{2}(k_1 + k_2) = 1 + \frac{1}{2}(0.2 + 0.328) = 1.264.$$

(2) 运用公式(9),我们得到

$l_1 = hf(x_0, y_0) = k_1 = 0.2,$

$l_2 = hf(x_0 + h/2, y_0 + l_1/2) = 0.2\left[\left(0 + \frac{1}{2} \times 0.2\right) + \left(1 + \frac{1}{2} \times 0.2\right)^2\right] = 0.262,$

$l_3 = hf(x_0 + h, y_0 + 2l_2 - l_1) = 0.2[(0 + 0.2) + (1 + 2 \times 0.262 - 0.2)^2] = 0.391,$

$y_1 = y_0 + \frac{1}{6}(l_1 + 4l_2 + l_3) = 1 + \frac{1}{6}(0.2 + 4 \times 0.262 + 0.391) = 1.273.$

（3）运用公式(10)，我们算出

$m_1 = hf(x_0, y_0) = l_1 = k_1 = 0.2,$

$m_2 = hf(x_0 + h/2, y_0 + m_1/2) = l_2 = 0.262,$

$m_3 = hf(x_0 + h/2, y_0 + m_2/2) = 0.2\left[0 + \frac{0.2}{2} + \left(1 + \frac{0.262}{2}\right)^2\right] = 0.276,$

$m_4 = hf(x_0 + h, y_0 + m_3) = 0.2[0 + 0.2 + (1 + 0.276)^2] = 0.366,$

$y_1 = y_0 + \frac{1}{6}(m_1 + 2m_2 + 2m_3 + m_4) = 1 + \frac{1}{6}(0.2 + 2 \times 0.262 + 2 \times 0.276 + 0.366)$

$= 1.274.$

诚然，RK 方法也可用于求解形如 $y'' = f(x, y, y')$ 的二阶微分方程. 我们可以建立三阶 RK 公式：

$$\begin{aligned}
l_1 &= hy_n', \\
l_1' &= hf(x_n, y_n, y_n'), \\
l_2 &= h\left(y_n' + \frac{l_1'}{2}\right), \\
l_2' &= hf(x_n + h/2, y_n + l_1/2, y_n' + l_1'/2), \\
l_3 &= h(y_n' + 2l' - l_1'), \\
l_3' &= hf(x_n + h, y_n + 2l_2 - l_1, y_n' + 2l_2' - l_1'), \\
y_{n+1} &= y_n + \frac{1}{6}(l_1 + 4l_2 + l_3), \\
y_{n+1}' &= y_n' + \frac{1}{6}(l_1' + 4l_2' + l_3').
\end{aligned} \tag{11}$$

例 2　用 RK 公式(11)求解初值问题 $(h = 0.2)$

$$\begin{cases} y'' - 2y^3 = 0, \\ y(0) = 1, \ y'(0) = -1, \end{cases}$$

并计算 $y(0.2)$ 和 $y'(0.2)$ 的近似值.

解　由已知 $t_0 = 0$, $y_0 = 0$, $y_0' = -1$, $h = 0.2$，我们重写微分方程为

$$y'' = 2y^3 = 0 \times t + 2y^3 + 0 \times y',$$

于是利用公式(11)，我们得到

$$l_1 = hy'_0,$$

$$l'_1 = hf(x_0, y_0, y'_0) = 0.2(0 + 2 \times 1^3 + 0) = 0.4,$$

$$l_2 = h\left(y'_0 + \frac{l'_1}{2}\right) = 0.2\left(-1 + \frac{0.4}{2}\right) = -0.16,$$

$$l'_2 = hf(x_0 + h/2, y_0 + l_1/2, y'_0 + l'_1/2) = 0.2\left[0 + 2\left(1 + \frac{-0.2}{2}\right)^3 + 0\right] = 0.2916,$$

$$l_3 = h(y'_0 + 2l'_2 - l'_1) = 0.2(-1 + 2 \times 0.2916 - 0.4) = -0.1634,$$

$$l'_3 = hf(x_0 + h, y_0 + 2l_2 - l_1, y'_0 + 2l'_2 - l'_1)$$

$$= 0.2\{0 + 2[1 + 2(-0.16) - (-0.2)^3] + 0\} = 0.2726,$$

$$y_1 = y_0 + \frac{1}{6}(l_1 + 4l_2 + l_3) = 1 + \frac{1}{6}(-0.2 + 4(0.16) - 0.1634) = 0.8328,$$

$$y'_1 = y'_0 + \frac{1}{6}(l'_1 + 4l'_2 + l'_3) = -1 + \frac{1}{6}(0.4 + 4(0.2916) + 0.2726) = 0.6935.$$

注意到 Matlab 有两个计算常微分方程数值解的函数,即 ode23 与 ode45,它们分别采用二阶和三阶 RK 方法、四阶和五阶 RK 方法,且都有相同的语法.

我们将在随后的讨论中使用 ode23 函数.

ode23 的语法是:

```
[x, y] = ode23('f', tspan, y0)
```

第一个参数 f 用单引号括起来,是用户定义的 Matlab 函数的名称. 第二个 $tspan$ 定义了计算函数 $y = f(x)$ 的时间区间. 第三个参数 y_0 由初、边值条件确定唯一解. 此函数生成两个输出,一组 x 的值和相应 x 值对应的函数值.

我们尝试着运用 Matlab 来求解例 2 的解析解.

```
symsx y
z = dsolve('D2y = 2 * y^3', 'y(0) = 1, Dy(0) = -1', 'x')
```

警告:Solutions are possibly missing.

此警告表示 Matlab 无法找到此非线性微分方程的解析解,这是因为一般来说,非线性微分方程不能求得解析解,虽然很少有方法可用于特殊情况.

在数值上,为了得到例 2 中非线性微分方程的数值解,我们编写一个 m 文件:fex1.m

```
function d2y = fex1(x, y)
d2y = [y(2);2 * y(1)^3];
```

为获得 y 和 y' 的数值解,我们调用 Matlab 中的 ode23 如下:

```
tspan = [0 1]; % 给定区间
y0 = [1; -1]; % 给定初值
[x, y] = ode23('fex1', tspan, y0); % 利用 ode23
plot(x, y(:,1), 'r+-', x, y(:,2), 'bo--')
xlabel('x'), ylabel('y (upper curve), yprime (lower curve)'), grid
```

这里我们给出两点说明：

当 $p=1,2,3,4$ 时，RK 公式的最高阶数恰好是 p，当 $p>4$ 时，RK 公式的最高阶数不是 p，如 $p=5$ 时仍为 4，$p=6$ 时 RK 公式的最高阶数为 5.

由于 RK 方法是基于 Taylor 级数展开式推导出的，故要求所求解问题的准确解具有较高的光滑性（如图 8.2 所示）.

为了分析经典 RK 公式的计算量和计算精度，将四阶经典 RK 公式与二阶改进 Euler 公式相比较. 一般说来，公式的级数越大，计算右端项 f 的次数越多，计算量越大. 在同样步长的情况下，Euler 方法每步只计算一个函数值，而经典方法要计算 4 个函数值. 、四阶 RK 法的计算量差不多是改进的 Euler 公式的 2 倍.

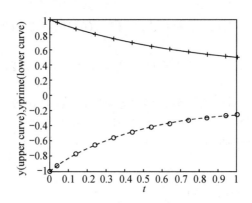

图 8.2　例 2 的数值解

例 3　求解初值问题

$$\begin{cases} x^2 y'' - xy' - 3y = x^2 \ln x, \\ y(1) = -1, \ y'(1) = 0. \end{cases}$$

解　为了得到该初值问题的解析解，编写 Matlab 程序如下：

```
>> syms x y
y = dsolve('x^2 * D2y - x * Dy - 3 * y = x^2 * log(x), Dy(1) = 0, y(1) = -1', 'x')
y =
-(x^3 * (log(x)/3 + 2/9) + 7/9)/x
```

这表明例 3 的解析解是

$$y = \left(-\frac{1}{3}\ln x - \frac{2}{9}\right)x^2 - \frac{7}{9x}.$$

接着，我们建立例 3 的导数.m 文件 fex2.m 如下：

```
function d2y = fex2(x, y);
% x^2 * y'' - x * y' - 3 * y = x^2 * log(x) where y''=2nd der, y'=1st der, logx = lnx
% we let y(1) = y and y(2) = y', then y(1)' = y(2)
% and y(2)' = y(2)/x + 3 * y(1)/x^2 + log(x)
d2y = [y(2); y(2)/x + 3 * y(1)/x^2 + log(x)];
```

然后我们调用 Matlab 中的 ode23 如下：

```
tspan=[1 4]; % 给定区间
y0=[-1;0]; % 给定初值
[x, y]=ode23('fex2',tspan, y0); % 利用 ode23
anal_y=((-1./3).*log(x)-2./9).*x.^2-7./(9.*x); % 对应的解析解
anal_yprime=((-2./3).*log(x)-7./9).*x+7./(9.*x.^2); % 对应的解析解
一阶导
plot(x, y(:,1),'+',x, anal_y,'-',x, y(:,2),'o',x, anal_yprime,'-');
xlabel('x'),ylabel('y (line with +),yprime (line with O)'),grid
```

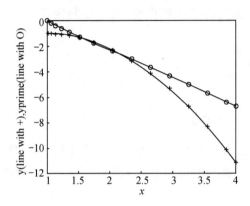

图 8.2　例 3 的数值解与解析解

8.4.2　Runge-Kutta 方法的误差分析

下面我们研究 RK 方法的误差分析. 在实际计算中,我们需要考虑如何选择合适的步长. 这是因为单从每一步看,步长越小,截断误差越小. 但随着步长的缩小,在一定求解范围内所要完成的步数就增加了. 步数的增加不但引起计算量的增大,而且可能导致舍入误差的严重积累.

在选择步长时,我们需要衡量和检验计算结果的精度,并依据所获得的精度处理步长. 下面以 4 阶 RK 方法为例进行说明. 从节点 x_n 出发,先以 h 为步长求出一个近似值 $y_{n+1}^{(h)}$,由于公式的局部截断误差为 $O(h^5)$,故有

$$y(x_{n+1}) - y_{n+1}^{(h)} \approx ch^5.$$

然后将步长折半,即 $h/2$ 为步长,从 x_n 跨两步到 x_{n+1},再求得一个近似值 $y_{n+1}^{(h/2)}$,每跨一步的截断误差约为 $c(h/2)^5$. 因此有

$$y(t_{n+1}) - y_{n+1}^{(h/2)} \approx 2c(h/2)^5.$$

比较上面两式子,有

$$\frac{y(x_{n+1}) - y_{n+1}^{(h/2)}}{y(x_{n+1}) - y_{n+1}^{(h)}} \approx \frac{1}{16}.$$

因此我们得到下列事后误差估计式

$$y(x_{n+1}) - y_{n+1}^{(h/2)} \approx \frac{1}{15}(y_{n+1}^{(h/2)} - y_{n+1}^{(h)}).$$

这样我们可以通过检查步长折半前后两次的计算结果的偏差

$$\delta = |\, y_{n+1}^{(h/2)} - y_{n+1}^{(h)} \,|$$

来判定所选的步长是否合适.

具体而言,对于给定的精度 ε,将按两种情况处理. 如果 $\delta > \varepsilon$,我们反复将步长折半进行计算,直到 $\delta < \varepsilon$ 为止,这时取最终得到的 $y_{n+1}^{(h/2)}$ 作为结果. 如果 $\delta < \varepsilon$,我们反复将步长加倍,直到 $\delta > \varepsilon$ 为止,这时再将前一次步长折半的结果作为所要的结果. 这种通过加倍或折半处理步长的方法称作. 虽然为了选择步长,每一步的计算量有所增加,但总体考虑是值得的.

8.5 线性多步法

8.5.1 阿当姆斯(Adams)方法

在逐步推进的求解过程中,计算 y_{n+1} 之前已经求出了一系列的近似值 y_0,y_1,$\cdots$,y_n,如果能充分运用前面的多步的信息而不是只运用前一步 y_n,则可期望获得较高的精度.

多步法形如

$$y_{n+k} = \sum_{i=0}^{k-1} \alpha_i y_{n+i} + h \sum_{i=0}^{k} \beta_i f_{n+i},$$

其中 y_{n+i} 为 $y(x_{n+i})$ 的近似,$f_{n+i} = f(x_{n+i}, y_{n+i})$,$x_{n+i} = x_n + ih$,$\alpha_i$,$\beta_i$ 为常数,α_0,β_0 不全为零.

形如

$$y_{n+k} = y_{n+k-1} + h \sum_{i=0}^{k} \beta_i f_{n+i}$$

的 k 步法称为**阿当姆斯(Adams)方法**. 当 $\beta_k = 0$,其为**显式方法**;当 $\beta_k \neq 0$,其为**隐式方法**.

在这种方法中,从 y_n 到 y_{n+1} 的步骤是通过 f 的差商公式来表示,如 Admas 显式公式

$$y_{n+1} = y_n + h\left[f_n + \frac{1}{2}\Delta f_n + \frac{5}{12}\Delta^2 f_n + \frac{3}{8}\Delta^3 f_n + \cdots\right]. \tag{1}$$

其中,

$$h = x_{n+1} - x_n,$$
$$f_n = f,$$
$$\Delta f_n = f_n - f_{n-1},$$
$$\Delta^2 f_n = \Delta f_n - \Delta f_{n-1}, \cdots,$$

显然,要形成一个差商表,需要除给定初始条件 $y(0)$ 外的几个(4 个或更多)近似值 $y(x)$. 这些值可以通过其他方法,如 Taylor 或 RK 方法得到.

例1 给定初值问题

$$\begin{cases} y' = 2y + x, \\ y(0) = 1, \end{cases}$$

试按三阶 RK 方法计算 y 在点 $x = 0.1, 0.2, 0.3, 0.4, 0.5$ 的近似值 y_i, $i = 1, 2, 3, 4, 5$. 然后使用 Adams 方法找出 $x = 0.6$ 对应的近似值 y_6, 精确到小数点后三位.

解 由式(8.25), 可得 y_i, $i = 1, 2, 3, 4, 5$. 则差商如表 8.4 所示.

表 8.4 例 1 中差商计算结果

x_n	y_n	$f_n = 2y_n + x_n$	Δf_n	$\Delta^2 f_n$	$\Delta^3 f_n$
0	1.000 0	2.000 0			
			0.553 4		
0.1	1.226 7	2.553 4		0.124 4	
			0.675 8		0.027 2
0.2	1.514 6	3.229 2		0.149 6	
			0.825 4		0.033 0
0.3	1.877 3	4.054 6		0.182 6	
			1.008 0		0.040 6
0.4	2.331 3	5.062 6		0.223 2	
			1.231 2		
0.5	2.896 9	6.293 8			

代入 4 阶 Adams 显式公式(1), 我们得到

$$y_6 = 2.896\,9 + 0.1\left[6.263\,8 + \frac{1}{2}(1.231\,2) + \frac{5}{12}(0.223\,1) + \frac{3}{8}(0.040\,6)\right] = 3.599.$$

为方便起见, 我们写出 4 阶 Adams 显式公式的另一种等价形式与 Matlab 程序, 即程序 3. 4 阶 Adams 显式方法 function A=adm4(f, T, Y), 其中

$$\begin{aligned} y_{n+1} &= y_n + h\left[f_n + \frac{1}{2}\Delta f_n + \frac{5}{12}\Delta^2 f_n + \frac{3}{8}\Delta^3 f_n\right] \\ &= y_n + h\left[f_n + \frac{1}{2}(f_n - f_{n-1}) + \frac{5}{12}(f_n - 2f_{n-1} + f_{n-2})\right. \\ &\quad \left. + \frac{3}{8}(f_n - 3f_{n-1} + 3f_{n-2} - f_{n-3})\right] \\ &= y_n + \frac{h}{24}\left[55f_n - 59f_{n-1} + 37f_{n-2} - 9f_{n-3}\right]. \end{aligned}$$

8.5.2 米尔恩(Milne)方法

米尔恩(Milne)方法是多步法, 不但在计算 y_{n+1} 之前需要一系列的近似值 $y_0, y_1, \cdots,$ y_n, 而且还使用了预测-校正方法.

预测公式:

$$p_{k+1} = y_{k-3} + \frac{4}{3}h\left[2f_k - f_{k-1} + 2f_{k-2}\right]. \tag{2}$$

校正公式:

$$y_{k+1} = y_{k-1} + \frac{1}{3}h[2f_{k+1} - 4f_n + 2f_{n-1}]. \tag{3}$$

如果分别通过式(2)与(3)算出 p_{k+1} 和 y_{k+1} 没有明显差异,则接受 y_{k+1} 作为最佳近似值. 如果它们有显著差异,我们必须缩短间隔 h.

例 2 试用 Milne 方法求解例 1.

解 由表¥2,运用公式(8.48),

$$p_6 = y_2 + \frac{4}{3}(0.1)[2f_5 - f_4 + 2f_3]$$

$$= 1.514\ 6 + \frac{4}{3} \times 0.1 \times (2 \times 6.293\ 8 - 5.062\ 6 + 2 \times 4.054\ 6)$$

$$= 3.599\ 2.$$

在运用校正公式(3)之前,我们需要计算

$$f_6 = 2p_6 + t_6 = 2 \times 3.599\ 2 + 0.6 = 7.798\ 4,$$

则

$$y_6 = y_4 + \frac{1}{3}(0.1)[f_6 + 4f_5 + f_4]$$

$$= 2.331\ 3 + \frac{1}{3} \times 0.1 \times (7.798\ 4 + 4 \times 6.293\ 8 + 5.062\ 6)$$

$$= 3.599\ 2.$$

比较结果可知,两种数值解一致.

我们给出 4 阶 Milne 方法的**程序 4**. 4 阶 Milne 方法 function M=milne4(f, T, Y). 最后我们对例 6,比较三种方法的近似解,其中

```
R = rk4(@f, 0, 0.6, 1, 6)
A = adm4(@f, R(:,1)',R(:,2)')
M = milne4(@f, R(:,1)',R(:,2)')
R =
0 1.000000000000000
0.100000000000000 1.226750000000000
0.200000000000000 1.514772450000000
0.300000000000000 1.877633070430000
0.400000000000000 2.331901032223202
0.500000000000000 2.897813920757419
0.600000000000000 3.600089922813111
A =
0 1.000000000000000
0.100000000000000 1.226750000000000
```

0.200000000000000   1.514772450000000

0.300000000000000   1.877633070430000

0.400000000000000   2.331699689793750

0.500000000000000   2.897274376737802

0.600000000000000   3.599101714893283

M =

0 1.000000000000000

0.100000000000000   1.226750000000000

0.200000000000000   1.514772450000000

0.300000000000000   1.877633070430000

0.400000000000000   2.331908208841067

0.500000000000000   2.897771495477369

0.600000000000000   3.600009698568445

习 题 八

1. 什么是 Euler 法?

2. 什么梯形法?

3. 显式格式与隐式格式的区别是什么? 如何求解隐式格式?

4. 用二阶 Taylor 展开法求初值问题

$$\begin{cases} y' = x^2 + y^2, \\ y(1) = 1. \end{cases}$$

的解在 $t = 1.5$ 时的近似值(取步长 $h = 0.25$,小数点后至少保留 5 位).

5. 用改进的 Euler 方法求解初值问题

$$\begin{cases} y' = x + y, \ 0 \leqslant x \leqslant 0.5, \\ y(0) = 1. \end{cases}$$

取步长 $h = 0.1$,并与精确解 $y = -x - 1 + 2e^x$ 相比较.

6. 证明中点公式

$$y_{n+1} = y_n + hf\left(x_n + \frac{h}{2}, \ y_n + \frac{h}{2}f(x_n, \ y_n)\right)$$

为二阶的.

7. 用二阶中点公式求初值问题

$$\begin{cases} y' = x + y^2, \ 0 < x \leqslant 0.4 \\ y(0) = 1. \end{cases}$$

的数值解.取步长 $h = 0.2$,运算过程中保留 5 位小数.

8. 什么是 p 阶的 RK 方法?

9. 用如下 4 阶 Adams 显示公式

$$y_{n+1} = y_n + \frac{h}{24}\big[55f_n - 59f_{n-1} + 39f_{n-2} - 9f_{n-3}\big],$$

求初值问题

$$y' = x + y, \ y(0) = 1$$

在 $[0, 0.5]$ 上的数值解，取步长 $h = 0.1$，要求保留小数点后 8 位.

10. 用多步法求数值解为什么要用预测-校正方法？

11. 分别用二阶 Adams 显式公式

$$y_{n+2} = y_{n+1} + \frac{h}{2}(3f_{n+1} - f_n)$$

和隐式公式

$$y_{n+1} = y_n + \frac{h}{2}(f_{n+1} + f_n),$$

求解下列初值问题：

$$\begin{cases} y' = 1 - y, \ 0 < x \leqslant 1 \\ y(0) = 0. \end{cases}$$

取 $h = 0.2$，$y_0 = 0$，$y_1 = 0.181$，计算 $y(1.0)$ 并与精确值 $y = 1 - e^{-x}$ 作比较.

参考文献

［1］R. Burden，J. D. Faries. 数值分析. 第七版［M］. 北京：高等教育出版社，2012.

［2］T. Sauer. 数值分析. 第二版［M］. 北京：机械工业出版社，2012.

［3］王仁宏. 数值逼近. 第二版［M］. 北京：高等教育出版社，2012.

［4］王仁宏，李崇君，朱春钢. 计算几何教程. 科学出版社，2008.

［5］檀结庆等. 连分式理论及其应用［M］. 北京：科学出版社，2007.

［6］Wang R. H.，etc，Multivariate Spline Functions and Their Application，Beijing，New York，Dordrecht，Boston，London：Science Press/Kluwer Academic Publishers，2001.

［7］钱江，王凡，郭庆杰，赖义生. 递推算法与多元插值［M］. 北京：科学出版社，2019.

［8］Steven T. Karris. Numerical Analysis Using MATLAB and Excel. Orchard Publications，USA，2007.

［9］E. Kreyszig. Advanced Engineering Mathematics. John Wiley & Sons，New York，NY，USA，10th edition，2010.

［10］A Stevens W Bober. Numerical and Analytical Methods with MATLAB for electrical engineers. CRC Press，2013.

［11］郑慧饶，等. 数值计算方法［M］. 武汉：武汉大学出版社，2012.

［12］李庆扬，王能超，易大义. 数值分析. 第五版［M］. 北京：清华大学出版社，2012.